土木系　大学講義シリーズ 7

土 質 力 学

Ph.D. 日下部　治

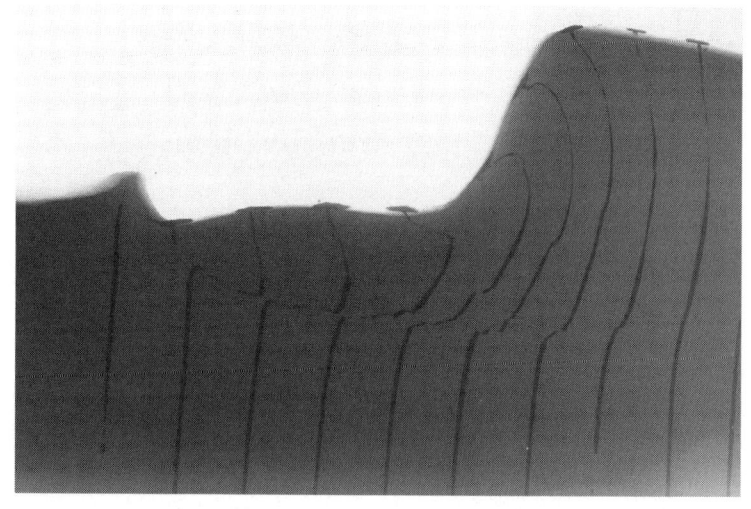

コロナ社

土木系　大学講義シリーズ　編集機構

編集委員長

伊藤　　學　(東京大学名誉教授　工学博士)

編集委員 (五十音順)

青木　徹彦　(愛知工業大学教授　工学博士)

今井　五郎　(横浜国立大学教授　工学博士)

内山　久雄　(東京理科大学教授　工学博士)

西谷　隆亘　(法政大学教授)

榛沢　芳雄　(日本大学名誉教授　工学博士)

茂庭　竹生　(東海大学教授　工学博士)

山﨑　　淳　(日本大学教授　Ph. D.)

扉の写真は粘土地盤上の柔な円形基礎によるすべり線の発達を示している（X線写真）

「土質力学（土木系大学講義シリーズ 7）」　正誤表

頁	行・式・図	誤	正
29	式(2.13)	$\theta = \dfrac{V_w}{V}$	$\theta = \dfrac{V_w}{V} \times 100 \,(\%)$
30	下5	$\rho_w S_r e V_s$	$\rho_w S_r e V_s / 100$
31	式(2.24)	$G_s - \gamma$	$G_s - 1$
37	式(2.33)	$U_c' = \dfrac{(D_{30})^2}{D_{10}} D_{60}$	$U_c' = \dfrac{(D_{30})^2}{D_{10} D_{60}}$
59	図4.5	(図：60gの表示なし)	(図：60gの表示あり)
62	式(4.7)	$I_L = \dfrac{w_P - w_n}{I_P}$	$I_L = \dfrac{w_n - w_P}{I_P}$
75	図5.3	(図)	(図)
77	上6	試行実験	思考実験
134	上5	式(7.46)，式(7.47)を	式(7.45)，式(7.46)を
137	図7.18(a)	（上グラフ縦軸題）	係数 μ_1
137	図7.18(a)	（下グラフ縦軸題）	係数 μ_0
137	図7.18(b)	$f\left(m_2 = \dfrac{L}{B}\right), n_2 = \dfrac{Z}{B}$	$f\left(m_2 = \dfrac{L}{B}, n_2 = \dfrac{Z}{B}\right)$
137	図7.18(b)	$g\left(m_2 = \dfrac{L}{B}\right), n_2 = \dfrac{Z}{B}$	$g\left(m_2 = \dfrac{L}{B}, n_2 = \dfrac{Z}{B}\right)$
140	下2，下1	5種類の	4種類の
141	上2	5種類の	4種類の
151	下3	上界値法では	後述する上界値法では
250	式(10.14)	$-\dfrac{dh}{h} = k \dfrac{A}{L} a\, dt$	$-\dfrac{dh}{h} = k \dfrac{A}{La} dt$
251	式(10.15)	$k = \dfrac{La}{A(t_1 - t_2)} \ln \dfrac{h_1}{h_2}$ $h = \dfrac{2.303 La}{A(t_1 - t_2)} \log \dfrac{h_1}{h_2}$	$k = \dfrac{La}{A(t_2 - t_1)} \ln \dfrac{h_1}{h_2}$ $k = \dfrac{2.303 La}{A(t_2 - t_1)} \log \dfrac{h_1}{h_2}$

はしがき

　本書は，土木工学課程で初めて土質力学を学ぶ大学学部生および高等専門学校の学生を対象として書いた教科書である．土質力学に関する知識情報はいまや膨大に蓄積されており，それを300ページ前後で集約するのは不可能といってよいが，現在までに数多くの土質力学の教科書が出版され，恩師である山口柏樹先生の「土質力学」をはじめとして多くの名著がある．本書は，それらの教科書とはつぎの3点で異なる．

（1）全章を通じて読者が地盤というものをつねにイメージしつつ現象を考えるように記述したこと．

（2）重要な現象を，数理モデルとともに言葉と図でわかりやすく説明したこと．

（3）典型的な教科書の章立てとは異なっていること．

　その理由はつぎのようである．筆者は，土質力学は

（1）地盤情報を理解し，土地利用や都市計画，防災計画および環境問題など，広域的社会基盤整備に対する工学的判断

（2）空間的にはやや局所的となる構造物設計と建設に関する工学的思考方法と工学的判断

（3）構造物設計に用いる解析手法と解析に用いられる地盤係数の選択方法を身に付ける基礎科目であると考えている．すべての社会基盤は地盤上あるいは地盤中に計画，建設されるが，広域的地盤情報の理解には高密度かつ高精度の定量的情報は必ずしも必要ではない．しかし，地盤の成層構成，各地層の硬軟や地下水の情報は，適切な社会基盤整備計画において必須である．構造物設計では，さらに特定の地点での定量的な地盤情報が必要となる．いずれの場合も地盤そのものを理解しなければならないので，地盤構成をつねに念頭に入れながら各章を理解することが必要である．構造物設計には，地盤と土の諸現象をしっかり観察し，身に付けることが大切である．しっかり身に付けるという

のは単に式で書き表すというのではなく，体験的に理解することなのである。

　体系立った学問の視点で書かれた本の章立ては，現在までの技術・経験・学問成果の蓄積をきれいに見通しよく整理したものはあるが，必ずしも初学者が理解しやすいように，また学ぶ意欲を刺激する意図をもって組み立てられたものではない。なにに使えるのかわからないままに多くの断片的な知識を身に付け，その知識を応用できるようになるには大変な忍耐と努力，そして試行錯誤の経験が要求される。学ぶことの目的が明らかならば，その忍耐と努力も少しは和らぐに違いない。そのような思いから従来の典型的な土質力学の教科書の章立てを考え直した。

　本書は，第1章から第4章，第5章から第8章，第9章から第10章の3部構成と考えていただいてもよい。第1部は第1章から第4章までで，地盤のイメージを頭の中に描く動機付けと地盤と土を記述する約束ごとを理解し，あわせて土構造物と基礎構造物を設計するために必要な技術的課題の整理をして，その後の解析手法や土要素の挙動を理解する動機付けをしている。第1部は地形学，地質学そして物理探査などの学問分野と重なっている部分が多い。土地利用，都市計画や環境問題に興味のある学生諸君にとってもこの範囲の知識や物の見方は必ず必要となる。そこでは四則演算以外の数学的処理は用いていない。第2部は第5章から第8章までで，構造物設計に必須な土の締固め，地下水の浸透解析，地盤の変形解析と破壊解析の基本事項を解説している。特に締固めはやや詳しく説明を加えている。この範囲では，材料力学，弾性学，塑性学，流体力学などの連続体力学の基礎知識が理解の助けになるであろう。第3部は第9章から第10章であり，土要素の非線形挙動をも含め，土要素のモデル化を説明し，設計に用いられる地盤諸係数の選択方法と，諸係数を求める試験法を解説している。

　学部レベルでしっかり身に付けておくことを列記すると以下のようである。

（1）　柱状図や地盤情報を読み取れること。

（2）　土の締固めの意義を理解していること。

（3）　地盤の成層状態に注目して，透水，変形，破壊に関する解析手法の基

礎を理解していること。

（4） 土挙動をモデル化する手法と用いられる地盤係数を理解していること。

（5） 地盤係数決定に用いられる試験法に関する知識があること。

　以上の事柄が，この本を学んだ後にしっかり身に付いていれば本書の目的は達せられたといってもよい。

　本書執筆の機会を与えていただき，原稿に対して多くの助言をいただいた横浜国立大学大学院教授の今井五郎先生に深く感謝したい。また，原稿の整理には秘書の近藤陽子さんにご苦労をかけた。併せて謝意を記しておきたい。

2004 年 2 月

日下部　　治

目次

第1章 土質力学の概観

1.1 地盤と土 ……………………………………………………………………… 1
   1.1.1 土質力学の対象と範囲 ……………………………………………… 1
   1.1.2 地盤とは ……………………………………………………………… 1
   1.1.3 地盤の情報源 ………………………………………………………… 3
   1.1.4 地盤の生立ちと地質年代 …………………………………………… 3
   1.1.5 地盤表層部の変化 …………………………………………………… 3

1.2 土,そのとらえ方 …………………………………………………………… 8
   1.2.1 土の構成 ……………………………………………………………… 8
   1.2.2 力の分担 ……………………………………………………………… 8
   1.2.3 間げき流体の運動 …………………………………………………… 9
   1.2.4 飽和土と不飽和土 …………………………………………………… 10
   1.2.5 粒状体として見た土 ………………………………………………… 10

1.3 広域的地盤情報と局所的地盤情報 ………………………………………… 13

1.4 土構造物の設計と土質力学のテーマ ……………………………………… 14

第2章 地盤と土の記述

2.1 はじめに ……………………………………………………………………… 17

2.2 地盤構成 ……………………………………………………………………… 18
   2.2.1 地盤の成層状態 ……………………………………………………… 18
   2.2.2 地盤構成の調査 ……………………………………………………… 19
   2.2.3 地盤情報を読む基礎知識 …………………………………………… 21

2.3 土の構成と記述 ……………………………………………………………… 22
   2.3.1 構成相間の記述 ……………………………………………………… 22
   2.3.2 地盤中の応力状態 …………………………………………………… 31

2.4 土粒子群の記述 ……………………………………………………………… 35
   2.4.1 粒径分布 ……………………………………………………………… 35
   2.4.2 粘土鉱物 ……………………………………………………………… 37

2.4.3　ファブリックと構造 …………………………………………………40

第3章　土構造物と基礎の設計課題

3.1　は じ め に ……………………………………………………………43
3.2　土構造物の設計課題 ……………………………………………………44
3.3　基礎構造物の設計課題 …………………………………………………47
3.4　抗土圧構造物の設計課題 ………………………………………………49
3.5　地中構造物の設計課題 …………………………………………………52
3.6　構造力学との接点 ………………………………………………………53

第4章　乱した土の性質と地盤情報の読み方

4.1　土 の 状 態 ……………………………………………………………55
4.2　乱した粘性土の状態量 …………………………………………………56
　4.2.1　コンシステンシー限界 ……………………………………………56
　4.2.2　液性限界試験 ………………………………………………………57
　4.2.3　液性限界試験の力学的背景 ………………………………………59
　4.2.4　塑性限界試験 ………………………………………………………60
　4.2.5　塑性指数と液性指数，その工学的利用 …………………………61
　4.2.6　収縮限界試験 ………………………………………………………62
4.3　乱した砂質土の状態量 …………………………………………………64
　4.3.1　相 対 密 度 ………………………………………………………64
　4.3.2　最大密度試験 ………………………………………………………65
　4.3.3　最小密度試験 ………………………………………………………66
　4.3.4　相対密度と安息角の工学的利用 …………………………………67
4.4　土 の 分 類 ……………………………………………………………68
4.5　再び地盤情報の読み方 …………………………………………………70

第5章　土 の 締 固 め

5.1　は じ め に ……………………………………………………………73
5.2　締 固 め 現 象 …………………………………………………………73

5.3 現象の理解 ……………………………………………………………74
5.4 室内締固め試験 …………………………………………………………78
5.5 静的圧縮特性との関係 …………………………………………………80
5.6 締固め曲線に及ぼす要因 ………………………………………………81
   5.6.1 締固め仕事量の影響 ………………………………………………81
   5.6.2 土粒子径による影響 ………………………………………………82
5.7 工学的特性の改善 ………………………………………………………83
5.8 現場締固め ………………………………………………………………84

第6章 地盤中の水の流れと圧密

6.1 はじめに …………………………………………………………………86
6.2 水の流れを生み出す要因 ………………………………………………88
6.3 細管の中の流れ …………………………………………………………90
6.4 透水係数 …………………………………………………………………92
6.5 飽和地盤の流れの基礎方程式 …………………………………………94
6.6 飽和地盤中の定常流れ …………………………………………………96
6.7 飽和地盤中の非定常流れ ………………………………………………101
6.8 流れ場の地盤内応力状態 ………………………………………………102
6.9 いくつかの境界値問題 …………………………………………………103
   6.9.1 Dupuit の仮定 ……………………………………………………103
   6.9.2 矩形断面の堤防内の浸透問題 ……………………………………103
   6.9.3 台形断面のフィルダム内の浸透問題 ……………………………104
   6.9.4 掘抜き井戸 …………………………………………………………105
   6.9.5 深井戸 ………………………………………………………………106
6.10 圧密 ……………………………………………………………………106
   6.10.1 一次元圧密方程式 ………………………………………………107
   6.10.2 等時曲線 …………………………………………………………108
   6.10.3 放物線等時曲線による一次元圧密方程式の解法 ……………111
   6.10.4 フーリエ級数を用いた解 ………………………………………114
   6.10.5 沈下量―時間関係の予測 ………………………………………115

第7章　地盤の変形解析

7.1　は じ め に …………………………………………………… 118
7.2　応力とひずみ ………………………………………………… 120
　7.2.1　応力とひずみの定義 …………………………………… 120
　7.2.2　応 力 成 分 ……………………………………………… 121
　7.2.3　モールの応力円 ………………………………………… 121
　7.2.4　主応力面と主応力 ……………………………………… 122
　7.2.5　全応力モール円と有効応力モール円 ………………… 123
　7.2.6　応力で表示された力のつりあい式 …………………… 124
　7.2.7　ひずみ成分 ……………………………………………… 126
　7.2.8　モールのひずみ円 ……………………………………… 127
　7.2.9　不 変 量 ………………………………………………… 127
　7.2.10　応力とひずみの対応 …………………………………… 129
7.3　弾性体の応力ひずみ関係 …………………………………… 130
7.4　二つの弾性解 ………………………………………………… 131
　7.4.1　ブシネスクの応力解とその利用 ……………………… 132
　7.4.2　ブシネスクの変位解とその利用 ……………………… 136
7.5　地盤の変形解析 ……………………………………………… 139

第8章　地盤の破壊解析

8.1　は じ め に …………………………………………………… 140
8.2　破壊問題の類型化 …………………………………………… 140
8.3　土の破壊強度 ………………………………………………… 145
8.4　破 壊 解 析 法 ………………………………………………… 146
　8.4.1　崩壊（破壊）荷重が満たすべき条件 ………………… 146
　8.4.2　地盤破壊の解析法 ……………………………………… 147
　8.4.3　破壊解析法理解のための準備 ………………………… 147
8.5　上・下界定理 ………………………………………………… 159
　8.5.1　計算手順 ………………………………………………… 159
　8.5.2　適 用 例 ………………………………………………… 160
8.6　すべり線法 …………………………………………………… 164

8.6.1　基本式の導入 …………………………………………………………165
   8.6.2　適　用　例 …………………………………………………………169
 8.7　極限つりあい法 ………………………………………………………………172
   8.7.1　解析原理 ………………………………………………………………172
   8.7.2　適　用　例 …………………………………………………………174
   8.7.3　分　割　法 …………………………………………………………177
   8.7.4　分割法の計算手順 ……………………………………………………181
 8.8　いくつかの境界値問題 ………………………………………………………183
   8.8.1　慣用的分類による破壊問題 …………………………………………183
   8.8.2　抗土圧構造物の破壊問題，二つの土圧理論 ………………………183
   8.8.3　基礎の破壊問題，二つの支持力公式 ………………………………194

第9章　土の挙動とモデル化

 9.1　は　じ　め　に ………………………………………………………………206
 9.2　土の強度の源 …………………………………………………………………209
 9.3　限　界　状　態 ………………………………………………………………211
 9.4　土の強度の予測 ………………………………………………………………214
   9.4.1　土の非排水強度 ………………………………………………………214
   9.4.2　土の排水強度 …………………………………………………………215
   9.4.3　モール・クーロンの破壊規準 ………………………………………216
 9.5　土の弾性特性 …………………………………………………………………218
 9.6　土の弾塑性モデルと土の挙動予測 …………………………………………221
   9.6.1　カムクレイモデル ……………………………………………………221
   9.6.2　粘土の応力ひずみ曲線の予測 ………………………………………226
 9.7　土の動的載荷に対する挙動 …………………………………………………236
   9.7.1　動　的　載　荷 ………………………………………………………236
   9.7.2　実　験　事　実 ………………………………………………………236
   9.7.3　液状化強度 ……………………………………………………………239

第10章　地盤係数を求める試験

 10.1　土質試験の目的 ………………………………………………………………241

  10.1.1　試料の確保と試料の力学挙動の把握 …………………………241
  10.1.2　境界値問題の条件設定 …………………………………………242
  10.1.3　原位置から室内までの試料の変化 ……………………………242
  10.1.4　不かく乱試料とかく乱試料の挙動の差——乱れの影響と評価 ………243
10.2　室　内　試　験 ………………………………………………………245
  10.2.1　は じ め に ………………………………………………………245
  10.2.2　物 理 特 性 ………………………………………………………245
  10.2.3　透 水 特 性 ………………………………………………………249
  10.2.4　圧縮・圧密特性 …………………………………………………251
  10.2.5　変形特性および強度パラメータ ………………………………256

参　考　文　献

索　　　引

第 1 章 土質力学の概観

1.1 地盤と土

1.1.1 土質力学の対象と範囲

どのような学問を学ぶにも，その学問の対象と範囲を明確にすることから始めるのが適当である．本章では土質力学が対象とする学問対象の全体像のイメージをつくることを目指す．土質力学は文字通りには「土質」の「力学」である．ここで「土質」という言葉には，巨視的には「層構成をなす地盤」，微視的には地盤を構成する「土」，すなわち「鉱物からなるつぶつぶの土粒子の集合体である土粒子群と土粒子間のすき間を満たす流体」の意味の二つを含ませている（**図1.1**）．

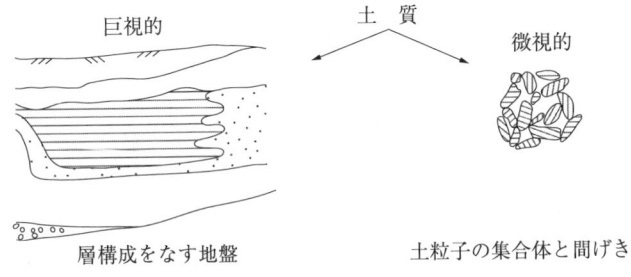

図1.1 土質力学の対象

1.1.2 地盤とは

地盤とはなにか，地盤はどのようにしてできてきたか，そして地盤は人間社

会とどのようなつながりがあるかを知ることは土質力学の理解の第一歩である。地盤は，対象地域の地形の成立ち，自然環境の変遷，さらには人間生活の環境の変遷をも語ってくれる。学術用語としての地盤は「構造物を置いたり，構造物の基礎や掘削等の対象となる地球の表層部分。一般に土および岩から構成されることが多く，近年はごみや廃棄物等からなるものもある」と定義される。「地層」という言葉もあるが，それは地盤の概念とは違う。辞書には地層は「層状になった堆積物または岩の総称である。一般に堆積岩または堆積物を指すが，層状を示す溶岩等の火山岩類も含めることがある」とあり，地層は地盤を構成する一部ではあるが，地層すなわち地盤ではない。地盤は，「ある深さ」までの複数の土層・地層を含めた領域を指すところが大きく違う。では「ある深さ」はどのくらいかとの問いに対する答えとしては，人間が地球表層をどのくらい深いところまで利用しているかを基準に考えればよい。地下鉄施設は地下 30〜40 m の地層にも建設されている。社会基盤整備の視点から考える大深度地下といえば深さ 50 m 程度以深を指すことが多い。放射性廃棄物の処理施設の建設場所としては地下数百 m 程度が想定されており，石油資源採掘のための大深度掘削とは地下 5 000 m 以深を呼び，社会基盤整備の「大深度」の 100 倍程度にも達する。対象地盤の深さも，社会の要請によってさらに深度化すると理解しておきたい（図 1.2）。

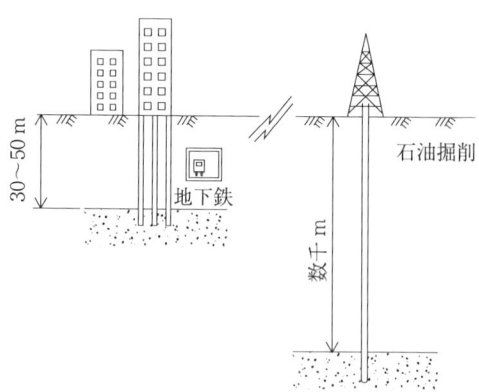

図 1.2　地盤の深さ

1.1.3 地盤の情報源

　地盤に関する情報源は，**地形図，地質図**，そして**地盤図**である。地盤表面の高低を平面的に示したのが地形図であり，どの地質時代にできたどのような種類の土や岩で地盤面が構成されているかを平面的に示したのが地質図，立体的に示したのは地質構造図とも呼ばれる。それと同じように地盤図というのがあり，地盤の深さ方向の土層・地層の断面を表している（**図1.3**）。日本各地の地形図，地質図そして地盤図は，現在までに膨大にデータが集積されつつあり，しかも簡単に入手可能で，地質調査総合センター（URL：http://www.gsj.jp）や各都道府県が地質図，地盤図を刊行している。

1.1.4 地盤の生立ちと地質年代

　地球は46億年前に微惑星として誕生し，海・陸とに分かれたのが40億年前といわれる。地盤は地表からある深さまでの土層・地層を意味するが，各土層・地層の生成された年代を地質年代で区分する。地質年代はその時代に生存した生物によって古生代，中生代，新生代の三時代に大分類される。それ以前は先カンブリア紀といい，生物が存在しない始生代と微生物などが存在した原生代に二分される。原生代と古生代の境は5.4億年前，三時代の境はそれぞれ2.45億年前，6500万年前となっている。新生代は165万年前を境としてさらに**第三紀，第四紀**の二時代に分けられ，第四紀はさらに1万年前を境として**更新世，完新世**に区分される（**表1.1**）。一般に古い時代に形成された地層の方が固くて強いと考えてよい。日本の都市の多くは1万年前の完新世に形成された若い土層・地層で構成された軟らかい地盤の上に形成されている。土木分野では，1万8千年前，すなわち最終氷期の終了後に堆積した地層を**沖積層**と呼ぶことが多い。それ以前の第四紀に堆積した地層を更新統と呼ぶ（つい最近までは**洪積層**と呼んでいた）。

1.1.5 地盤表層部の変化

　地球の表層はつねに変化している。その変化を起こす源は三つあって，①地球が有する重力，②地球内部のエネルギー，それと③太陽からのエネルギーである。地球表層の変化はおもに地圏と水圏，気圏との接触によって起きる。地

4 第1章 土質力学の概観

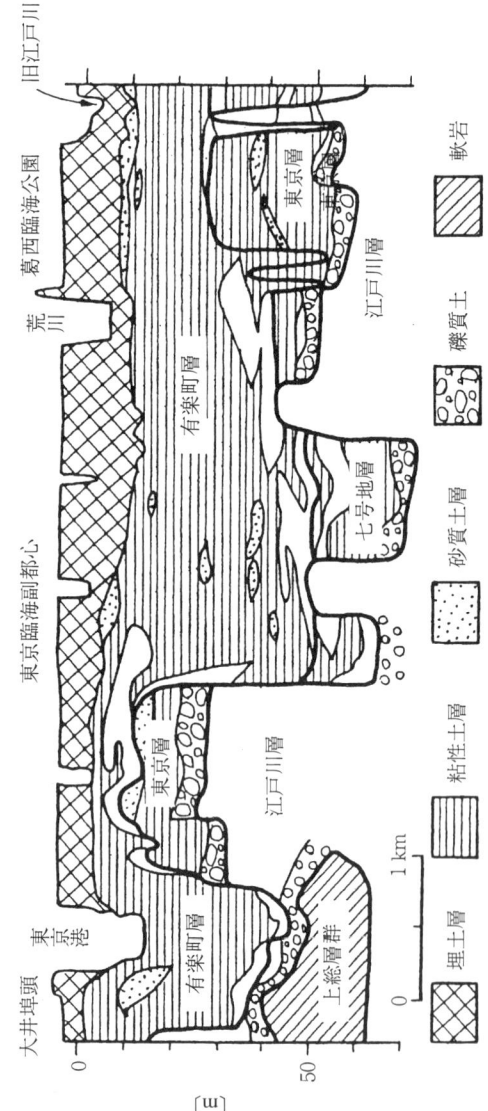

図1.3 東京低地の模式地盤図〔社団法人地盤工学会編:土と基礎 Vol.43, No.10, 口絵写真-4(1995)より作図〕 (堆積環境が地盤特性に及ぼす影響に関する研究委員会 東京地区部会資料による)

表1.1　地質年代

生物の存在	新生代	第四紀	完新世	現在
				1万年
			更新世	
				165万年
		第三紀		
				6500万年
	中生代	白亜紀		
		ジュラ紀		
		三畳紀		
				2.45億年
	古生代	二畳紀		
		石炭紀		
		デボン紀		
		シルル紀		
		オルドビス紀		
		カンブリア紀		
				5.4億年
微生物の存在	原生代			
	始生代			

球の重力による平坦化作用によって急な斜面は安定を失って崩壊を起こし，土砂・岩石が落下する．あるいは地すべりのように長時間かけて土塊がすべり落ちる．地球内部エネルギーの放出の一つが地震であり，断層による土層・地層の不連続を生み，ゆるい砂地盤では地震時に**液状化**現象が発生する（図1.4）．火山活動も地球内部のエネルギーの放出であり，溶岩を流下させ，火山灰の層

図1.4　液状化現象（時松孝次氏提供）

を堆積させる。太陽からのエネルギーも地球表面の変化に大きく寄与している。おもなものは水の循環，大気の循環そして気温・気象の変動である。降雨・流下・浸透・蒸発という水の循環，気温・気圧の変化による大気の循環は，土層の形成に決定的な役割を果たしている。水や風による土粒子の運搬能力の変化によって土粒子の分級・沈積が起き，ほぼ同一の粒径範囲ごとの土層が堆積される。それが砂層であったり，粘土層であったりする。これらを**堆積作用**といい，堆積作用で形成された地盤を**堆積地盤**という。堆積地盤の中で，ゆるく堆積した地下水面以深の砂地盤は，地震時に液状化が発生しやすく，ゆるく堆積した粘土地盤は軟らかく，表面に構造物を構築すると地盤が沈下する。このような液状化，地盤沈下は堆積地盤の地盤災害の典型である。

　海底などに堆積した軟弱で未固結な堆積物がしだいに固結・石化し，硬い堆積岩になるまでの一連の過程に生じる常温で大気圧状態に近い条件下における種々の変化や作用を**続成作用**という。その逆に，常温で大気圧に近い状態にある地表付近で，硬い岩石が水や空気の影響を受けて破砕し，変質し，軟らかい土になるまでの一連の過程に生じる種々の変化や作用を総称して**風化作用**という。土が固結し岩石になるには，土の中に含まれる水分が搾り出されて土の密度と強度が増加する圧密作用とこう結作用の果たす役割が大きい。こう結作用とは水に溶解している鉱物成分が土の間げきに沈殿して，土粒子をたがいに結合させる作用のことである。特に，砂や礫が石化して砂岩や礫岩になる続成過程において，こう結作用（セメンテーション）は重要な役割を果たしている。

　図1.5は周期律表である。その中で太字で書かれている物質が地殻表層の主要な8元素であり，酸素O，ケイ素Si，アルミニウムAl，カルシウムCa，ナトリウムNa，カリウムK，鉄Fe，マグネシウムMgがそれらで，地殻を構成する元素の98.6％（重量比）を占めており，そのほぼ半分（全体の46.6％）は酸素である。つぎに多い物質はケイ素（27.7％），アルミニウム（8.1％）であり，土粒子を構成する物質のほとんどはケイ素やアルミニウムの酸化物である。

　太陽エネルギーは，風化作用を強める。風化の形態は，気候と大きく関係

1.1 地盤と土

1 H																	2 He
3 Li	4 Be											5 B	6 C	7 N	8 **O**	9 F	10 Ne
11 **Na**	12 **Mg**											13 **Al**	14 **Si**	15 P	16 S	17 Cl	18 Ar
19 **K**	20 **Ca**	21 Sc	22 Ti	23 V	24 Cr	25 Mn	26 **Fe**	27 Co	28 Ni	29 Cu	30 Zn	31 Ga	32 Ge	33 As	34 Se	35 Br	36 Kr
37 Rb	38 Sr	39 Y	40 Zr	41 Nb	42 Mo	43 Tc	44 Ru	45 Rh	46 Pd	47 Ag	48 Cd	49 In	50 Sn	51 Sb	52 Te	53 I	54 Xe
55 Cs	56 Ba	57 La†	72 Hf	73 Ta	74 W	75 Re	76 Os	77 Ir	78 Pt	79 Au	80 Hg	81 Tl	82 Pb	83 Bi	84 Po	85 At	86 Rn
87 Fr	88 Ra	89 Ac‡	104	105	106 ?												

図 1.5　周期律表

し，乾燥気候では物理的風化が，また湿潤気候では化学的風化が卓越する。風化作用を受けて，原位置で劣化して土化したのを**残積土**と呼び，そのような地盤を**残積地盤**と呼ぶことにする。わが国の代表的な残積土としては花こう岩が風化して土化したまさ土がある。残積土が崩壊して形成された土を崩積土と呼ぶが，これも**残積地盤**に含めてもよいであろう。豪雨時の表層の山崩れとそれにしばしば伴う土石流は残積地盤の典型的な災害パターンである。**図 1.6** に堆積地盤と残積地盤の特徴と地盤災害の特徴的な違いを示した。

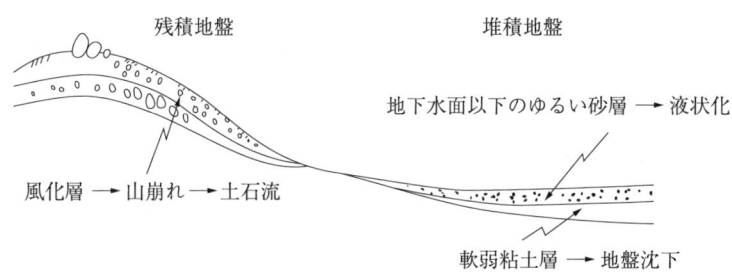

図 1.6　堆積地盤と残積地盤，特徴的な地盤災害

地盤の形成に関する気象，特に温度の影響はさらに二つの点で重要である。一つ目は地球の気温は氷河の形成・融解に直接的に影響し，それに伴い海水面の上下を起こす点であり，二つ目は，温度変化が生物の生息環境に影響を与える点である。海水面変化は地層構成，特に堆積地盤の成層状態に影響する。化石の調査は地層の年代判定に使われる。また，1万年，数千年，数百年といっ

た精度での議論には，近年放射性元素の壊変速度を利用した放射年代測定法が盛んに活用されるようになってきた。

　火山噴出物も年代判定に重要な役割を果たす。火山噴出物のうちマグマが火口からばらばらの状態で噴出するものをテフラ（tephra）といい，火山灰層はその代表である。地表に堆積したテフラ層は他の地層と区別しやすく，分析によってどの火山のいつの噴火によるものかがわかる。特に複数の地方にわたって広く分布する大規模なテフラは広域テフラと呼ばれ，精度の差はあれ年代が決定済みであるため，テフラの認定ができれば地層年代が決まることになる。火山国のわが国では，テフラ層の追跡によって各地の地層を対比し，地史的な編年を行うのが一般的な方法になっている。

1.2　土，そのとらえ方

1.2.1　土　の　構　成

　数粒の砂利を手にしてみよう。個々の砂利の間にはすき間がある。すなわち空気で占められた**間げき**である。このようなつぶつぶの集合体を**粒状材料**と呼ぶ。土は鉱物からなる粒状材料の一つであり，土質力学では粒子の大きさを四つに分けている。それらは大きい順に「礫」，「砂」，「シルト」，「粘土」と呼ぶ。わが国では礫と砂の境界は 2.00 mm，砂とシルトの境界は 75/1 000 mm（75 μm），シルトと粘土の境界は 5/1 000 mm（5 μm）としている。

　間げきは空気のような気体か水などの液体で満たされているが，それらを間げき流体と名付けよう。すなわち粒状材料は粒子群が形成する粒子の骨格と間げき流体から構成されるととらえることができる。

　　　　粒状材料＝「粒子骨格」＋「間げき流体」

1.2.2　力　の　分　担

　砂利群を指で押しつけて変形させると個々の砂利の配列が変わる（図 1.7）。粒子のたがいの相対的な位置関係，粒子群が形成する粒子骨格の形状が変化するのである。それに伴って間げきの大きさや形状がそれぞれに変化する。間げきの体積が変化するので，間げき内に存在する流体は運動を始め，どこかに流

図 1.7 砂利粒子の配列の変化

れ出ていくことになる。すなわち粒状材料が変形するには間げきの変形と間げき流体の運動が付随して起きていることになる。

これを整理してみると粒状材料である地盤材料の材料学的把握として理解すべき挙動は

　　　　粒状材料の変形＝「粒子骨格の変形」＋「間げき流体の運動」

ということになる。

すると指で押しつけた力は，粒子骨格の変形と間げき流体の運動の両方を生み出したことになる。すなわち粒子骨格の変形と間げき流体の運動は，密接に関連しながら生じる。間げき流体が外部に流出しないようにゴムで包んで，それに外から力を加えると，粒子骨格と間げき流体がそれぞれ分担する力の和は指の力とつりあうはずである。押さえつける単位面積当りの力を応力という。応力に関して上の三つの力のつりあい式を書くと以下のとおりである。

　　　　指の単位面積当りの力＝

　　　　　「単位面積当りの粒子骨格が分担する力」＋「間げき流体の圧力」

これを土質力学では

　　　　全応力＝「**有効応力**」＋「**間げき圧**」

と書きなおして，**有効応力の原理**と呼んでいる。

1.2.3　間げき流体の運動

間げき流体は，土粒子群の狭いすき間を通って流れるので，狭い管路の中を流れる粘性流体の運動に類似しており（図 1.8），その挙動は**ダルシーの法則**として知られる間げき流体の運動方程式でよく表現される。間げき圧は，その間げき流体の運動方程式に従い平衡状態に達するまで時々刻々変化するので，

10　第1章　土質力学の概観

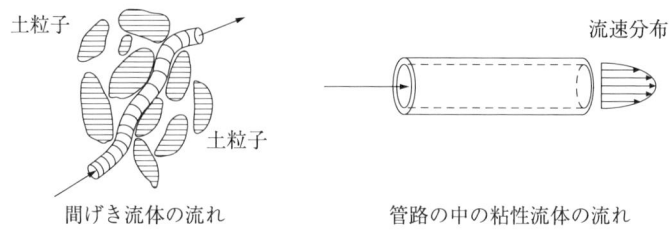

図1.8　間げき流体の運動

有効応力の原理に従って有効応力も時々刻々変化し，それにつれて粒子骨格の変形も時々刻々進むことになる．なお，土中の間げき流体の流れやすさを示す係数を**透水係数**といい，透水係数が大きいと間げき流体は土の中を流れやすい．

1.2.4　飽和土と不飽和土

間げきがすべて水で満たされている土を**飽和土**という．そのとき土は固体の土粒子群と液体の間げき水の二相混合体としてとらえられる．間げき中に空気が残っているのを**不飽和土**と呼び，固体と液体に加えて気体も含む三相混合体である．飽和二相混合体の力学挙動は，かなり詳しく調べられるようになってきた．それに比べ三相混合体の力学挙動は難解でいまだに十分解明されていない．飽和土では水が押し出されると間げきが小さくなる．この現象を**圧密**と呼ぶ．不飽和土では，空気が押し出されても間げきが小さくなる．おもに空気が押し出されることで間げきが小さくなる現象は**締固め**と呼ばれる．

1.2.5　粒状体として見た土

土の固体部分は土粒子群の集合体である．ここで土粒子の粒径・形状・配列の意味を考えてみよう．粒子群の特徴は，粒子の個数と接触点で表示される．いま簡単のために，粒子を円盤と置き換え，円盤が4点で外接している正方形を考える．直径 D の1個の円盤には正方形と4点の接触点があるが，直径 D/N の円盤は，正方形内に N^2 個あり，接触点総数は $2N(N+1)$ と計算される（図1.9）．先に述べたように砂の最大粒径は 2.00 mm であり，粘土の最大粒径は 0.005 mm であるので両者の直径比は $N=400$ となり，結局，砂粒子

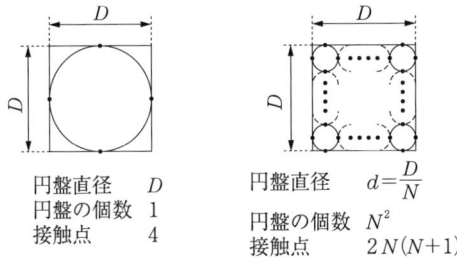

図 1.9　単位面積当りの円盤個数と接触点数

1 個に外接する正方形内部に，粘土粒子は 16 万個存在し，その接触点数は 320 800 点にも達する。どれほど砂と粘土の挙動に差異があるか容易に推測されよう。

つぎに形状の意味を考えてみよう。再び直径 D の円盤を考え，そこで存在しえる間げきの面積を計算してみる（**図 1.10**）。**間げき比**を間げきが占める面積を粒子が占める面積で割った値として定義すれば

$$\text{間げき比} = \frac{D^2 - \dfrac{\pi D^2}{4}}{\dfrac{\pi D^2}{4}} = \frac{4 - \pi}{\pi} = 0.27$$

となって，間げき比の値は粒径に依存しないことになる。これは観察事実とは異なる。そこで土粒子の形状を長方形（長辺 a，短辺 b）と考え，4 個の粒子で矩形構造を形成していると考えよう（**図 1.11**）。すると間げき比は，$a^2/4ab$ $= a/4b$ と表示され，a/b の値を 1，10，100 と変化させると，計算される間

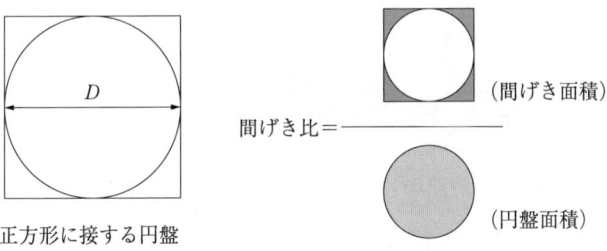

図 1.10　円盤粒子構造の間げき比の計算

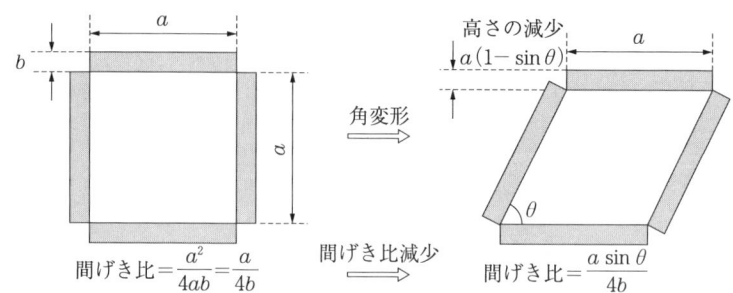

図1.11 長方形粒子構造の間げき比と角変形に伴う間げき比の変化

げき比は，0.25，2.5，25 と増加する．すなわち砂粒子は球形に近く，粘土粒子は薄い盤のような構造をしていることが推測される．事実，顕微鏡観察によるとこの推測は正しい（**図1.12**）．同じ4個の土粒子からなる矩形構造によって配列の変化を調べてみる．配列を倒すような角変形（せん断変形）を与えると，間げき比は $a\sin\theta/(4b)$ と表現される．すなわち角変形を与えると間げき比が減少し，土はゆるい状態から密な状態に変化する．そのとき間げき比が減少しようとするので，矩形構造の中にあった水の圧力は増加して，水は矩形構造から抜け出ていこうとするであろう．逆に，密な状態からゆるい状態に配列を起こすような角変形を起こさせると，間げき比は増大し，間げきの中の水圧は負の値となり，しだいに周囲から水を吸収して体積が膨張するであろう．

図1.12 カオリン粘土粒子の形状
（大嶺　聖氏提供）

つぎに4個の直径 D の円盤で形成される間げきに内接する円の直径 d は

$$d = (\sqrt{2}-1)D \fallingdotseq 0.4D$$

と計算される（**図1.13**）．この円管を通過して間げき水が流れるとしたら，土

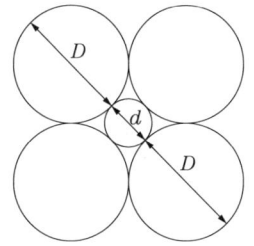

図 1.13　円盤に内接する小円

の水の流れやすさを示す透水係数は粒径によって大きく異なり，第 6 章で述べるように土粒径の指標の 2 乗に比例する式も存在する．先に述べたように砂の最大粒径 2.00 mm，粘土の最大粒径 0.005 mm に注意すれば粒径比は $N = 400$ である．事実，粘土の透水係数は砂の透水係数の $10^{-4} \sim 10^{-6}$ 倍ほど小さい．

1.3　広域的地盤情報と局所的地盤情報

　土地利用計画を立てるとき，地盤性状を知ることは重要である．地盤条件を十分考慮せずに土地利用計画がなされると，構造物建設が技術的に困難で非経済的になるばかりか，建設後に沈下や傾斜など構造物に不具合が発生する原因となるし，その地域特有の潜在的な地盤災害に対して弱い土地利用形態となる恐れがある．おもな重要な情報は，入手可能な地質図，地盤図等を収集し，それらの情報から当該地域の地盤の成層状態と各層の硬軟を知ること，および地下水の流れを知ることである．特に，堅固な基盤岩層や礫層上部に対応して描かれる沖積層基底コンターや，水理地質図に含まれる地下水流の情報は有用である．

　構造物建設では，建設地点でのより詳細で局所的な地盤情報が必要である．そのためには既往のデータのみでは不十分で，建設に伴って影響する空間的範囲（平面的範囲と深さ）を対象に原位置試験やボーリング孔から土試料を採取し（サンプリングと呼ぶ），室内力学試験を実施することが必要となってくる．したがって，局所的地盤情報の精粗は，的確な地盤調査の平面的範囲と深さの決定，調査手法と調査項目の選択，サンプリング密度と室内試験結果の品質に

14　第1章　土質力学の概観

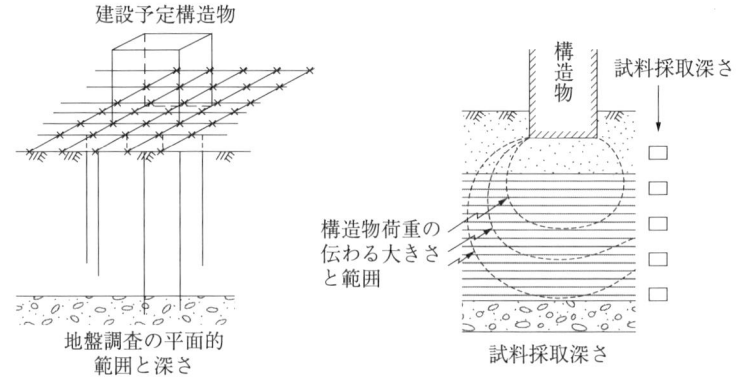

図 1.14　局所的地盤情報の収集

大きく依存する（図 1.14）。

1.4　土構造物の設計と土質力学のテーマ

代表的な土構造物の設計としてフィルダムの設計を考えよう（図 1.15）。フィルダムとは土や岩を締固めて構築されたダムのことである。ここでは高さ 100 m のフィルダムの設計課題を考えてみよう。構造物の設計では，まずその構造物に期待される役割，すなわち「**機能**」を考えることから始める。ダムに要求される機能は水をためる貯水機能である。その機能を満たすためには，ダムの本体（ダム堤体）中の水の通りやすさ（**透水性**という）を調べ，どのように水がダム堤体中を**浸透**するのか，ダム堤体中の水圧はどのようになっている

図 1.15　フィルダム
（東京電力提供）

1.4 土構造物の設計と土質力学のテーマ

かを知り,過度の水がダム堤体を通って逃げないようにすることが必要である。ダム本体をつくる土や岩は十分強く,水も通りにくくしなくてはならない。そのためには土や岩を締固め,すき間にある空気や水を追い出してすき間を少なくする必要がある。それと同時にダムの下の地盤(基礎地盤)や周辺地盤からも過度に水が浸出しない方策が必要になる。

「機能」のつぎに考えるのが「**安全性**」である。ダムが壊れると下流に甚大な被害をもたらす。ダム自身の重量や貯水の水圧でダム本体が大きく変形したり壊れたりしないように,またダム底部からの水圧(**揚圧力**)に対しても浮き上がらないようにする。ダムの幅や勾配などの形状を決める必要があるし(ダムの変形解析,破壊解析),ダムを構成する材料強度は十分強くなければならない(締固めた土の変形特性,強度特性)。ダム自重と水圧を支える下の基礎地盤も十分強くなければならない(支持力解析)。実際の設計では,施工を担当する人に,どのように材料の締固めの品質管理を行ったらいいのかとの情報も伝えておくことも必要である。

以上の項目を整理すると設計課題としては

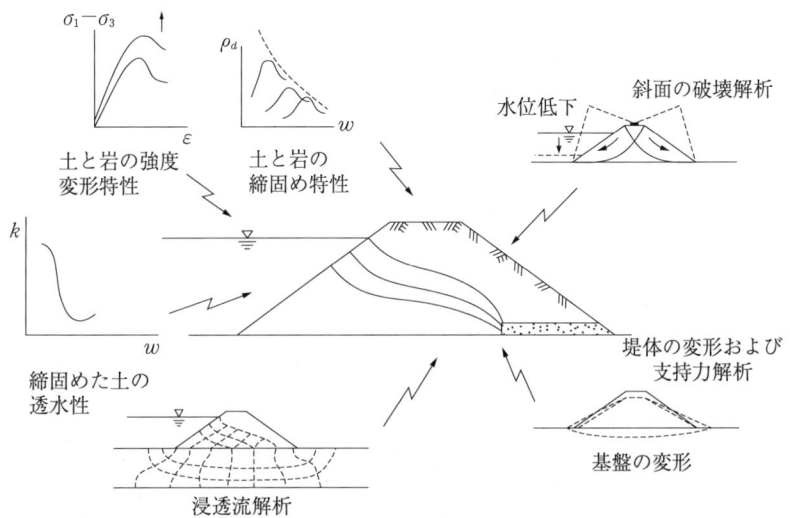

図 1.16 フィルダム建設における設計課題

第1章 土質力学の概観

（1） ダム基礎地盤の土層・地層中の透水性
（2） 土や岩の締固め特性と透水性，および締固めた土の強度と変形特性
（3） 浸透流解析
（4） 斜面の変形および破壊解析
（5） 基礎地盤の変形および支持力解析

など，じつに多くの技術内容を理解しておく必要があることがわかる（**図1.16**）。このような構造物設計の諸課題に解答を与えようとするのが土質力学の主要テーマでもある。

第 2 章

地盤と土の記述

2.1 はじめに

本章では，巨視的観点から微視的視点へと地盤を四つの段階を踏んで理解していくことにする（**図 2.1**）。第 1 段階は地盤構成の理解である。地盤はどのような土層から構成されているか，それぞれの層の厚さと深さ，位置関係および地下水位の深さの把握が地盤の現象理解のはじめである。第 2 段階では各土層がなにでできているか中身を見ていく。各層の土は，固体部分（**固体相**），液体部分（**液体相**），気体部分（**気体相**）の 3 成分（三相系）から構成されていることを理解する。そして，それら各相の体積や質量の記述方法，および三相間の構成比率の記述の必要性とその方法を説明する。第 3 段階では，固体相

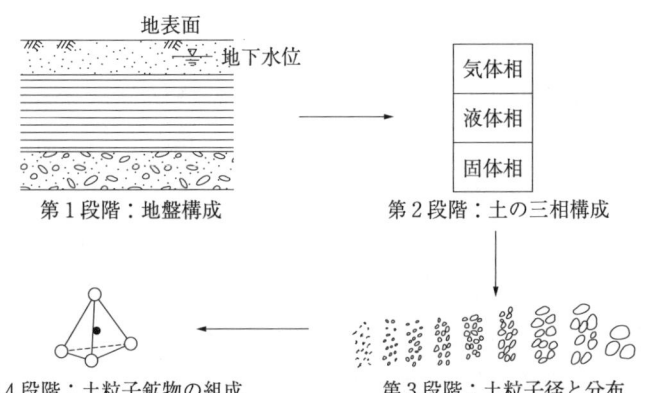

図 2.1　地盤理解への 4 段階

部分である土粒子群の個々の土粒子径やその頻度分布の記述を解説する。さらに詳細な記述を必要とする現象も存在する。粘土の圧縮・膨張特性，乾湿の繰返しに伴う挙動の非可逆的，物質の吸着特性などがその例である。それには，土粒子を構成している鉱物組成や化学組成についての知識が必要であり，第4段階では，その基本を概説する。地盤の系統的理解には各段階での個別の理解が必須である。

2.2 地盤構成

2.2.1 地盤の成層状態

地盤は一般的に成層構成をしており，特に堆積地盤では成層状態が明瞭である。地盤が成層構成をなしているのは，主として海面の上昇・下降に伴い河川の土砂を運搬する能力が変化することに起因している。残積地盤では，風化に伴う不鮮明な成層状態と地層の変化による成層状態が存在する。

図2.2にはしばしば現場で遭遇する地盤の成層状態を模式的に示している。成層状態での注目点の第1は，浅い深度に砂層や礫層のような粗粒土層が存在するか，あるいは粘土層のような細粒土層が存在するかであり，それぞれの層厚がどれほどあるかである。もし厚い粗粒土層が上層にあり，それが密に詰まっていれば，その層で構造物を支えることができそうである〔図(a)〕。もしゆるい状態の粗粒土層で地下水位が地表面に近ければ，地震時に液状化現象が発生する可能性がある〔図(b)〕。一方，厚くて軟らかい粘土層が上層に存在すれば，構造物を載せると地盤は破壊するか，破壊しないまでも**沈下**が長期間継続するであろう〔図(c)〕。成層状態での注目点の第2は，層厚と層の順序である。上層の砂層が薄ければいくら密に詰まっていても，下層に軟らかい粘土層があれば構造物を支えることはできないであろう。厚い粘土層でも，薄い粗粒土層が挟まれていれば，粗粒土層から粘土中の水が排水できるので沈下の速度は速まるかもしれない。もしその粘土層の下層に密な粗粒土層があれば，杭をそこまで設置して構造物の荷重を粘土層ではなくて下層の粗粒土層に伝えれば，構造物は沈下しないで支えられる〔図(d)〕。このように，成層状態を

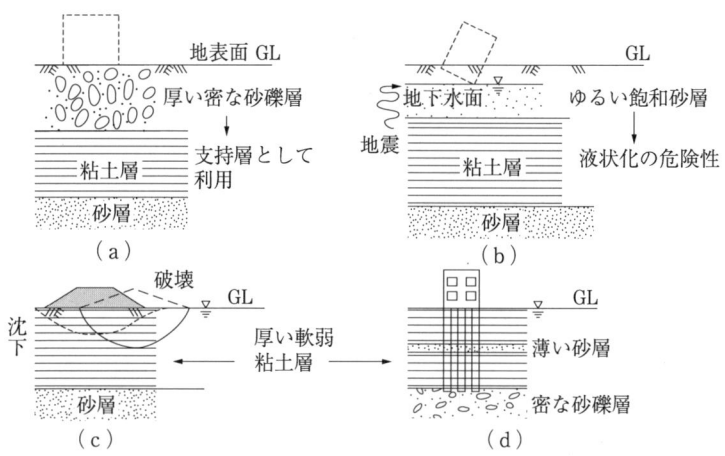

図 2.2　地盤の成層状態

把握することが地盤の現象理解の一歩である。

2.2.2　地盤構成の調査

地盤構成を判断するための地盤調査としては，貫入試験，試料採取（サンプリング）および室内試験が行われる。

貫入試験は野外で実施される原位置試験で，動的な貫入試験である**標準貫入試験**および静的な貫入試験である**コーン貫入試験**が多用される。標準貫入試験は，$63.5 \pm 0.5\,\text{kg}$ の質量のドライブハンマーを，$76 \pm 1\,\text{cm}$ の落下高さから自由落下させ，ロッドを $300\,\text{mm}$ 貫入させるのに何回の打撃が必要かを調べる試験（図 2.3）で，その必要回数を **N 値**と呼んで貫入抵抗値として表す。ロッドの先端に取り付けたサンプラー内に貫入と同時に乱れた試料が採取できる利点があるので多用されてきた。連続的に情報を得られる静的貫入試験の代表が電気式静的コーン貫入試験である（図 2.4）。この試験では，連続的に，先端抵抗値，摩擦力，間げき水圧の三つの情報を得ることができる（図 2.5）。先端抵抗値が大きければ硬い層の存在を示唆し，間げき水圧が上昇していれば細粒土層の存在を意味している。それらの情報を総合的に判断して土性を判定する図も提案されている（図 2.6）。

20　第2章　地盤と土の記述

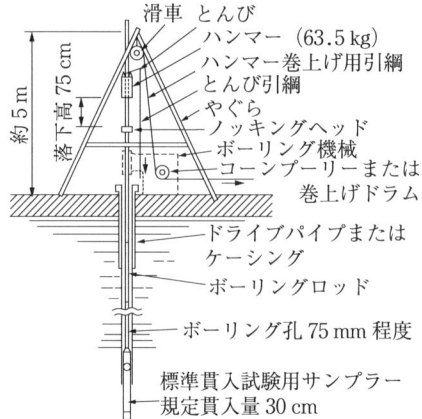

図 2.3　標準貫入試験機

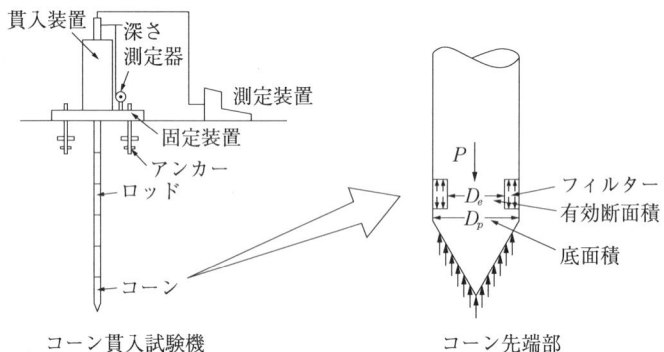

図 2.4　電気式静的コーン貫入試験機

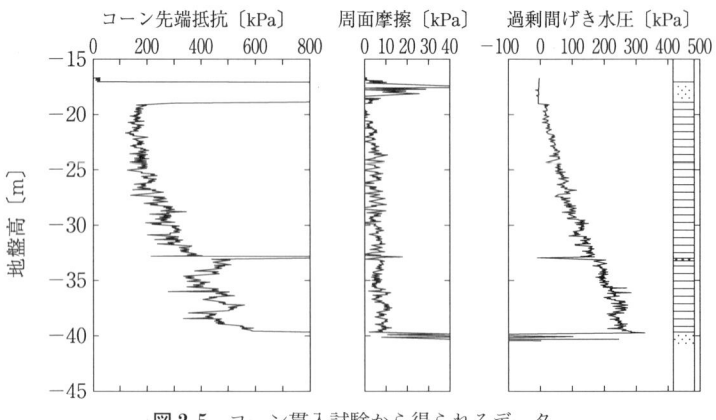

図 2.5　コーン貫入試験から得られるデータ

2.2 地盤構成

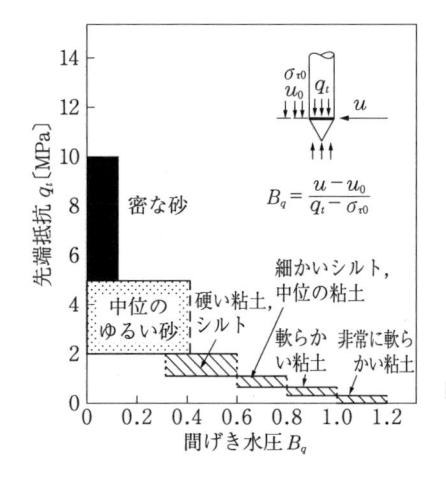

図2.6 コーン貫入試験結果を用いた土性判定図の例

$$B_q = \frac{u - u_0}{q_t - \sigma_{v0}}$$

2.2.3 地盤情報を読む基礎知識

調査された地盤情報は**柱状図**として整理される。柱状図を読みこなすためには，土質の名称とそれの表記記号を覚える必要がある（図2.7）。各層の粒径の違いによって礫，砂，シルト，粘土の基本分類に加えて，礫混じり粘土など混入を示す記号等が決められている。また同時に地下水位の測定位置も表記される。地盤情報が必要な範囲は，構造物の構築に伴って変化する地盤内応力の影響が十分小さくなるまでとする（図2.8）。地盤情報は，各土層の名称，深さ，層厚に加えて土の物理的性質，密度，含水状態や貫入抵抗値などを加えて総合的に判断する。

図2.7 一般的な土質表記記号

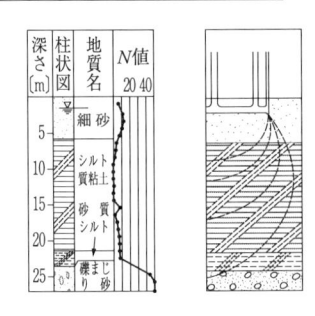

図 2.8　地盤情報の必要な範囲

2.3　土の構成と記述

2.3.1　構成相間の記述

〔1〕**基本量**　土層は，三つの異なる相で構成されている。土は固体相，液体相，気体相の三相からなる材料である（**図 2.9**）。固体相は土粒子，液体相は間げき液体，気体相は間げき気体である。通常，間げき液体は水，間げき気体は空気と考えてよい。三相系材料である土の体積と質量の情報を定量的に記述するには，体積，質量に関するそれぞれ二つずつの量，あわせて四つの量と水の密度の計五つの基本量を用いる。しかし前者四つの量はそれぞれ独立した物理量ではなく，後に述べる体積と質量間に関係式が一つ存在するので，三つの量と水の密度の計四つが基本量である。水の密度は既知なので三つの量が求まればすべて土の体積と質量の記述は可能である。さらに自然界で観測される土粒子の比重の値は 2.5 から 2.8 程度とほぼ一定の範囲にあるので，残りの二つの量の情報があれば土の体積と重量は記述される。さらに気体相がない飽和土では，さらに必要な情報は一つ減じて，結局一つの情報があればほぼ土の体積と重量の記述が可能となる（**図 2.10**）。それはつぎに示す**間げき比**あるい

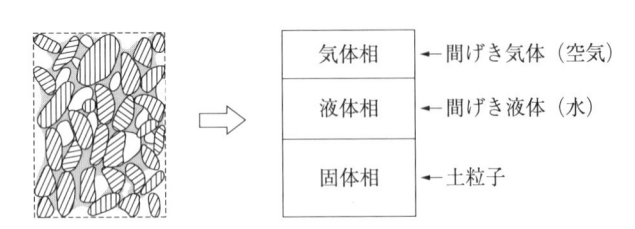

図 2.9　土の三相構成

2.3 土の構成と記述

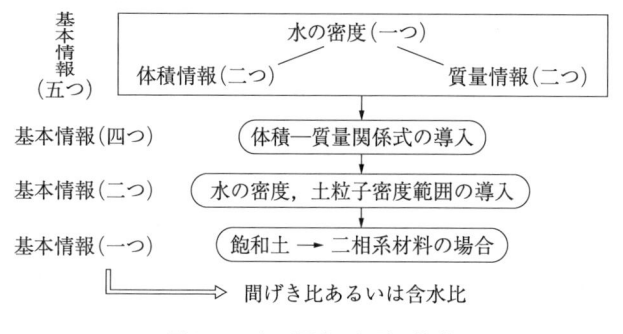

図2.10 土の記述に必要な情報

は**含水比**である。

〔2〕 **間げき比と間げき率** 間げき比 (void ratio) は土質力学の中でもっとも大切な情報量であり土粒子相の体積 V_s に対する間げき相の体積 V_v の比で定義され，国際的に e の記号を用いる（**図2.11**）。

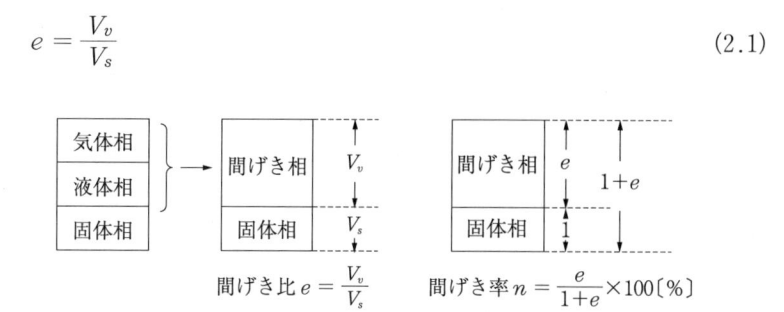

$$e = \frac{V_v}{V_s} \tag{2.1}$$

図2.11 間げき比と間げき率の定義

　e の大小の意味は，間げき比が小さい方が土粒子が密に詰まっている，間げき比が大きい方がゆるく詰まっている，ということに対応している。定義を言い換えれば，固体相の体積を1としたとき，間げき相の体積は e であるということであるので，土の全体積は両者の和，すなわち $(1+e)V_s$ となる。したがって，土全体積 $(V = V_v + V_s)$ に占める間げき相の体積の割合は，$e/(1+e)$ となる。これは**間げき率** n (porosity) と呼ばれ，百分率〔%〕で表示される。

$$n = \frac{V_v}{V} \times 100 = \frac{eV_s}{(1+e)V_s} \times 100 = \frac{e}{1+e} \times 100 \,[\%] \qquad (2.2)$$

間げき比 e の数値のイメージを持つために例を示したのが**図 2.12** である。通常，砂の間げき比は 0.5 から 1.1 程度，粘土の間げき比は 1.5 から 3.0 程度と記憶しておけばよい。

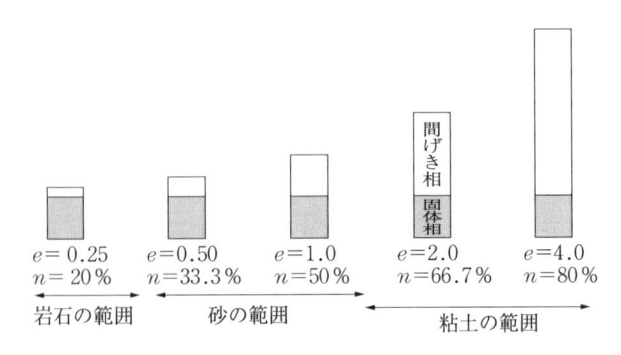

図 2.12 間げき比のイメージ

間げき比は土の体積情報を与えるので，間げき比の変化がわかれば土の体積の変化，しいては土層の層厚変化も知ることができる（**図 2.13**）。例えば間げき比が e_a から e_b に変化すると，土全体の体積は $(1+e_a)V_s$ から $(1+e_b)V_s$ に変化し，土全体の体積の減少量は $\{(1+e_a)-(1+e_b)\}V_s = \Delta e V_s$ で表される。体積減少量/初期体積として体積圧縮率を求めれば，$\Delta e/(1+e_a)$ となる。土層が一次元状態とみなされれば土の体積を土層の高さと読み替えてもよいので，土層の初期厚さを H とすれば，層厚の減少量 ΔH は

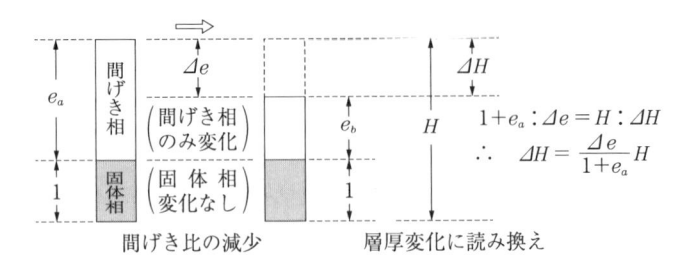

図 2.13 沈下量計算の原理

$$\Delta H = \frac{\Delta e}{1 + e_a} H \tag{2.3}$$

と計算される。

例題 2.1 層厚 30 m の土層があり，土の間げき比が 2 から 1 に変化するときの層厚の減少量を求めなさい．

〔解〕 式 (2.3) に $H = 30$ m, $e_a = 2$, $\Delta e = 1$ を代入して

$$\frac{\Delta e}{1 + e_a} H = \frac{(2-1)}{1+2} \times 30 = 10 \text{ m}$$

と計算される．

間げき率 n と間げき比 e とは同じ間げきの大きさを計る指標であるが，生活感覚からすれば間げき率の方がより直観的な指標である．土の中の間げき率が 50 % といえば，「土の中にはすき間が半分もあるのか！」とだれにでも理解される．事実，間げき流体の移動速度や質量保存則を記述する場合には間げき率は間げき比より便利である．ところが粘土地盤の沈下の例で説明したように，多くの土の現象は，間げき比そのものの変化に注目することで記述される．例えば，初期間げき比 e_0 が大きく，どろどろの状態の土にだんだん圧力 p をかけて土の中の水を排水させると（圧密），体積は減少する．排水が終了した土の間げき比と自然対数で表示した圧力 $\ln p$ を用いると，両者は一次の関係式

$$e = e_0 - A \ln p \tag{2.4}$$

で表現される．ここで A は土の種類によって決まる係数である．これは $e - \ln p$ 関係として知られている（底を 10 とした常用対数で表した場合は，$e - \log p$ 関係となる）．自然対数で表示した土の圧縮強度 q_u も間げき比と一次の関係式

$$e = B - C \ln q_u \tag{2.5}$$

で書き表せる．ここで B は e_0 での $\ln q_{u_0}$ であり，C は土の種類によって決まる係数で実験的に $A = C$ としてよいことが知られている（**図 2.14**）．

さらに後に示すように間げき比と含水比も一次の式で関係付けられるので，土質力学では，間げきを表す指標としてもっぱら間げき比 e，あるいは全体積

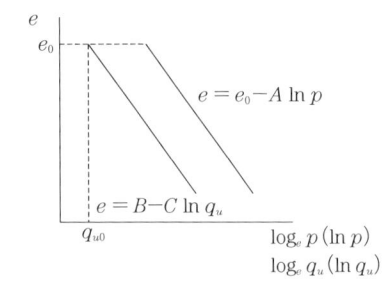

図2.14 間げき比と圧力, 強度の関係

を示す
$$v = 1 + e \tag{2.6}$$
が用いられる。v を **比体積** と呼ぶ。

〔3〕 **飽和度**　飽和度は, 全間げき相体積 V_v 中の液体相の体積 V_w の百分率で定義され, S_r (degree of saturation) の記号を用いる (図2.15)。

$$S_r = \frac{V_w}{V_v} \times 100 \; \text{〔\%〕} \tag{2.7}$$

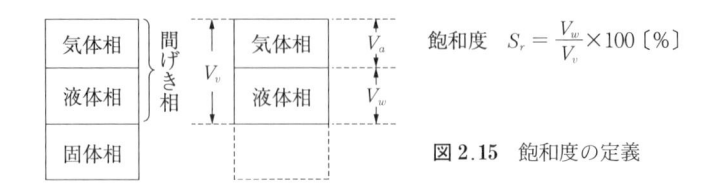

図2.15　飽和度の定義

　S_r の大小の意味は, 飽和度が小さい方が, 間げき中に流体はまばらにしか存在せず, 飽和度が大きいと, 間げきはほぼ流体で占められているということで, $S_r = 100\%$ というと間げきはすべて流体で満たされていることになる。そのような状態の土を飽和土と呼ぶ。S_r の数値のイメージを持つために, 縦に積み重ねられた10個の正方形ブロックを考えてみよう (図2.16)。例えば間げき比が1.5, 飽和度が50％ということは, 土粒子のブロックが4個, 水のブロックが3個, 空気のブロックが3個で構成されていることになる。間げき比を変化させないままで, 飽和度を83.3％に高めた状態では, 空気のブロックは1個に減少し, 水のブロックが5個となる。そして, 空気のブロックが

2.3 土の構成と記述　**27**

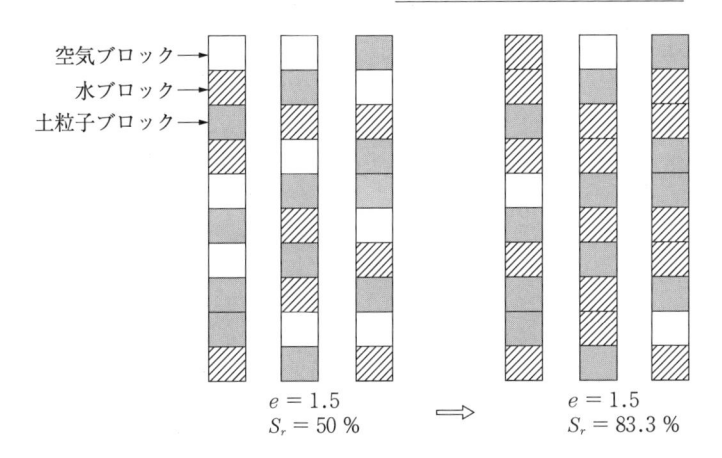

空気ブロック
水ブロック
土粒子ブロック

$e = 1.5$
$S_r = 50\ \%$

$\Longrightarrow$

$e = 1.5$
$S_r = 83.3\ \%$

図 2.16 飽和度変化のイメージ

隣接しないで存在し，かつ，端部に近くなければ，空気は土からは出にくい。これを三次元状態で積まれたブロックを考えても，飽和度が高くなると空気のブロックが接して存在する確率は急速に低下し，連続した空気の道は形成されにくくなることは容易に推測がつく。すると飽和度が高くなると土は飽和土とほぼ同じように挙動しそうである。

〔4〕**土粒子比重と土粒子密度**　質量に関する情報は二つある。その一つが，**土粒子の比重**（specific gravity）あるいは**土粒子密度**（density）である。土粒子比重は，水の密度に対する土粒子の密度の比として定義され，G_s の記号を用いて表される無次元量である。

$$G_s = \frac{\rho_s}{\rho_w} \tag{2.8}$$

ここで ρ_w は水の密度である。ρ_s は土粒子密度で，固体相体積 V_s に対する固体相質量 m_s の比として定義される。

$$\rho_s = \frac{m_s}{V_s} \tag{2.9}$$

なお水の密度は，水の体積 V_w に対する水の質量 m_w の比として次式で定義される。

$$\rho_w = \frac{m_w}{V_w} \tag{2.10}$$

〔5〕 **含水比**　　もう一つの質量に関する情報は**含水比**（water content）で，固体相の質量 m_s に対する間げき相に含まれる水の質量 m_w の百分率で定義され，w なる記号を用いる．

$$w = \frac{m_w}{m_s} \times 100 〔\%〕 \tag{2.11}$$

w の大小の意味は，含水比が小さければ土に含まれる水分量が少なく，含水比が大きければ土には豊富に水分が含まれており，含水比が 100 ％を超えてもなんら不思議ではない．含水比 w の数値のイメージを持つために例を示して見ると，後述するように含水比と間げき比には $eS_r = G_s w$ なる関係が成立するので，G_s が 2.5，S_r=100 ％ の飽和した土では，含水比は間げき比を用いて $w = 40e$〔％〕と書き表せる．すなわち飽和土では，$e = 0.5$ は含水比 20 ％ に対応し，$e = 1$ は $w = 40$ ％，$e = 2$ は $w = 80$ ％，$e = 4$ は $w = 160$ ％ に対応することになる．

〔6〕 **体積―質量関係式**（$eS_r = G_s w$）　　間げき比，飽和度，土粒子比重，含水比の四つの量には一つの重要な関係式が存在する．それを**体積―質量関係式**と名付けよう．ここで含水比の定義式から出発して，前述の各定義式を用いて順次式を変形してみると

$$w = \frac{m_w}{m_s} = \frac{V_w \rho_w}{V_s \rho_s} = \frac{V_w V_v \rho_w}{V_v V_s \rho_s} = S_r \cdot e \cdot \frac{1}{G_s}$$

となる．すなわち

$$eS_r = G_s w \tag{2.12}$$

が得られる．これは頻繁に利用される重要な関係式なのでぜひ覚えておきたい．この関係式の存在により，土の体積と質量の情報を知るには e，S_r，G_s，w のうちの三つの情報と ρ_w がわかればよいことになり，G_s はほぼ 2.5 から 2.8 の間に入り，さらに水の密度は既知量であるので，不飽和土では e，w，S_r の三つの情報，さらに飽和土（$S_r = 100$ ％）では e あるいは w のどちらかの情報があればよいことになる．ただし実際計測しやすいのは後に述べる土の

2.3 土の構成と記述　29

湿潤密度 ρ_t と w である。G_s は独立に計測する。そこから間げき比が求まり，最後に飽和度が計算される。

〔7〕**体積含水比**　体積含水比（volumetric water content）を定義しておこう。これは不飽和土の質量保存式を導くときに用いられる。体積含水比は，全体積 V に対する間げき相中の水の体積 V_w で定義され θ で表記される。

$$\theta = \frac{V_w}{V} \tag{2.13}$$

θ は，飽和度と間げき率あるいは間げき比でも書き表すことができる。

$$\theta = \frac{S_r V_v}{V} = S_r n = S_r \frac{e}{1+e} \tag{2.14}$$

また $eS_r = G_s w$ なる関係式を用いて，間げき比に代わって G_s と w でも表記される。

$$\theta = S_r \frac{wG_s}{S_r + wG_s} \tag{2.15}$$

〔8〕**空気間げき率**　空気間げき率を定義しておこう。これは締固めの品質管理を行う場合に，土に含まれる間げき中に空気がどれほど占めているかを表すのに利用される。

$$v_a = \frac{V_a}{V} \times 100 \,[\%] \tag{2.16}$$

〔9〕**土の密度と単位体積重量**　土粒子密度 ρ_s と違って土の密度は固有の値はなく，間げき比，飽和度や含水比の状態で大きく変化する。土質力学では四つの状態の土の密度（質量/体積）を用いる。それらは上述したように e, S_r, G_s, ρ_w の四つの量で記述される。もちろん，式 (2.12) の関係式 $eS_r = G_s w$ を用いて，異なった表示式に変えることが可能である。土質力学で用いられるのは，飽和度が 0 % と 100 % の両極端な状態（**乾燥密度** ρ_d, **飽和密度** ρ_{sat}），その間の任意の S_r の状態（**湿潤密度** ρ_t），および水中にある状態（**水中密度** ρ'）の四つである（**図 2.17**）。4 状態とも，全体積 V はいずれも $(1+e)V_s$ であるが，土に含まれる質量 m だけが異なる。飽和度が 0 % の状態のと

第 2 章　地盤と土の記述

(a) 飽和密度

eV_s — 水相 — $eV_s\rho_w$
$(1+e)V_s$
V_s — 土粒子相 — $\rho_s V_s = G_s \rho_w V_s$

$$\rho_{\text{sat}} = \frac{(G_s+e)V_s}{(1+e)V_s}\rho_w = \frac{G_s+e}{1+e}\rho_w$$

$S_r = 100\%$

(b) 湿潤密度

空気相 — 0
水相 — $e(S_r/100)V_s\rho_w$
土粒子相 — $G_s\rho_w V_s$

$$\rho_t = \frac{G_s + \dfrac{eS_r}{100}}{1+e}\rho_w$$

$0 < S_r < 100$

(c) 乾燥密度

空気相 — 0
土粒子相 — $G_s\rho_w V_s$

$$\rho_d = \frac{G_s}{1+e}\rho_w$$

$S_r = 0\%$

(d) 水中密度

$(1+e)V_s$
$eV_s\rho_w$
$G_s\rho_w V_s$
$(1+e)V_s\rho_w$

$$\rho' = \rho_{\text{sat}} - \rho_w = \frac{G_s+e}{1+e}\rho_w - \rho_w = \frac{G_s-1}{1+e}\rho_w$$

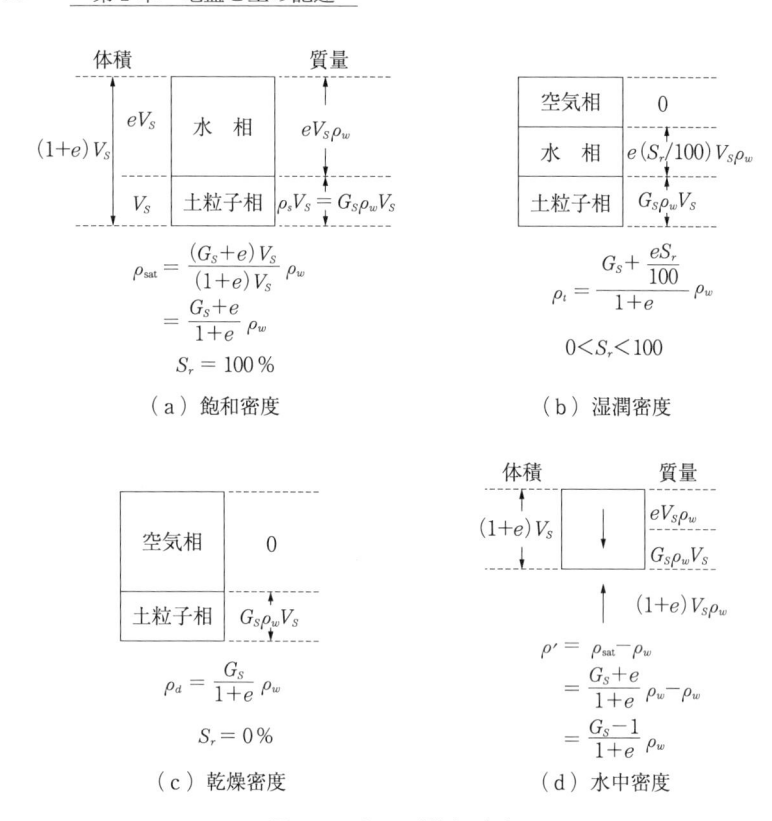

図 2.17　土の 4 種類の密度

きの土の質量は，固体相（土粒子相）の質量のみであるので $m_s = \rho_s V_s = G_s\rho_w V_s$，飽和度が 100 ％のときは，$m_s$ に加えて間げき相内の水の質量 $m_w = \rho_w eV_s$ が加わる。より一般的に飽和度 S_r の土に含まれる水の質量は $\rho_w S_r eV_s$ となるので，それぞれの式は下式のようになる。

$$\rho_t = \frac{G_s + \dfrac{eS_r}{100}}{1+e}\rho_w \tag{2.17}$$

$$\rho_{\text{sat}} = \frac{G_s+e}{1+e}\rho_w \tag{2.18}$$

$$\rho_d = \frac{G_s}{1+e}\rho_w \tag{2.19}$$

水中では土は飽和状態であり，浮力を受けるから**水中密度**は

$$\rho' = \rho_{\text{sat}} - \rho_w = \frac{G_s - 1}{1 + e}\rho_w \tag{2.20}$$

と表される。

質量を重量に置き換えれば，それぞれの**単位体積重量**（unit weight）が同様に定義され γ で表記される。ここで水の単位体積重量は γ_w と表記する。

$$\gamma_t = \frac{G_s + \dfrac{eS_r}{100}}{1 + e}\gamma_w \tag{2.21}$$

$$\gamma_{\text{sat}} = \frac{G_s + e}{1 + e}\gamma_w \tag{2.22}$$

$$\gamma_d = \frac{G_s}{1 + e}\gamma_w \tag{2.23}$$

$$\gamma' = \gamma_{\text{sat}} - \gamma_w = \frac{G_s - \gamma}{1 + e}\gamma_w \tag{2.24}$$

例題 2.2 湿潤状態にある直径 50 mm，高さ 100 mm の円柱土試料を採取して，質量を計測したところ 3 388 g であった。この円柱試料を炉乾燥したところ質量が 968 g に減少した。この土試料の土粒子比重は 2.64 と別途計測された。この土試料の湿潤単位体積重量，含水比，間げき比および飽和度を計算せよ。ただし水の単位体積重量は $\gamma_w = 9.81\,\text{kN/m}^3$ として計算せよ。

〔解〕 直径 D，高さ h の試料の体積は，$\pi D^2 h \div 4 = 3.14 \times 50^2 \times 100 \div 4 = 196\,250$ mm^3 である。湿潤質量は 3 388 g と計測されているので，湿潤単位体積重量は定義から γ_t $= 3\,388 \div 196\,250 = 0.017\,26\,\text{g/mm}^3 = 17.26\,\text{kN/m}^3$ である。土粒子重量は $(3\,388 - 968)$ $= 2\,420\,\text{g}$，水の重量は，炉乾燥による減少重量 968 g であるので，含水比は，式 (2.11) から $968 \div 2\,420 = 0.40$，すなわち $w = 40\,\%$ となる。間げき比は式 (2.21) と式 (2.12) から $e = G_s(1 + w)\gamma_w \div \gamma_t - 1 = 2.64(1 + 0.40) \times 9.81 \div 17.26 - 1 = 1.1$ となる。飽和度は，式 (2.12) を再び用いて $S_r = G_s w \div e = 2.64 \times 0.40 \div 1.1 = 0.96$，すなわち 96 % となる。以上より $\gamma_t = 17.26\,\text{kN/m}^3$，$w = 40\,\%$，$e = 1.1$，$S_r = 96\,\%$ が答となる。

2.3.2 地盤中の応力状態

土の密度がわかれば層中の鉛直応力が算定される（**図 2.18**）。地下水がない均質な土層で地表面から深さ z の点における**鉛直全応力** σ_v は，その点より上の単位面積当りの土柱の重量に等しいから

32　第2章　地盤と土の記述

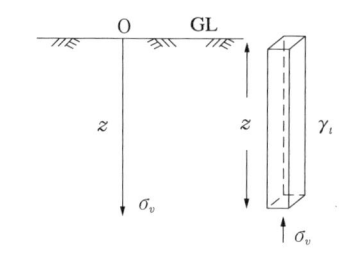

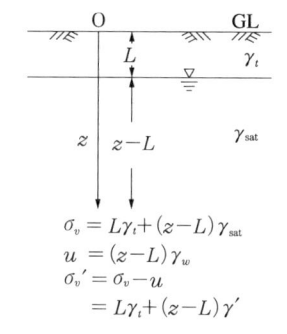

（a）鉛直全応力の計算

$\sigma_v = L\gamma_t + (z-L)\gamma_{\text{sat}}$
$u = (z-L)\gamma_w$
$\sigma_v' = \sigma_v - u$
$\quad = L\gamma_t + (z-L)\gamma'$

（b）静水圧下での鉛直全応力，鉛直有効応力

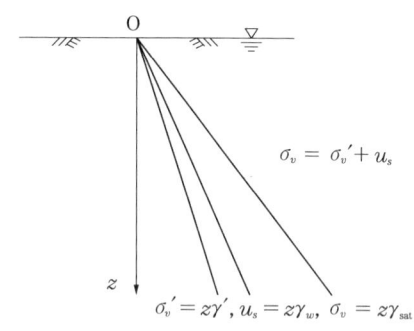

$\sigma_v = \sigma_v' + u_s$

（c）鉛直全応力，鉛直有効応力および静水圧の深さ方向分布

$\sigma_v' = z\gamma',\ u_s = z\gamma_w,\ \sigma_v = z\gamma_{\text{sat}}$

図 2.18　地盤中の応力状態

$$\sigma_v = z\gamma_t \tag{2.25}$$

と計算される。乾燥状態であれば γ_t の代わりに γ_d を，地下水面が地表面と一致していれば，γ_t の代わりに γ_{sat} を式（2.25）に用いればよい。

以上の準備の後，つぎに地下水面が地表面から L の深さにある場合，深さ z の点での鉛直全応力，**鉛直有効応力**，**間げき水圧**を計算しよう。ここで有効応力の原理は 1.2.2 項で述べたように

$$\sigma = \sigma' + u \tag{2.26}$$

と書き表された。

鉛直全応力および間げき水圧は

$$\sigma_v = L\gamma_t + (z-L)\gamma_{\text{sat}} \tag{2.27}$$

$$u = (z-L)\gamma_w \tag{2.28}$$

である。

式 (2.27),(2.28) を式 (2.26) に代入すれば鉛直有効応力は

$$\sigma_v' = \sigma_v - u = L\gamma_t + (z-L)\gamma_{\mathrm{sat}} - (z-L)\gamma_w$$
$$= L\gamma_t + (z-L)\gamma' \tag{2.29}$$

となる。もし地下水面が地表面に一致していれば $L=0$ として

$$\sigma_v' = z\gamma' \tag{2.30}$$

となる。

式 (2.25),(2.30) などを見ると理解できるように鉛直全応力,鉛直有効応力は,γ が深さ方向に変化しなければ,深さに比例して大きくなる。これは静水圧分布と同じである。静水圧状態では,ある深さでの静水圧 u_s は鉛直方向でも水平方向でも同一で方向による違いはない(**等方応力状態**)。ところが土の場合はそうはいかない。そのために水平方向の応力を算定するのにある係数を必要とする。それが K_0 であり**静止土圧係数**と呼ぶ。定義式は

$$K_0 = \frac{\sigma_h'}{\sigma_v'} \tag{2.31}$$

である。ここで σ_v' は鉛直有効応力,σ_h' は水平有効応力である。なお K_0 は現地で計測するか,予測式を用いて推定する。$K_0 = 1$ でない場合は,土は**異方応力状態**にあるという(図 2.19)。

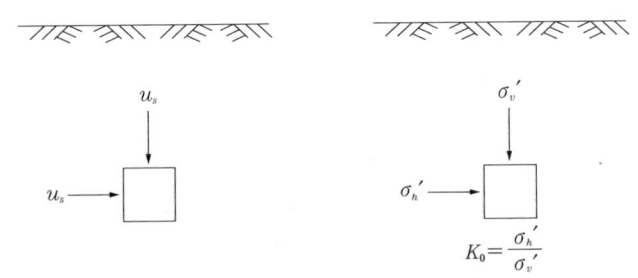

(a) 静水圧は等方応力状態　　(b) 有効応力は異方応力状態

図 2.19　静水圧の等方応力状態と有効応力の異方応力状態

以上から,地盤内の応力状態は以下のような手順を踏んで計算される(図 2.20)。このとき最低必要な情報は,地下水面の深さ,各土層の厚さと単位体積重量と K_0 の値である。

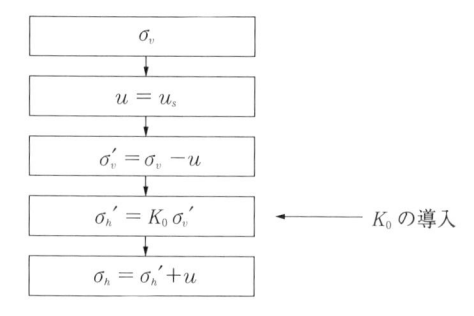

```
       ┌─────────────┐
       │   σ_v       │
       └──────┬──────┘
              ▼
       ┌─────────────┐
       │  u = u_s    │
       └──────┬──────┘
              ▼
       ┌─────────────┐
       │ σ_v' = σ_v − u │
       └──────┬──────┘
              ▼
       ┌─────────────┐
       │ σ_h' = K_0 σ_v' │ ◄──── $K_0$ の導入
       └──────┬──────┘
              ▼
       ┌─────────────┐
       │ σ_h = σ_h' + u │
       └─────────────┘
```

図 2.20 静水圧下の地盤応力の計算フロー

（1） 鉛直全応力を計算
（2） 静水圧を計算
（3） 有効応力の原理を用いて，鉛直有効応力を計算
（4） K_0 を用いて水平有効応力を $\sigma_h' = K_0 \sigma_v'$ から計算
（5） 有効応力の原理を用いて，水平全応力を計算

例題 2.3 図 2.21 のような地盤中の点 A における鉛直方向，水平方向の全応力，有効応力および静水圧を求めよ．ただし $\gamma_w = 9.8\,\text{kN/m}^3$，$K_0 = 0.5$ としてよい．

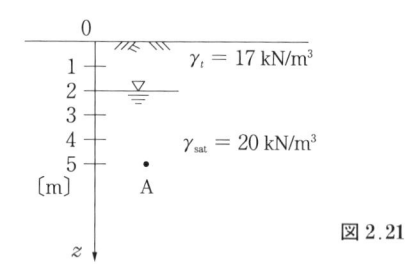

図 2.21

〔解〕 鉛直全応力は式 (2.27) $\sigma_v = L\gamma_t + (z - L)\gamma_{\text{sat}}$ に $L = 2.0\,\text{m}$，$z = 5.0\,\text{m}$，$\gamma_{\text{sat}} = 20\,\text{kN/m}^3$，$\gamma_t = 17\,\text{kN/m}^3$ を代入して

$\sigma_v = 2.0 \times 17 + (5.0 - 2.0) \times 20 = 94\,\text{kN/m}^2$

静水圧は式 (2.28) より

$u_s = (z - L)\gamma_w$

$u_s = (5.0 - 2.0) \times 9.8 = 29.4\,\text{kN/m}^2$

したがって鉛直方向の有効応力は

$$\sigma_v' = \sigma_v - u_s = 94.0 - 29.4 = 64.6 \, \text{kN/m}^2$$

水平方向の有効応力は

$$\sigma_h' = K_0 \sigma_v' = 0.5 \times 64.6 = 32.3 \, \text{kN/m}^2$$

水平方向の全応力

$$\sigma_h = \sigma_h' + u_s = 32.3 + 29.4 = 61.7 \, \text{kN/m}^2$$

と求まる。

2.4 土粒子群の記述

2.4.1 粒径分布

土粒子を粒径によって，大きい方から，礫，砂，シルト，粘土と4種類に分類した。この分類は土層の区分には有用であるが，定量的な議論の情報としては十分ではない。同じ土層区分名称でも粒径に幅があり，粒径の分布に違いがあり，粒径の分布によって土の詰まり方も異なるからである。粒子の大きさを分類するには古くからふるいが用いられてきた。しかし，ふるい目の細かさにも限度があるので，ある粒径以下は別の方法を用いなければならない。つまり，土の**粒径分布**を調べるのに2種類の試験方法が用いられる。**ふるい分析試験**と**沈降分析試験**である。ふるい分析試験では正方形のふるい目を持つ数種類のふるいを用い，あるふるいを通過するか否かで，そのふるい目以上か以下の粒径を区分する。ふるい分析試験の最小のふるい目は75 μmでシルト以下は，沈降分析試験によらなければならない。沈降分析試験は，土を懸濁状態にして土粒子を沈降させる試験である。球体が流体中を沈降するとある一定速度に達し，その沈降速度 v は，球体の直径の2乗に比例する。例えば6 μmのシルト粒子は，20℃の水の中で100 mm沈降するのに約45分かかる。**図2.22**にはシルト粒子と粘土粒子が懸濁した状態で，それぞれ異なった速度で沈降していく様子を模式的に示したものである。シルト粒子のほうが早く沈降して粘土粒子はそれにかなり遅れて沈降する。ある深さの懸濁液の濃度をある時間間隔で計測すれば粒子径の量が計算される。

ここで理解しておきたいことは，粗粒分である礫，砂の粒径は，正方形のふるいの通過によって区分され，細粒分のシルト，粘土の粒径は，等価な球体と

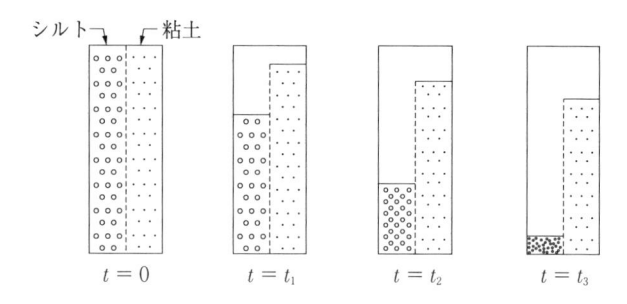

図 2.22　懸濁液中の粒子の沈降

して換算された径として区分されていることである．それゆえ真の形状や粒径とは必ずしも一致しない．また二つの異なる原理によって試験が行われるので，試験結果が滑らかに接続しない場合もありうる（図 2.23）．

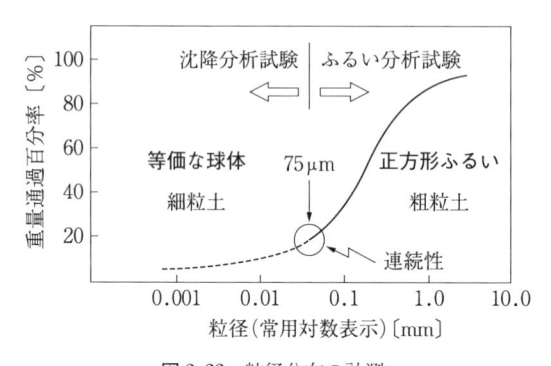

図 2.23　粒径分布の計測

　粒径分布の表示方法としては，ある粒径区分ごとの頻度分布，ある粒径以下の重量の積分値を表示した加積曲線，ある粒径以上の粒子個数を粒径の対数で表示したフラクタル表示などが考えられる（図 2.24）．その中で従来から土質力学分野で多用されてきているのが**粒径加積曲線**で，縦軸は重量通過百分率，横軸は対数表示した粒径である．特定の通過百分率に着目して，その粒径を粒径分布の特性値として利用するものとして 10 % と 50 % 通過率時の粒径を D_{10}，D_{50} と書き，それぞれ**有効径**，**平均粒径**と呼ぶ．粒径加積曲線の形状を記述する方法として，30 %，60 % 通過率時の粒径 D_{30}，D_{60} を用いた**均等係数**

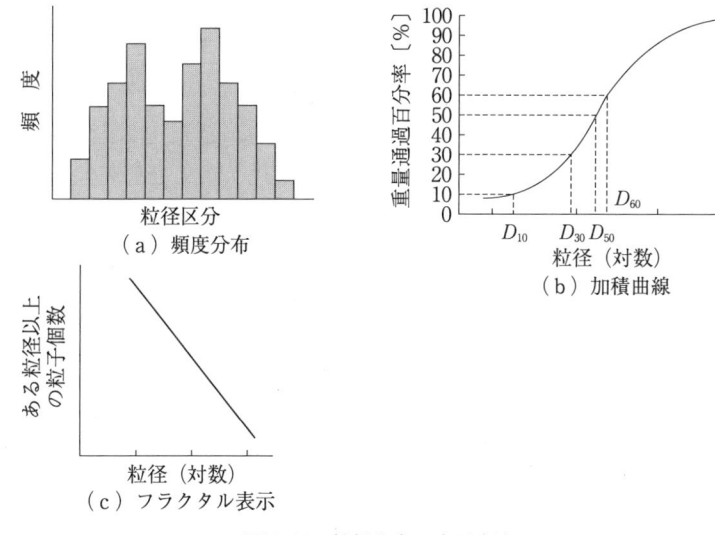

図 2.24 粒径分布の表示方法

$$U_c = \frac{D_{60}}{D_{10}} \tag{2.32}$$

や**曲率係数**

$$U_c' = \frac{(D_{30})^2}{D_{10}} D_{60} \tag{2.33}$$

は粒度の良しあしの判断に用いられる．均等係数，曲率係数などは粗粒土の分類や締固め材料の指定などにも利用される．

2.4.2 粘 土 鉱 物

粒子の粒径や含水状態だけでは土の特性をすべて表すことは難しく，鉱物の化学組成の知識が必要となる場合がある．特に粘土粒子径以下の粒子の場合の圧縮・膨張特性や粘土の可塑性を示す含水比の範囲，物質の吸着特性などが代表例である．風化作用によって粒子径は細粒化していく．砂やシルトの場合，母岩を構成しているもともとの鉱物（一次鉱物）を含んでおり，それらは母岩の性質をかなり保持しているが，風化に対して抵抗力がない鉱物が変化した二次鉱物も含んでいる．二次鉱物の一次鉱物に対する比率は風化の程度により増加し，粒径が小さくなるにつれて比率は大きくなる．おもな一次鉱物と二次鉱

表 2.1　おもな一次鉱物と二次鉱物の名称と化学式

一次鉱物		二次鉱物	
石英	SiO_2	カオリナイト	$Si_4Al_4O_{10}(OH)_8$
長石	$(Na, K)AlO_2[SiO_2]_3$	イライト	
雲母	$K_2Al_2O_5[Si_2O_5]_3Al_4(OH)_4$		$(K, H_2O)_2(Si)_8(Al, Mg, Fe)_{4,6}O_{20}(OH)_4$
輝石	$(Ca, Mg, Fe, Ti, Al)(Si, Al)O_3$	モンモリロナイト	$Si_8Al_4O_{20}(OH)_4 nH_2O$

物の化学式を**表 2.1** に示す。

　実際の粘土は，粘土鉱物の複雑な混合体であり，典型的な粘土鉱物の構造の理解は重要である。粘土鉱物の構造を理解する上で，つぎの3点を頭に入れておくと理解しやすい。

（1）粘土は，自然界に最も豊富に存在する原子を取り込む傾向がある。

（2）粘土は，なるべく密な構造でかつ一定の幾何学的形状を繰り返す傾向がある。

（3）粘土は，電気的に中和した状態になる傾向がある。

　自然界に豊富に存在する原子の上位3位は，重量比では酸素（46.6％），ケイ素（27.7％），アルミニウム（8.1％），体積比では酸素（93.8％），カリウム（1.8％），ナトリウム（1.3％）である。そのため多くの粘土では，上記の原子が主要な構成要素となる（表 2.1）。密な構造のためには，大きな原子で構成された空間に小さな原子が入り込む構造がふさわしいが，同時に電気的中和の条件も満たす必要がある。酸素は，大きな原子でかつ地球上で最も多く存在する負の電価を有している物質であるので，多くの場合，粘土は酸素と正の電荷をもった物質（Si：+4価，Al：+3価，Ca：+2価，K：+1価など）との構成となっている。密な構造を持つための指標となるのが，陰イオンの半径に対する陽イオンの半径の比で半径比と呼ばれる。1個の陽イオンの周りに存在する陰イオンの個数は半径比に制約される。陰イオンとして酸素を考えると二つの可能な形態が考えられる。それは**正四面体**と**正八面体構造**である（**図2.25**）。**正四面体構造**では，1個の陽イオンを4個の O^{2-} イオンで取り囲む。この場合，半径比は 0.22 と計算され，該当する陽イオンはSi（+4価）である。正八面体の場合は，1個の陽イオンを6個の OH^- イオンで取り囲み，Al

2.4 土粒子群の記述

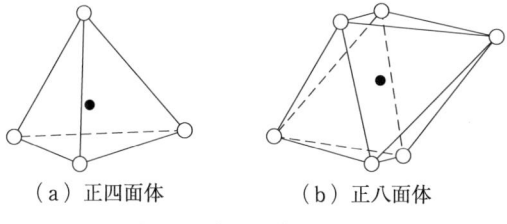

(a) 正四面体　　(b) 正八面体

図 2.25　典型的な粘土鉱物の基本構造の表示

とFe（それぞれ+3価）が，計算される半径比0.41に近い。それらを図示したのが図2.26である。表記記号では陽イオンが描かれているが，実際は酸素イオンが大きく陽イオンはその間にうずくまっているはずである。

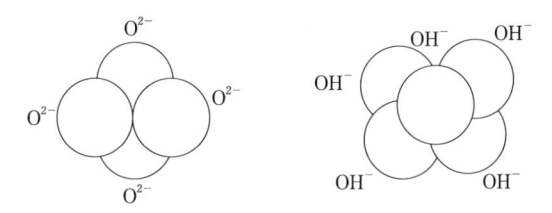

図 2.26　粘土鉱物の基本構造

基本構造である正四面体，正八面体はそれぞれ-4価，-10価の負の電荷を有しており，それぞれ隣接する正四面体，正八面体と酸素イオンを共有することによって，層を構成して電気的に中和の条件を保っている。図2.27にはそれを表示してある。これらは上下方向にも同様で，層間の化学結合によって階層構造を形成している。これが粘土構造のイメージである。

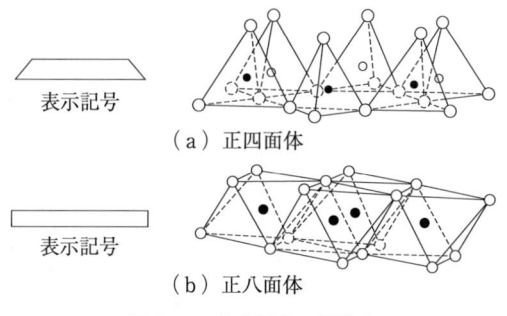

表示記号
(a) 正四面体

表示記号
(b) 正八面体

図 2.27　基本構造の層構成

2.4.3 ファブリックと構造

土中の個々の土粒子がどのように配列されているか，接触点数はいくつか，粒子間の距離はいくらか，間げきの大きさの分布形がどのようなものかを示す言葉としてファブリックという言葉が用いられる．ビー玉のような同一の球体を規則的に並べる場合は，幾何学を用いればそれらの情報を計算することができる．例えば図 2.28 のような種々の配列に対して，それぞれの接触点数，層間の距離，間げき比が表 2.2 のように計算される．

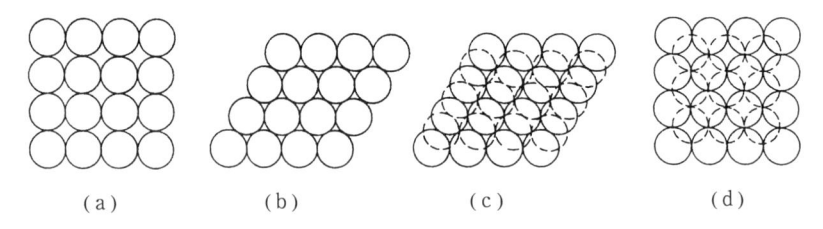

図 2.28 球体の積層モデル

表 2.2

配　列	接触点数	層間距離	間げき比
(a)	6	$2R$	0.91
(b)	8	$2R$	0.65
(c)	12	$\sqrt{2}\,R$	0.34
(d)	12	$2\sqrt{\dfrac{2}{3}}\,R$	0.34

R：半径

ファブリックと粒子配列の安定性，あるいは健全性を示す特性の両者を包含する用語として，土の構造という言葉が用いられる．土の構造という場合，粒子配列や間げきの大きさの分布に加えて，土の鉱物的，物理化学的特性をも考察対象にしなければならない．鋭敏な粘土，膨張性粘土，崩壊性土などに見られる特異な挙動は，ファブリックだけからでは十分な説明は不可能である．顕微鏡観察から土の配列構造を調べると，その多様性に驚く．多くの観察事実をもとに概念的に土の配列構造を取りまとめたものを示しておこう（図 2.29）．大別して，①粘土，シルト，砂などの単一の粒径粒子による基本的な粒子配

2.4 土粒子群の記述

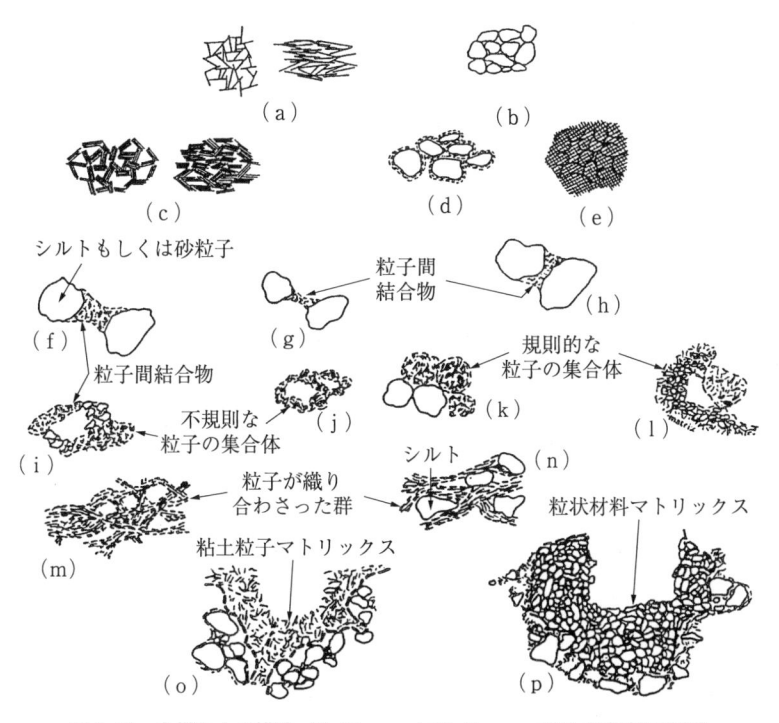

図 2.29 多様な土の構造（Collins and McGown，1974 を参考に作図）

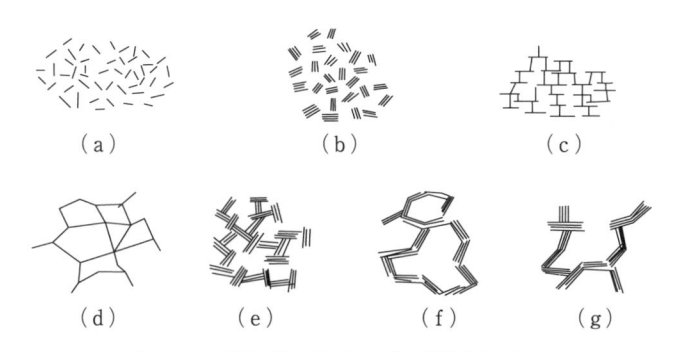

図 2.30 懸濁状態の粘土粒子配列構造（Collins and McGown，1974 を参考に作図）

列，②複数の基本配列の組合せからなる配列，が示されている．また，粘土粒子を懸濁状態にした場合，粘土は**図 2.30** のような粒子配列構造になっていると考えられている．これらの状態の差異は，粘土粒子の物理化学的な状態に支配されている．

第3章

土構造物と基礎の設計課題

3.1 はじめに

土質力学はいろいろな構造物の設計や施工のための学問的基礎を与える。土で構築された堤防，盛土，ダムなどの構造物（土構造物），橋や建築物などの構造物を支持する基礎構造物，盛土などの土塊からの圧力を支える抗土圧構造物，地下街や地下鉄などの地下構造物の4種類の構造物に関する設計課題を用いて，それぞれの構造物の設計に必要な項目を本章では考えてみる（図3.1）。そうすることによって，これからの学習の目的を明確にすることができるであろう。

フィルダム　　　　　　　　　盛土
(a) 土構造物

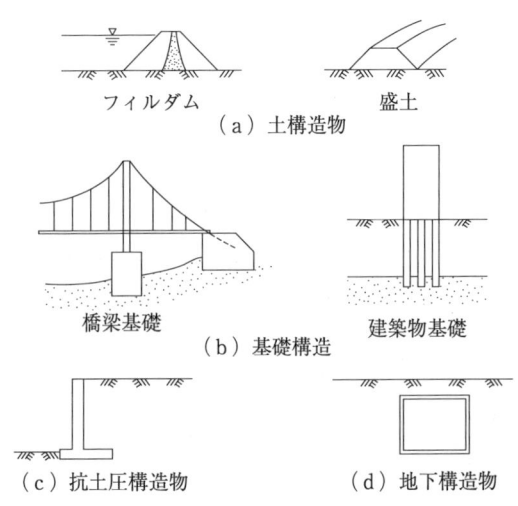

橋梁基礎　　　　　　　　建築物基礎
(b) 基礎構造

(c) 抗土圧構造物　　　　　(d) 地下構造物

図3.1 4種類の構造物の設計課題

3.2 土構造物の設計課題

第1章では，土質力学の学問内容を概観するためにフィルダムの設計課題を考えた。そのとき，構造物の設計では，まずその構造物に期待される役割，すなわち「機能」を考えることから始め，つぎに「安全性」を考えて，設計課題を導き出した。ここでは軟弱地盤上に構築される盛土の設計を取り上げよう。

図 3.2 に示すように，地表から深さ 20 m 以深には密に締固まった砂層があり，その上の軟弱な地盤が存在する地盤上に高速道路用の高さ 20 m の盛土を構築することになったとしよう。軟弱地盤とは言葉のとおり軟らかく，強度の小さい層でできた地盤で，軟弱な粘土地盤やゆるく堆積した砂地盤であったりする。ここでは軟弱粘土層と設定しよう。その上によく締固めることができる土を持ってきて盛土をつくる。土を締固めることは第 1 章のフィルダムをつくるときと同じである。

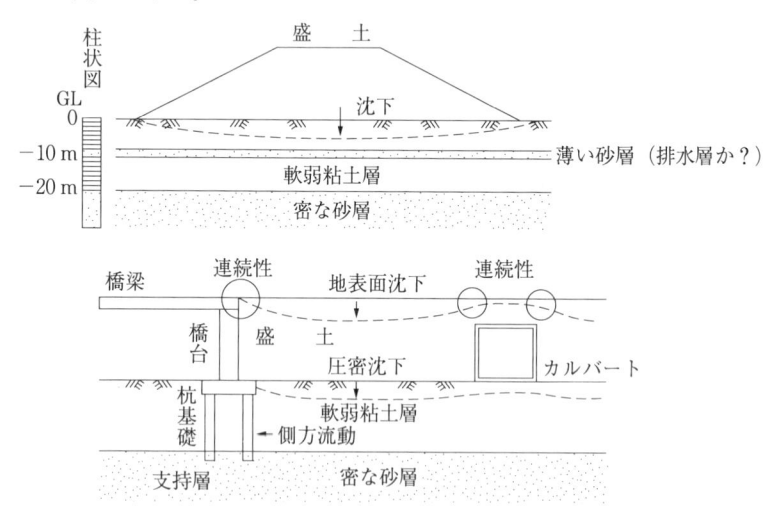

図 3.2 軟弱粘土層上の道路盛土

道路盛土に期待される「機能」と「安全性」は，一定の荷重制限のもとでの交通車両を設計速度内で安全に走行させることであり，接続する橋と高速道路を横断する道路用のカルバートなど盛土下の構造物部分との滑らかな高さの連

続性が要求される。そのために高速道路を走る車両の繰返し荷重によって大きく変形したり，盛土の斜面部が崩壊しないようにつくる必要があり，盛土は十分締固めて構築されなければならない。盛土部分の変形解析や斜面の破壊解析のためには，解析に用いる盛土部分の土の強さや変形抵抗を求める必要がある。降雨によって斜面部分が侵食されないような水処理の工夫も必要である。盛土部を十分締固めて強くつくったとしても，盛土の下が軟弱粘土層であるので，なにもしなければ交通荷重と盛土の自重によって軟弱地盤が崩壊するか（破壊解析），崩壊しなくても軟弱粘土地盤が含む水が排水されて長期間にわたった沈下が継続する（圧密沈下）。土中の水が排水しやすい透水性の高い層（**排水層**と呼ぶ）がどこにあるかが沈下の継続時間に大きく影響する。図 3.2 の地盤図にある粘土層に挟まれた薄い砂層が排水層とみなせるか否かで沈下の進行は何倍も変化する。橋台が 20 m 以深の締まった砂層に杭で支えられた構造であると，橋台部の沈下量は少なく，盛土の沈下量は大きいので接続部に大きな段差ができて安全に走行できない。できれば開通時期までに，軟弱粘土層の圧密沈下のほとんどを終了させておきたいし，同時に粘土の強度を増加させたい。さらには沈下量の絶対値も低減させたい（**図 3.3**）。圧密沈下の速度を速める方法の一つは**サンドドレーン工法**と呼ばれ，軟弱粘土層に鉛直方向に直径 0.30 m から 0.50 m くらいのゆるい砂の柱を造成して排水を促進させる。すなわち人工的な工夫によって圧密沈下の速度を促進させ，強度の増加をはかるのである。沈下量の絶対値を減らす方法の一つは**サンドコンパクションパイル工法**と呼ばれ，直径が 1.0 m 程度の密に締め固められた砂の柱を鉛直方向に密に粘土地盤に造成して，粘土と砂の複合した地盤を形成して沈下量の絶対値を低減させる。このような工法を一般に**地盤改良工法**と呼ぶ。地盤改良工法を含む圧密沈下解析を行うには，地盤中各深さでの応力状態や，圧密解析に用いる粘土の材料特性を調べておくことが必要である。また圧密後に要求される粘土の強度は，載せる荷重に依存しているので，盛土荷重だけでは不足するときは，設計盛土高さより大きな荷重を与えて粘土の必要強度を確保し，その後に荷重を除去する方法も考えられる（**プレロード工法**と呼ぶ）。

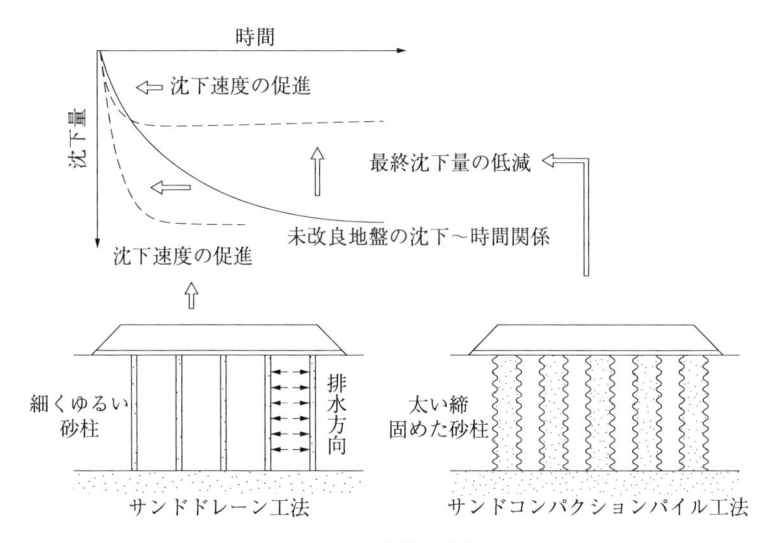

図 3.3 地盤の改良

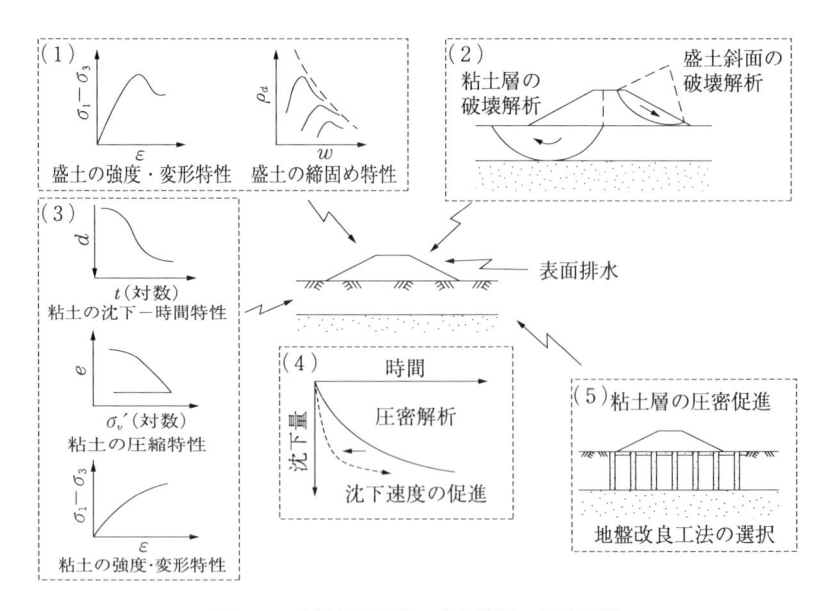

図 3.4 軟弱粘土層上の盛土建設の設計課題

以上，軟弱地盤上の盛土設計においては

（1） 盛土材料の締固め特性と強度・変形・透水特性
（2） 盛土部分の斜面破壊解析
（3） 軟弱粘土地盤の強度・変形・圧密特性
（4） 盛土荷重と交通荷重による軟弱地盤の破壊解析と圧密解析
（5） 地盤改良工法の選択と設計

がおもな設計課題となる（図3.4）。

3.3 基礎構造物の設計課題

50階建てビルの基礎を設計課題としよう（図3.5）。

ビルの基礎に期待される機能は，ビルの自重と地震などの外力に対して安全にビルを支えることである。基礎に加わる荷重は鉛直方向・水平方向に加えてモーメントが作用する場合もある。それぞれの荷重系に対して基礎が十分安全である必要がある。

鉛直方向の支える力（**鉛直支持力**）を考えよう。図3.5に与えられた柱状図を見ると上層にゆるい砂層が5 m，その下に軟弱な粘土層が20 m，その下に7 m厚の砂層，7 m厚の粘土層，砂礫層と続く。50階建てのビルでは500 kN/m^2

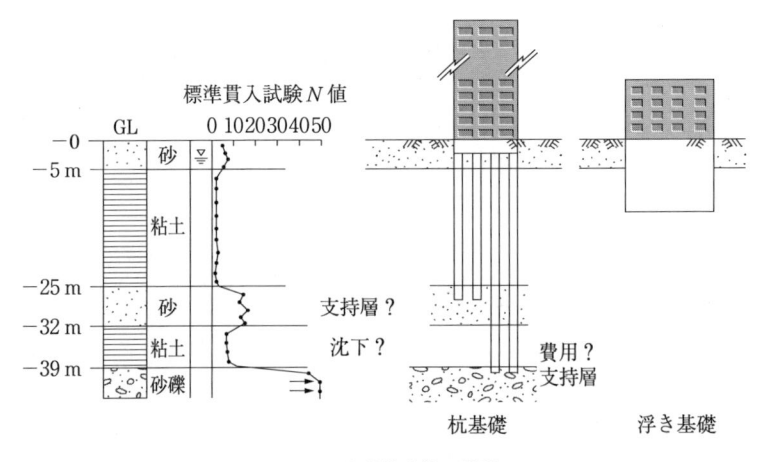

図3.5 基礎構造物の設計

程度の圧力が地盤に作用するので，上部のゆるい砂層ではとても支えきれない。では杭でビルを支えるとしてはたしてどこまで深く杭の先端を入れておけば鉛直支持力が確保されるであろうか。そのような層を**支持層**と呼ぶ。

図 3.5 には土の硬さを表す一つの指標として，事前の地盤調査で行った標準貫入試験の貫入抵抗値（N 値）が書かれてある。地下 25 m 以深の砂層は N 値が 20 以下とそれほど硬くない。その下の粘土層の長期にわたる圧密沈下が心配される場合や，高層建物で荷重が大きい場合には十分な鉛直支持力が期待される砂礫層にまで杭を設置するのが経験ある多くの技術者の判断である。杭は先端部だけではなく杭周面でも荷重を支えている。もし**支持層**が深すぎて，基礎構築に多大の費用が見込まれるときは，土を掘削してビルに地下階を設け，いったん土の自重による荷重を除荷し，ビルの総重量と排土した土の重量とバランスをとれば，ビルの下部は，ビル建設に伴う応力の増加が実質的にないので，ビルは沈下をしないであろう。このような**浮き基礎**と呼ばれる工夫も行われる。

以上，基礎構造物の設計においては

（1）　支持層をどこにするか？

（2）　どの基礎形式を選択するか？　浅い基礎か，深い基礎か，浮き基礎か，そのほかの基礎形式か？

（3）　選択された基礎形式に対する支持力解析を実施するための各層での強度特性

（4）　基礎底面より深い層の強度・変形・圧密特性

などがおもな設計課題となる（図 3.6）。

つぎに吊橋の基礎の設計を考えよう。吊橋は桁の自重と交通荷重をハンガーと呼ばれる垂直のロープによって吊橋のケーブルに伝え，ケーブルは二つの塔と両脇のアンカーレッジによって支持されている。塔にはおもに鉛直力が作用し，塔の基礎の支持力によって支えられ，アンカーレッジは斜め上方に作用する力をアンカーレッジの自重と底部での摩擦抵抗とアンカーレッジ前面の地盤からの土圧によって支えられている（図 3.7）。

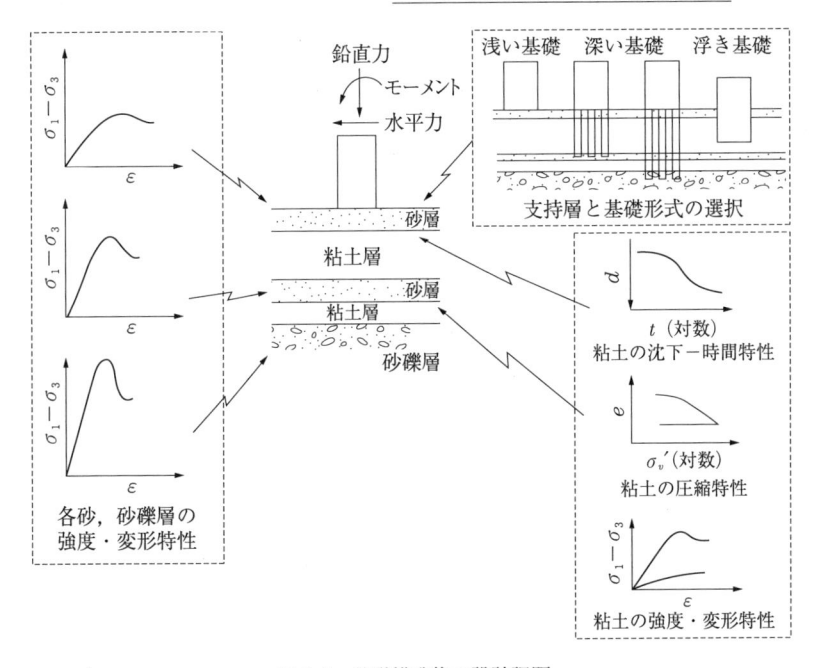

図 3.6 基礎構造物の設計課題

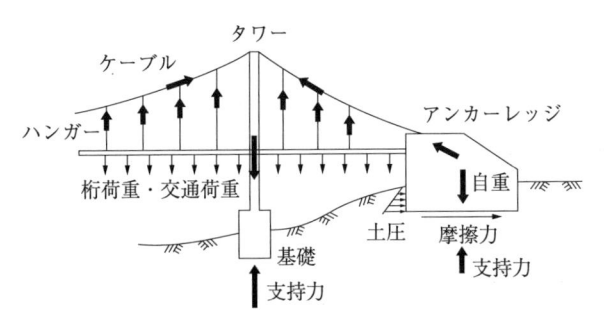

図 3.7 吊橋の基礎の役割

3.4 抗土圧構造物の設計課題

　土地造成や道路，鉄道などの盛土を構築するとき，上下方向に地表面に段差をつける必要がある場合がある．用地境界ぎりぎりに盛土を構築したり，河川や構造物を橋で横断したりするような場合である．そのようなとき，盛土斜面の勾配が急であったり，段差がかなり高かったりすると土だけでは安定が保た

れないので，**擁壁**と呼ばれる壁を構築する。擁壁からみて盛土のある側を背面側，反対側を前面側と呼ぶことにすると，擁壁の機能は，背面側からの土の圧力に耐えて背面側の盛土を支えることであると記述される（図3.8）。

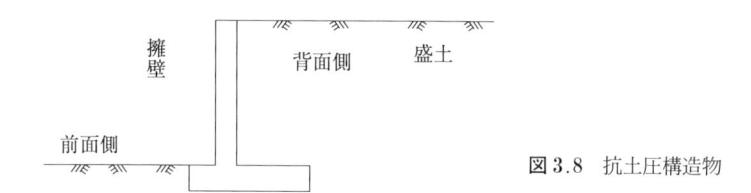

図3.8 抗土圧構造物

機能を満足するために擁壁は，①横にすべり出してはいけないし，②壁の足元から前面側に前のめりに転倒するようなことがあってもいけない。③さらに足元の地盤が弱ければ，擁壁の基礎が破壊してしまうかもしれない。擁壁の機能と安全性を満たすためには，最低上記の三つの要件，すなわち基礎底面でのすべり，転倒，基礎の支持力に対して安定性を検討しなければならないことが理解される（図3.9）。

（a）滑動　　（b）転倒　　（c）地盤支持力破壊
図3.9 擁壁安定の3条件

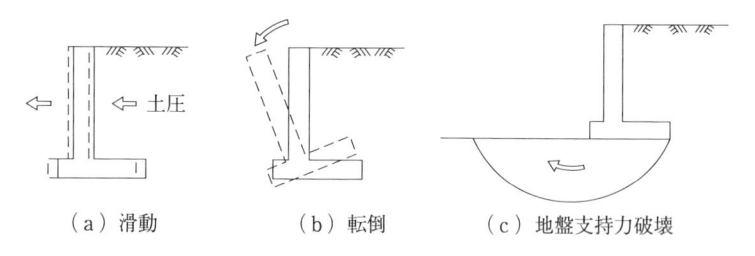

擁壁の設計では，背面側からの圧力（土圧と呼ぶ）の評価が最も重要である。背面側から土圧が作用すると壁は前面側に移動しようとする。大きく横にすべり出しては機能を満たさないが，ある程度の移動は許容される場合が多く，その場合，土圧は移動する前よりかなり小さくなる。通常の条件では設計時には，壁の水平移動を考慮した小さな土圧で設計しておけばよさそうである。壁の移動に伴う土圧の変化の理解が擁壁設計には必要である。背面側の土を締固めると擁壁を前に押し出そうとする土圧は減少するので土の締固めは大

切である。背面側からの圧力には水圧も考慮する必要があるが，通常，水圧が作用しないようにあらかじめ工夫をする。水圧を作用しないようにするためには，まず水が盛土に浸入しないように地表面の遮水をしっかり行うことであり，つぎに盛土内部に浸入した水を排水させることである。擁壁に排水のための管を埋め込んだり，擁壁の背面には排水性のよい粒の大きい材料を配したりするのは，お城の石垣を構築するときから行われている知恵である。浸入した水は擁壁およびその背面側の盛土の安定性を損なう場合があるので，重要な擁壁ではフィルダムと同様に浸透水が存在する場合を想定して安定性の検討を行う。

以上，抗土圧構造物の設計では
（１） 背面側の土の締固め
（２） 背面側盛土の強度・変形特性
（３） 背面側，前面側の土圧の評価
（４） 底面下地盤の支持力評価
がおもな設計課題となる（**図3.10**）。

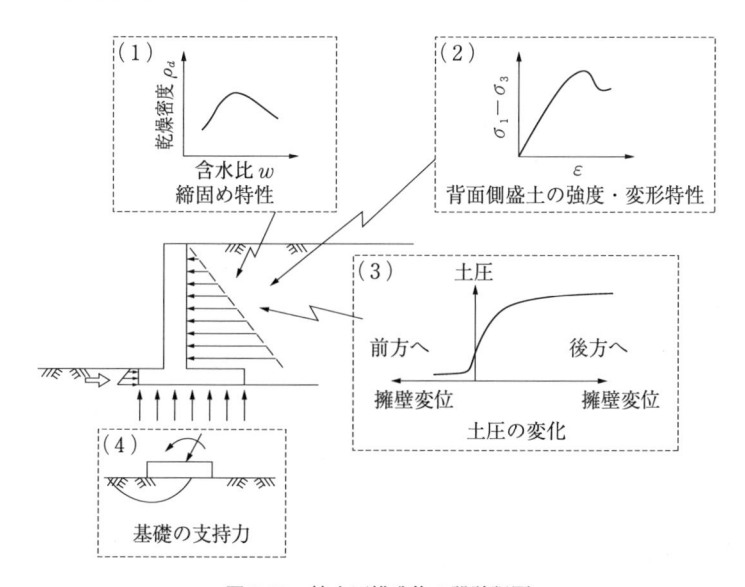

図 3.10 抗土圧構造物の設計課題

3.5 地中構造物の設計課題

都市部に地下街をつくることを想定しよう（図 3.11）。地下街を構築する際，期待される機能は，人工的な空間を地中に提供することである。隔壁の構造体は，鉄筋コンクリートなどでつくられるが，そこには地盤から壁にかかる圧力や地下水位以深ならば水圧も作用している。それらの圧力を見積もって壁の厚さを決める。地下水位以深に構造物を建設する場合は，がらんどうの地下街が浮き上がる可能性もあるので，天井部に作用する圧力や床部に作用する圧力，壁面に作用する抵抗力，それと構造物自重のバランスも構造物の全体の安定には大切である。

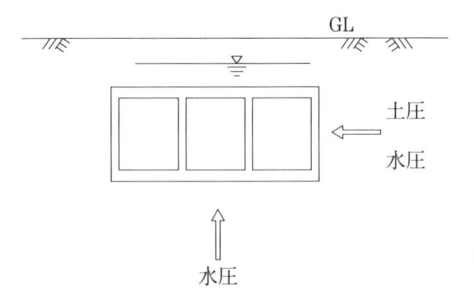

図 3.11 地中構造物

地下に構造物を設置するには地表面から地盤を掘削して穴を掘ってその中に構造物を構築して埋め戻すか，トンネルをつくって構造物をつくるかする。いずれにしろ前段階で地盤を掘削する必要がある。掘削した穴が壊れないように地盤掘削面を支えたり（**土留め**あるいは**山留め**と呼ぶ），掘削底面から地下水が吹き出たり（**パイピング**と呼ぶ）するのを防ぐことも大切である。さらに掘削によって周辺にある既設の構造物が変形したり，周辺の地下水位が変化したり，地下水の流れが変わったりすることにも注意しておく。

以上，地中構造物の設計では

（1）　土圧，水圧の評価

（2）　掘削による地盤の破壊解析

（3）　地下水流の変化予測

3.6 構造力学との接点

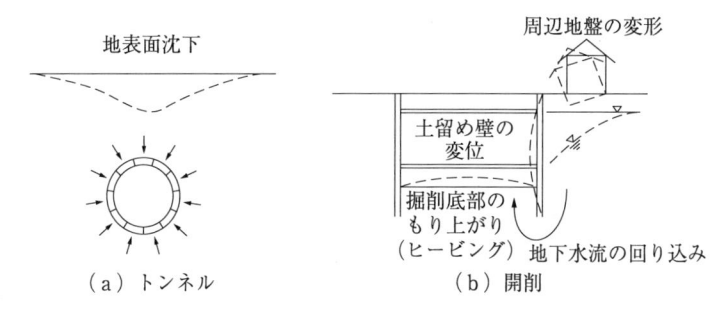

図 3.12 地中構造物の設計課題
（a）トンネル
（b）開削

(4) 周辺地盤の変形予測

がおもな設計課題となる（**図 3.12**）。

3.6 構造力学との接点

基礎構造物の設計は，構造力学との接点である。構造力学では，単純梁，片持梁，ラーメン構造などを学ぶ。そして，それぞれの構造要素は支点によって支えられているが，その支点が地盤にあるときはどうなのであろうか。

構造モデル　　　　土質力学への適用

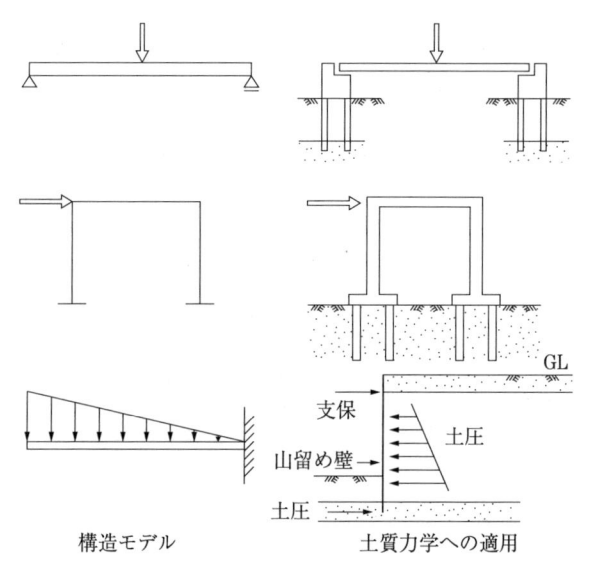

図 3.13 構造モデルと土質力学問題

例えば，短い橋なら単純梁構造で足り，その二つの支点は地盤に支えられている。水平方向から荷重が作用するラーメン構造では，支点は地中に固定されていなければ安定しない。その場合，杭基礎のようにしっかり地盤に固定しておく必要がある。構造力学で表示される構造要素に基礎を加えて描いてみると，構造力学と土質力学との接点が見えてくる。山留め構造物では，矢板の先端を締まった砂層に固定するか否かで挙動が大きく異なる（**図3.13**）。構造力学と土質力学は近い存在なのである。

第4章 乱した土の性質と地盤情報の読み方

4.1 土 の 状 態

　スコップを使って地盤からある大きさの土の塊を取り出すと，掘り出した土はすでに自然地盤の中に存在している状態とは異なっている。スコップで掘ることで機械的に土の構造を変えてしまうし（**機械的乱れ**と呼ぶ），地表面に取り出した土の応力状態は，自然状態にある応力状態とも異なる。土粒子間の固結をばらばらにしてほぐした状態を「**乱した土**」と呼ぶ。サンプルチューブを押し込んでなるべく地中の状態を保持した状態で取り出した土試料を「**いわゆる乱さない試料**」と呼ぶ。いわゆるとは実際はかなり乱した試料であることを意味している。2.3.2項で述べたように地中では土要素は鉛直有効応力と水平有効応力が異なる異方応力状態にある。そこから飽和した土試料を大気中に取り出すと，土試料に作用する全応力は0（大気圧）になり，土試料の中には有効応力の原理から負の間げき水圧が発生する。水圧は等方的に作用するので有効応力も等方的になり，異方応力状態にあった地中にあるときとは土要素は形状も変化する。例えば地盤中の鉛直有効応力が水平有効応力より大きい場合，大気中に試料を取り出すと，鉛直方向に伸張されたような変形を起こす。試料採取に伴う機械的乱れがなく，等方有効応力状態の試料を**完全試料**，機械的乱れがなくかつ有効応力状態も原位置の異方有効応力状態を保持している試料を，**理想試料**と呼んで試料の質的区別をしている（図4.1）。乱さない土を採取することは，高度な技術と費用を要するので，乱した試料の性質によって，

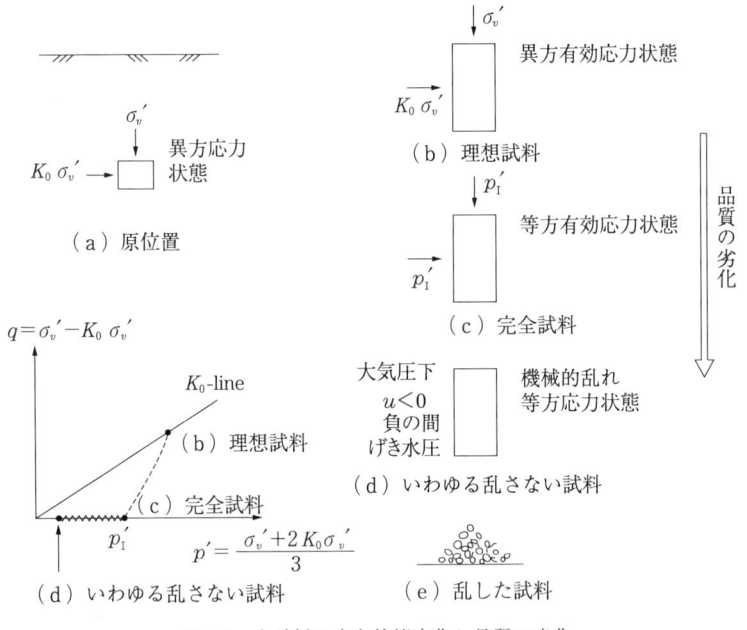

図 4.1 土試料の応力状態変化と品質の劣化

土の挙動がおおよそ推測できれば大変好都合である．本章では乱した土の性質を粘土と砂とに分けて調べてみる．そしてそれをもとに土の分類と地盤情報の読み方について説明する．

4.2 乱した粘性土の状態量

4.2.1 コンシステンシー限界

われわれは，同じ粘土が泥沼の泥から陶器にまでその形態を変えるという生活体験を持っている．実際，粘土の中の水分含有量を変化させてみると，ドロドロの液体状，油粘土のようにどんな形にもヘナヘナと変形する塑性体状，なかなか変形しにくいがボロボロにくずれる半固体状，カチカチの固体状へと変化する．それら水分量の変化による状態量の変化を総称して，コンシステンシーの変化と呼んでいる．ドロドロやカチカチという表現では一人ひとり感じ方が違うので，それぞれ状態の境界を定量的に表わす方法として，境界での含水

比を**液性限界**（liquid limit；*LL*），**塑性限界**（plastic limit；*PL*），**収縮限界**（shrinkage limit；*SL*）と名付け，境界を求める試験を液性限界試験，塑性限界試験，収縮限界試験として基準化している（**図4.2**）。

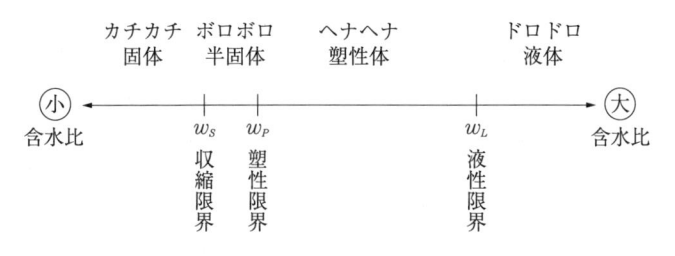

図4.2 土のコンシステンシー限界

4.2.2 液性限界試験

土の状態が塑性体のような状態から，液体状のような状態になる境界を，そのときの含水比で代表させて液性限界と呼ぶ。液性限界を求める試験法として**キャサグランデ法**と**フォールコーン法**の二つがある。

〔1〕 **キャサグランデ法**　試験装置は**図4.3**に示すように，試料を入れるおわん形の黄銅製容器とそれを落下させる装置と硬質のゴム台からなる。試験では粘土試料中央に二次元斜面をつくるための形状の定まったステンレス製の溝切りを用いる。試験方法は，試料をガラス板上で十分練り混ぜて含水比を均質にし，ヘラでおわん形容器に粘土試料を入れ，厚さ10 mm程度の薄い模型地盤をつくる。そして，溝切りで容器中央に左右に二次元斜面をつくる。その

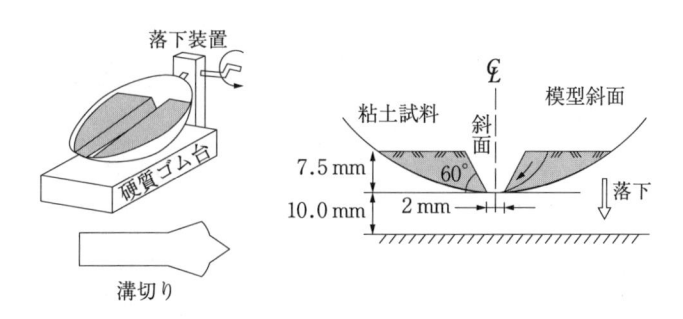

図4.3 キャサグランデ法の液性限界試験装置

後，落下高さ10 mmで容器を落下させ，模型斜面に衝撃エネルギーを0.5秒間隔で連続的に与え，斜面が崩壊して両側斜面ののり先部が15 mm程度合流したときの落下回数を記録し，合流部から含水比測定試料をとる．落下回数が25回以上ならば容器から試料をガラス板に戻し，さらに蒸留水を加えて残りの試料と一緒に練り混ぜ，含水比を増加させた後，同様の試験を落下回数が25回以下で合流するまで継続する．本試験での液性限界試験では，「LL は落下回数25回で斜面が合流するときの含水比」と定義されている．実際にはぴったり25回で合流する含水比に調整するのは困難で，25回をはさむように5〜6回含水比を変化させて行い，それらのデータから内挿して LL を求めることになる（図4.4）．この方法で25回以内に斜面が崩壊してしまう場合は NP と記述し，試験不能とする．なお，液性限界を文中で用いる場合は LL，ほかは w_L と表示するのが約束である．

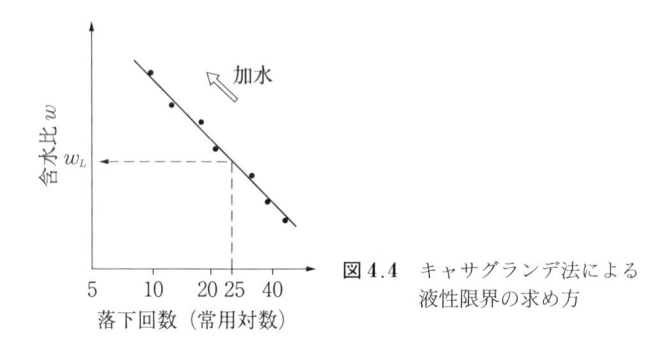

図4.4 キャサグランデ法による液性限界の求め方

〔2〕 **フォールコーン法** キャサグランデ法が斜面崩壊実験であったのに比べ，フォールコーン試験は支持力実験である．試験装置は図4.5に示すとおり，円筒形試料容器と規定された先端角度と重量をもったコーン，およびそのコーン落下装置からなる．試験方法は，ガラス板上で十分練り混ぜた試料をヘラで容器に入れて，落下装置の所定の位置に置き，コーン先端が模型地盤表面に接するように高さを調節した後，落下装置のボタンを押し，コーンを落下させる．一定時間後の貫入量を記録するとともに，貫入された領域から含水比測定用の試料をとる．貫入量が11.5 mm以上になるまで含水比を増加させて同

4.2 乱した粘性土の状態量

図 4.5 フォールコーン試験装置

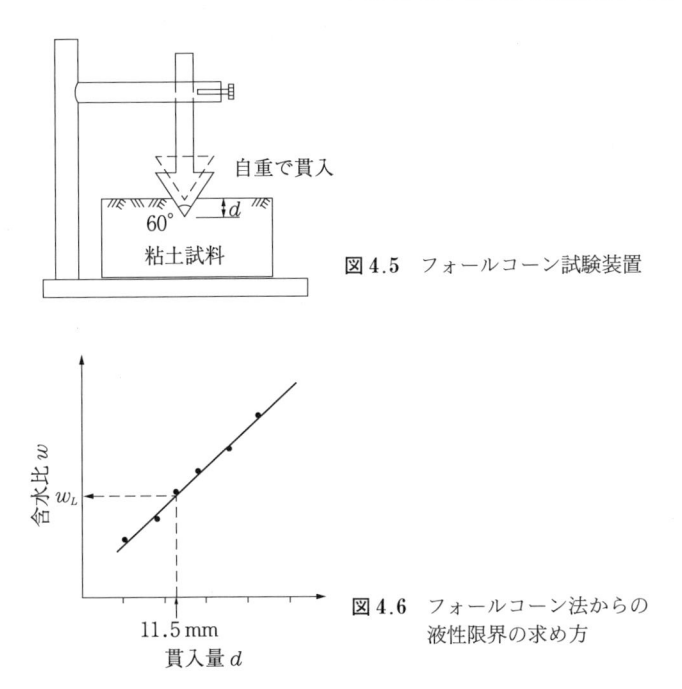

図 4.6 フォールコーン法からの液性限界の求め方

様の試験を継続し、貫入量 11.5 mm のときの含水比を LL とする（図 4.6）。

4.2.3 液性限界試験の力学的背景

キャサグランデ法は「一定の幾何学形状をもった粘性土斜面をもつ模型地盤を入れた容器全体を、一定の高さからほぼ自由落下させて容器全体に衝撃エネルギーを付与し、衝撃時の加速度が斜面土の物体力を増大させて斜面を変形（崩壊）させ、一定の変位量を与えるのに必要な累積衝撃エネルギー（落下回数）を測定する」もので、一種の動的斜面安定実験とみなされる。落下装置のエネルギー損失を無視し、土試料の質量を m、重力加速度を g、落下高さ H として、試料が自由落下すると仮定すれば、位置エネルギーと運動エネルギーを等置して $mgH = 1/2\ mv^2$、すなわち衝突直前には試料は $v_0 = \sqrt{2gH}$ の速度をもつ。また、衝突時から静止状態に至るまで、試料は一定の加速度 a で減速するとし、S を硬質ゴムへの貫入量とすれば $v^2 - v_0^2 = -2aS$、$v^2 = 0$ から模型斜面に付与される加速度は $a = gH/S$ で与えられることになる。試

験法によって $H = 10\,\mathrm{mm}$ が規定されているので，加速度 a は硬質ゴムの材料特性に依存している．いま $S = 0.1\,\mathrm{mm}$ 程度とすれば $a = 100\,g$ となり，100 倍の重力加速度が作用して模型斜面は崩壊していると考えられる．言い換えれば，図 4.3 に示す粘土斜面が，100 倍スケールが拡大したと考えればよいので，液性限界にある粘土斜面は高さ 0.75 m，斜面角度 60 度で不安定になることを意味している．

フォールコーン法は「一定形状・重量の円錐状が，試料に急速に貫入する際の抵抗値を測定する」，すなわち粘土からの排水がない状態での支持力実験である．円錐形状から一定の貫入量 d に対応して荷重強度が定まるので，そのときの円錐の極限支持力から試料の強度 c_u（粘土中の水が排水されない状態での強度という意味で非排水強度と呼ぶ）が定まる．いずれの方法にしろ液性限界試験は，粘土の非排水強度 c_u を求める試験で，液性限界では $c_u = 2\,\mathrm{kN/m^2}$ 程度なのである．

4.2.4　塑性限界試験

塑性限界試験は，乱した状態での粘性土が，含水比の減少につれて塑性体から半固体へ変化するときの状態量の境界を土の含水比で代表させ，それを塑性限界 PL として求めるものである．塑性限界の定義は，「土を直径 3 mm のひも状にしたとき，試料が切れ切れになったときの含水比」である．そして，土質試験法では塑性限界試験用具として「すりガラス板」と「直径約 3 mm の丸棒」を指定している．本試験では液性限界試験とは反対に，通常乾燥過程を利用して含水比を変化させる．すりガラスは，試料の練混ぜと乾燥の促進，および試料を棒状にするためのものであって，直径 3 mm の丸棒は単なる基準以外の何物でもない．なお，塑性限界の記号は液性限界と同様，文中で用いるときは PL，ほかは w_P と表示する．

液性限界試験に比べて塑性限界試験の解釈は複雑であり，力学的にも明快さに欠けるので，いっそのこと，液性限界時の 100 倍の非排水強度を持つ含水比状態を塑性限界と決めてしまうとの提案があり，筆者はその考え方に賛成である．

4.2.5 塑性指数と液性指数,その工学的利用

液性限界と塑性限界の差を**塑性指数** (plastic index) といい

$$I_P = w_L - w_P \tag{4.1}$$

で定義され表示は通常 % をつけない。塑性指数は,粘性土の可塑性の範囲を示す指標であり粘土含有量と比例関係がある。I_P は乱さない土の力学量とさまざまな相関が調べられている。

式 (2.4) では含水比と圧密圧力との関係が

$$e = e_0 - A \ln p$$

と表せることに触れたが,対数の底を 10 として書き直した次式

$$e = e_0 - C_c \log p \tag{4.2}$$

において,係数 C_c を**圧縮指数** (compression index) と呼ぶ。

圧縮指数は I_P を用いてつぎの式で表される。

$$C_c = \frac{I_P}{100} \times \frac{G_s}{\log 100} = 0.0135\, I_P \quad (G_s = 2.7 \text{と仮定}) \tag{4.3}$$

この式は,第 9 章で説明する限界状態の土質力学理論で,PL 時の非排水強度が LL 時のそれの 100 倍であるとの先に述べた提案から理論的に導かれるものである。

現在の鉛直有効応力 σ_v' が過去の最大値である粘土層を**正規圧密状態**と呼び,σ_v' が過去最大値より小さい粘土層を**過圧密状態**と呼ぶ。正規圧密粘土の**非排水強度** c_u について I_P との相関式が提案されている。鉛直有効応力 σ_v' の増加に伴う粘土の非排水強度 c_u の増加率 c_u/σ_v' と I_P との相関式としては次式がある。

$$\frac{c_u}{\sigma_v'} = 0.11 + 0.0037\, I_P \tag{4.4}$$

これは原位置のベーン試験のピーク強度と I_P との相関式で Skempton(スケンプトン)によって提案されたものであるが,この相関式を無批判に用いることは避けたいところであり,特に大きな I_P では非排水強度の増加率が一定値との報告も多い。なお式 (4.4) で $I_P = 50$ とすると $c_u/\sigma_v' = 0.3$ となる。

γ' が深さ方向に一定と近似できれば式 (2.30) より σ_v' は深さの一次関数で示されるので，c_u も深さ方向に直線的に増加することになる．すなわち

$$c_u = 0.3\,\gamma' z \tag{4.5}$$

となる．軟弱な粘土層では $\gamma' = 5\,\mathrm{kN/m^3}$ ほどであるので式 (4.5) は

$$c_u = 1.5\,z \tag{4.6}$$

と書き直せ，正規圧密粘土地盤は深さ方向に直線的に強度が増大することが理解される．ここで c_u の単位は $\mathrm{kN/m^2}$，z は m である．

原位置における自然含水比 w_n が得られている場合，**液性指数** (liquidity index) としてつぎの指標が用いられる．

$$I_L = \frac{w_P - w_n}{I_P} \tag{4.7}$$

これは原位置での土の状態量を示すと考えられ，$I_L = 0$ のときは $w_n = w_P$ を意味し，地盤は半固体状態に近く，$I_L = 1$ のときは $w_n = w_L$ を意味し，地盤は液体状態に近いと判断される．自然堆積土の I_L は $0 < I_L < 1.0$ の間にある必然性はなく，$I_L < 0.0$ の場合は，地盤はかなり過圧密状態にあると予想されるし，$I_L > 1.0$ ならば地盤は正規圧密状態に近いかきわめてゆるい状態で堆積しているはずである．

このように乱した土の情報と原位置の含水比のみの情報で，粘性土地盤の状態や，圧縮性，強度の概略の推定が可能である．

4.2.6 収縮限界試験

土の含水量を減じていくと，土は不飽和状態になり，その体積が減少する．体積が減少する原因は，土試料から水分が徐々に蒸発して，土粒子間に取り残された水分が**メニスカス**を形成することによる（図 4.7）．すなわちメニスカス内部の間げき水圧 u は大気圧 p_a より低いため（$p_a - u > 0$ を**サクション**と呼ぶ），サクションが土粒子間の有効応力を増加させて土粒子の骨格が収縮することになる．図 4.8 は，その様子を体積含水比 θ と対数表示したサクションの関係を三つの領域に分けて模式的に示している．第一の領域の乾燥初期には体積含水比の減少量は小さく，ある領域を超えるとサクションの増加に伴

4.2 乱した粘性土の状態量

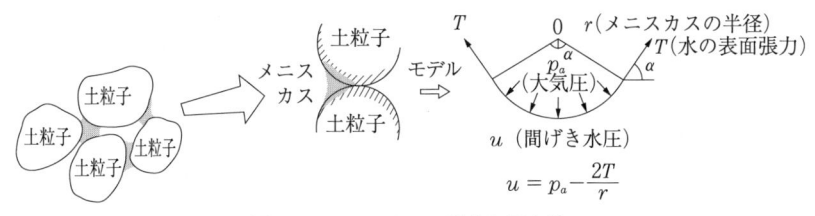

図 4.7 メニスカスの形成と圧力差

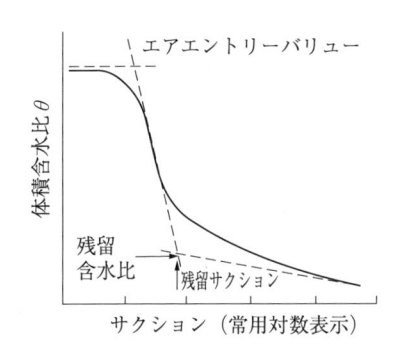

$$u = p_a - \frac{2T}{r}$$

図 4.8 θ〜サクション関係

い急激に体積含水比が減少する第二の領域となる。さらに乾燥が進むとサクションの増加によっても体積含水比の減少傾向が激減する第三の領域が現れる。この三つの領域を各直線で近似すると，最初の交点でのサクションの値を**エアエントリーバリュー**と呼び，土試料内に空気が侵入しはじめる値と考え，2番目の交点でのサクションを残留サクション，体積含水比を**残留含水比**とそれぞれ呼び，この点では土試料の中に連続した空げきが形成されると考えられている。

試験法では，収縮限界（SL, w_s）は土の含水量をある値以下に減じてもその体積が減少しない状態の含水比をいう。収縮試験法は，収縮皿にペースト状の試料を詰め込み，試料が明色になるまで徐々に乾燥させる。体積変化は3段階に分けられる（**図 4.9**）。第1段階では体積変化量と脱水水分量がほぼ直線関係をもって減少する。さらに乾燥が進むと脱水の水分量より体積減少量が小さくなりサクションも増大する。これが第2段階である。第3段階では水分が減少しても，体積が減少しない段階になり，収縮力と骨格抵抗がつりあい，収縮が終わる。収縮限界は第2段階と第3段階の境界として定義される。図 4.9

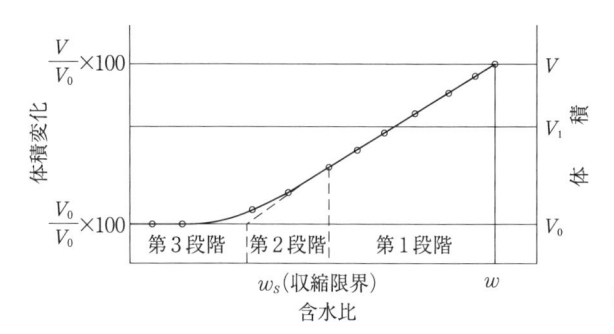

図4.9 土の収縮限界

にみられるように，収縮限界以下では圧縮性が著しく低下する．こうした飽和度の違いによる圧縮特性の変化は不飽和土の締固め特性の解釈とも関係している．

4.3 乱した砂質土の状態量

4.3.1 相対密度

体積—質量関係式から明らかなように，飽和土では含水比を間げき比と読み替えても現象の理解に変化は及ぼさないので，乱した砂の状態量では含水比ではなく間げき比に着目する．それは砂質土では透水係数が大きくて保水性が悪く，それぞれの状態量での正確な含水比計測が困難なためである．概念としては粘性土での液性限界が砂質土の**最大間げき比**（maximum void ratio），粘性土の塑性限界が砂質土の**最小間げき比**（minimum void ratio）にそれぞれ対応する（**図4.10**）．粘性土の塑性指数に対応するものは $\varDelta e = e_{\max} - e_{\min}$ であり，重要なパラメータであるに違いない．しかし，現在まで砂質土の状態量としては，液性指数に対応する**相対密度**（relative density）が用いられ，次式で定義される．

$$D_r = \frac{e_{\max} - e_n}{e_{\max} - e_{\min}} \times 100 \ [\%] \tag{4.8}$$

ここで $e_{\max}$ は室内試験から得られる乾燥状態での最大間げき比，$e_{\min}$ は室内試験から得られる乾燥状態での最小間げき比，e_n は原位置で測定される間げき比である．なお，最近％表示ではなく単なる比で定義した次式を密度指数

4.3 乱した砂質土の状態量　**65**

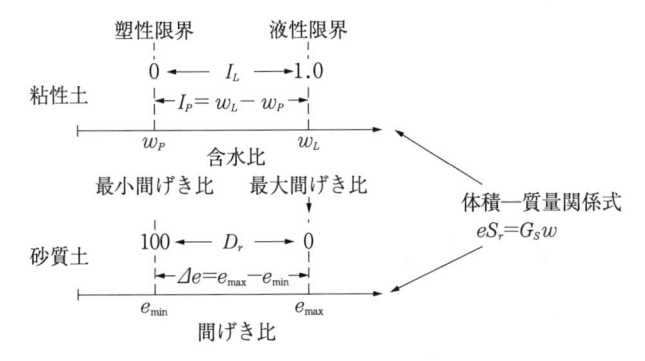

図 4.10 塑性指数と相対密度の対応

と呼び I_D で表示することもある。

$$I_D = \frac{e_{\max} - e_n}{e_{\max} - e_{\min}} \tag{4.9}$$

原位置の間げき比が最小間げき比と等しければ $D_r = 100\%$ となり密な状態を示し，反対に原位置間げき比が最大間げき比に等しければ $D_r = 0\%$ とゆるい状態であることを示している。自然状態では室内での最小間げき比より密な状態が形成される可能性もあるし，また湿った砂試料は乾燥試料より大きな最大間げき比をつくり出すことができるので，$D_r > 100\%$ や $D_r < 0\%$ の状態もありうる。

4.3.2 最大密度試験

式 (2.19) を再度書いてみると

$$\rho_d = \frac{G_s}{1+e}\rho_w \tag{4.10}$$

であるので，間げき比を求めるには土の乾燥密度の測定を行えばよい。すなわち最小間げき比を求める試験は，最大密度を求める試験でもある。相対密度 D_r も土の乾燥密度を用いて次式のように書き直される。

$$D_r = \frac{\dfrac{1}{\rho_{d\min}} - \dfrac{1}{\rho_{dn}}}{\dfrac{1}{\rho_{d\min}} - \dfrac{1}{\rho_{d\max}}} \times 100 \ [\%] \tag{4.11}$$

ここで $\rho_{d\,\min}$ は試料がとりうる最小乾燥密度，$\rho_{d\,\max}$ は試料がとりうる最大乾燥密度，ρ_{dn} は試料の乾燥密度である．

砂質土の密度を高める方法としては，振動によって締固める，あるいは高いところから砂質土を降らせる方法が考えられる．試験法で定められている方法は，ステンレス製の円筒径モールドに乾燥した砂質土試料を10層に分けて投入し，各層の投入ごとにモールドの側面を木づちで100回打撃する方法である．これは上から小さな応力しか作用していない粒状材料に小さなせん断応力を加えると体積が縮小する現象を繰り返し利用したものである（**図4.11**）．

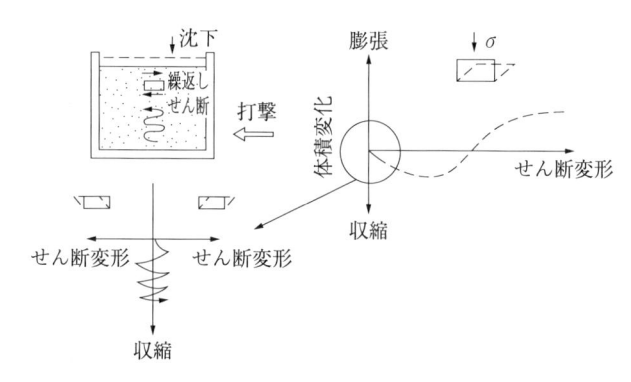

図4.11 最大密度試験の原理

4.3.3 最小密度試験

試験法で定められている方法は，漏斗に乾燥試料を入れ，漏斗を一定速度でゆっくり鉛直に引き上げながら，ステンレス製の円筒モールド内に砂の小山を

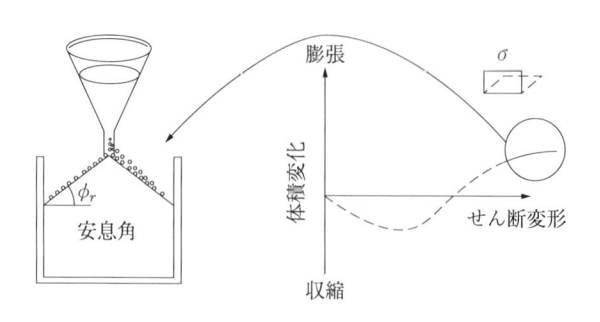

図4.12 最小密度試験の原理

つくっていく。漏斗の引き上げに伴い，砂粒は砂山の斜面を薄い層をつくりながらすべり落ちていく。そこでは一方向のみの大きなせん断変形が生じている。粒状材料に大きなせん断変形を与えると，砂は膨張し最終的に一定の間げき比に収れんしていく。すなわち，モールドの中には十分膨張したゆるい砂層が形成されることになる。このとき砂山の角度は，**安息角** ϕ_r と呼ばれ限界状態における摩擦角に近いものと想像される（**図 4.12**）。

4.3.4 相対密度と安息角の工学的利用

相対密度は，砂質土の締まり具合を示す指標で，しばしば標準貫入試験の N 値との相関が利用される。多少古典的ではあるが，N 値と D_r の 5 段階表示を**表 4.1** に示しておこう。

表 4.1 N 値と相対密度の対応

N 値		相対密度 D_r〔%〕
0 〜 4	非常にゆるい	0 〜 20
4 〜 10	ゆるい	20 〜 40
10 〜 30	中ぐらい	40 〜 60
30 〜 50	密	60 〜 80
50 以上	非常に密	80 〜 100

乱した砂質土試料から I_D と安息角 ϕ_r が計測されると，砂質土の強さを示す最大のせん断抵抗角は

$$\phi' = \phi_r + 3I_D(10 - \ln p_f') - 3 \tag{4.12}$$

として概略予測される（**図 4.13**）。なお p_f' は試料の破壊時の平均有効主応力である。式（4.12）を利用する場合，p_f' は kPa 表示，ϕ は度で表示された数値である。また式（4.12）は $12 > \phi' - \phi_r > 0$ の範囲で適用可能である。

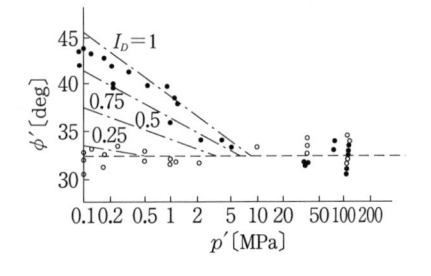

図 4.13 最大せん断抵抗角の圧力レベルによる低減（Muir Wood, 1990 を参考に作図）

4.4 土 の 分 類

土を分類するための試験は，材料の観察とともに粒度試験と液性限界・塑性限界試験の二つである。粒度成分による分類の代表として**三角座標による分類**がある。それは3種類の粒度成分の百分率が与えられると三角座標を用いて，土の分類が可能となる（**図 4.14**）。組合せとして，（礫分，砂分，細粒分）が用いられる。礫分，砂分，細粒分の成分比率を図 4.14 の正三角形 ABC の各辺にとると，点 P によって土の粒度特性座標を与えることができる。各頂点 A，B，C は細粒分 100 %，礫分 100 %，砂分 100 % を表示し，辺 AB は砂分が 0，辺 BC は細粒分が 0，辺 CA は礫分が 0 を示している。

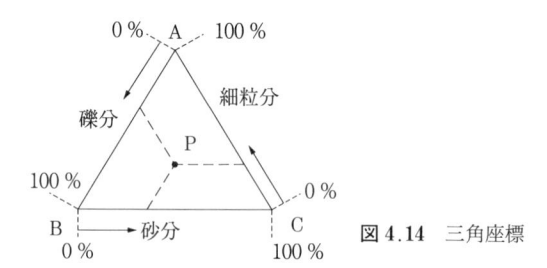

図 4.14 三角座標

細粒土では塑性図による分類が用いられる。縦軸に塑性指数，横軸に液性限界をとって表示したものを**塑性図**と呼び，粘性土の分類に用いられる（**図 4.15**）。ここで **A 線**は $I_P = 0.73(w_L - 20)$，**B 線**は $w_L = 50$ % である。

以上を用いると土質材料の工学的分類の体系化が可能で，**表 4.2** が現在わが国で用いられている**土の分類**体系である。

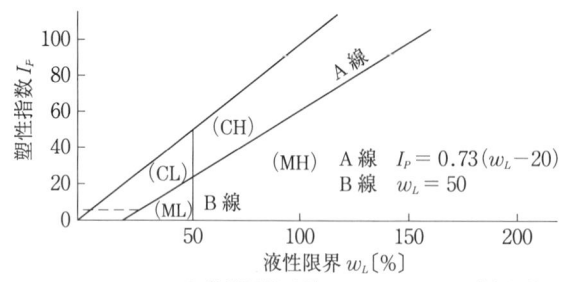

ML：シルト（低塑性限界）　　MH：シルト（高塑性限界）
CL：粘土（低塑性限界）　　　CH：粘土（高塑性限界）

図 4.15 塑 性 図

4.4 土の分類

表 4.2 粗粒土と細粒土の分類〔社団法人地盤工学会編：土質試験の方法と解説―第1回改訂版―, p 217 (2000)〕

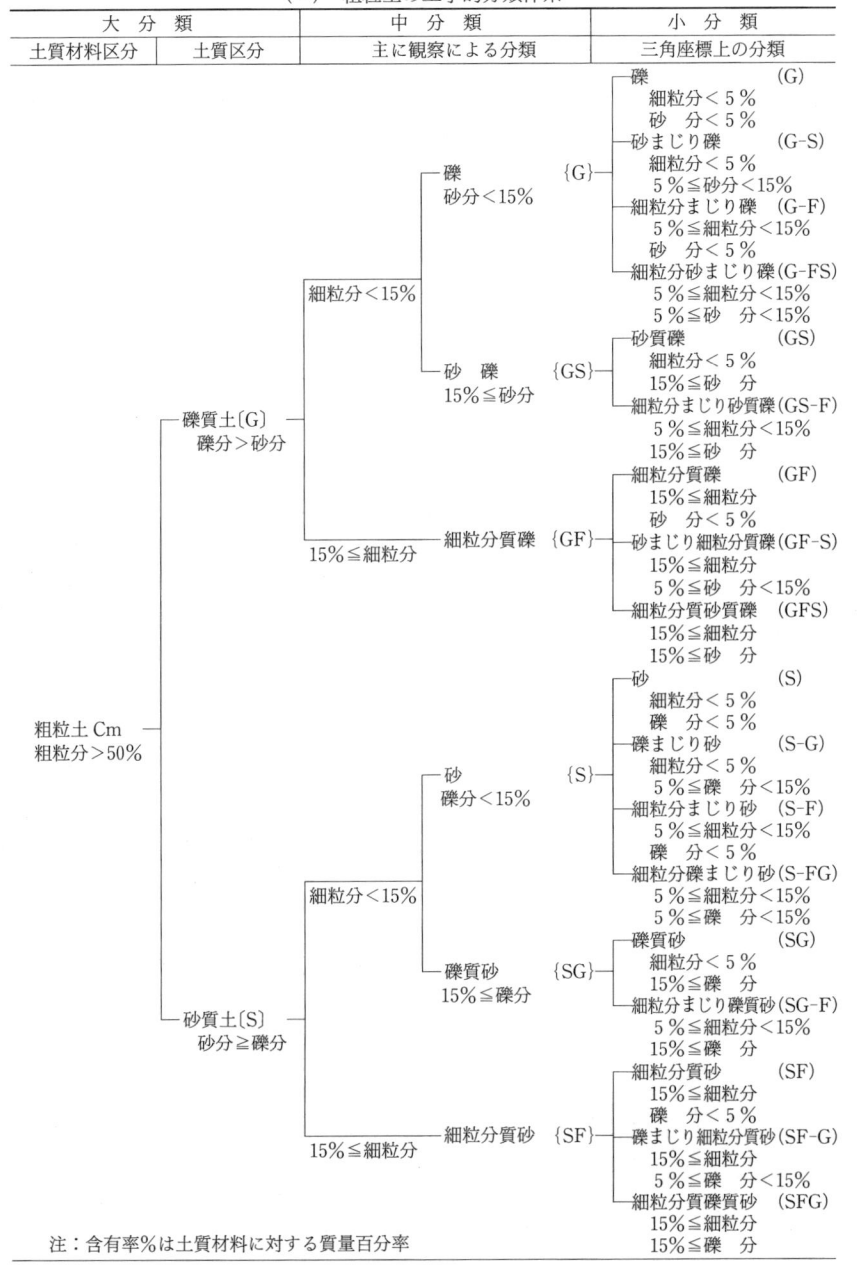

(a) 粗粒土の工学的分類体系

大　分　類		中　分　類	小　分　類
土質材料区分	土質区分	主に観察による分類	三角座標上の分類
粗粒土 Cm 粗粒分>50%	礫質土〔G〕 礫分>砂分	細粒分<15% ─ 礫 砂分<15% {G}	礫　　　　　　　　(G) 　細粒分<5% 　砂　分<5% 砂まじり礫　　　　(G-S) 　細粒分<5% 　5%≦砂分<15% 細粒分まじり礫　(G-F) 　5%≦細粒分<15% 　砂　分<5% 細粒分砂まじり礫(G-FS) 　5%≦細粒分<15% 　5%≦砂　分<15%
		砂　礫 15%≦砂分 {GS}	砂質礫　　　　　　(GS) 　細粒分<5% 　15%≦砂　分 細粒分まじり砂質礫(GS-F) 　5%≦細粒分<15% 　15%≦砂　分
		15%≦細粒分 ─ 細粒分質礫 {GF}	細粒分質礫　　　　(GF) 　15%≦細粒分 　砂　分<5% 砂まじり細粒分質礫(GF-S) 　15%≦細粒分 　5%≦砂　分<15% 細粒分質砂質礫　(GFS) 　15%≦細粒分 　15%≦砂　分
	砂質土〔S〕 砂分≧礫分	細粒分<15% ─ 砂 礫分<15% {S}	砂　　　　　　　　(S) 　細粒分<5% 　礫　分<5% 礫まじり砂　　　　(S-G) 　細粒分<5% 　5%≦礫　分<15% 細粒分まじり砂　(S-F) 　5%≦細粒分<15% 　礫　分<5% 細粒分礫まじり砂(S-FG) 　5%≦細粒分<15% 　5%≦礫　分<15%
		礫質砂 15%≦礫分 {SG}	礫質砂　　　　　　(SG) 　細粒分<5% 　15%≦礫　分 細粒分まじり礫質砂(SG-F) 　5%≦細粒分<15% 　15%≦礫　分
		15%≦細粒分 ─ 細粒分質砂 {SF}	細粒分質砂　　　　(SF) 　15%≦細粒分 　礫　分<5% 礫まじり細粒分質砂(SF-G) 　15%≦細粒分 　5%≦礫　分<15% 細粒分質礫質砂　(SFG) 　15%≦細粒分 　15%≦礫　分

注：含有率%は土質材料に対する質量百分率

表 4.2 （つづき）
（b） 主に細粒土の工学的分類体系

大　分　類		中　分　類	小　分　類
土質材料区分	土質区分	観察・塑性図上の分類	観察・液性限界などに基づく分類

細粒土 Fm
細粒分 ≧ 50%
- 粘性土〔Cs〕
  - シルト 塑性図上で分類 {M}
    - $w_L < 50\%$ ─── シルト（低液性限界） (ML)
    - $w_L \geq 50\%$ ─── シルト（高液性限界） (MH)
  - 粘　土 塑性図上で分類 {C}
    - $w_L < 50\%$ ─── 粘　土（低液性限界） (CL)
    - $w_L \geq 50\%$ ─── 粘　土（高液性限界） (CH)
- 有機質土〔O〕─── 有機質土 有機質，暗色で有機臭あり {O}
  - $w_L < 50\%$ ─── 有機質粘土（低液性限界） (OL)
  - $w_L \geq 50\%$ ─── 有機質粘土（高液性限界） (OH)
  - 有機質で，火山灰質─有機質火山灰土 (OV)
- 火山灰質粘性土〔V〕─── 火山灰粘性土 地質的背景 {V}
  - $w_L < 50\%$ ─── 火山灰質粘性土（低液性限界） (VL)
  - $50\% \leq w_L < 80\%$ ─── 火山灰質粘性土（Ⅰ型） (VH$_1$)
  - $w_L \geq 80\%$ ─── 火山灰質粘性土（Ⅱ型） (VH$_2$)

高有機質土 Pm ─── 高有機質土〔Pt〕─── 高有機質土 {Pt}
有機物を多く含むもの
- 未分解で繊維質─泥　炭 (Pt)
- 分解が進み黒色─黒　泥 (Mk)

人工材料 Am ─── 人工材料〔A〕
- 廃棄物 {Wa} ─── 廃棄物 (Wa)
- 改良土 {I} ─── 改良土 (I)

4.5　再び地盤情報の読み方

いままでの知識を地盤情報の読み方として再整理しておく。図 4.16 には，模式的に書いた地盤の柱状図の乱した土の情報と貫入試験結果を描いてある。

手順 1　柱状図の一番左を見てどのような深さにどのような土層がどのくらいの厚さで存在しているかを確認する。このとき土層種類を示す名称と記号は図 2.7 を参照する。同時に地下水位置も調べておく。表層には人工盛土が 2 m，その下に 3 m の砂層，－12 m まで 7 m の粘土層がありその下は砂礫層である。ただし，粘土層中に 0.3 m 程度の薄い砂層を挟んでいる。地下水位置は GL － 3 m の砂層の中央に位置している。

手順 2　標準貫入試験の試験結果と電気式静的コーン貫入試験のデータを見る。地表面の盛土は $N = 2 \sim 3$ 程度で締まってはいない。砂層の N 値は 10 程度であるので，飽和している部分は液状化を起こすかもしれない。

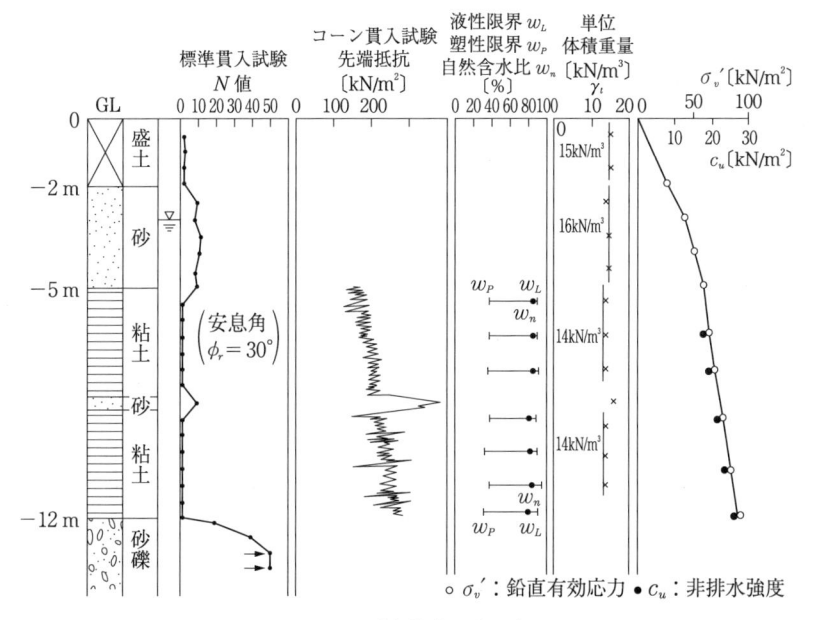

図4.16 地盤情報の読み方

粘土層の N 値は1〜2で，小さく軟弱な粘土地盤であることがわかるが，N 値の情報だけでは深さ方向の差異を明瞭には見い出せない。しかし粘土層部分のコーン貫入試験の結果は深さ方向にほぼ直線的に増加しているので，正規圧密粘土であろうと判断される。

手順3 液性限界，塑性限界および原位置の含水比（自然含水比）の値が粘土層の各深さで与えられている。これをみると自然含水比は液性限界とほぼ同じか，やや大きい。すなわち液性指数は1程度であり，正規圧密地盤であることが理解される。先ほどのコーン貫入抵抗値が深さとともに増加している事実と整合がとれている。もし過圧密粘土地盤なら，標準貫入試験の N 値がさらに大きく，自然含水比は塑性限界に近く液性指数は1より小さく，コーン貫入試験値の深さ方向への増加もそれほど極端には見られないはずである。

手順4 各地盤の変形・強度特性を推測する。砂層の N 値は10程度で

表 4.1 から相対密度は 40 % 程度と考えられる．これは比較的ゆるい状態で液状化の可能性がある．この上に構造物を建設する際にはなんらかの地盤改良が必要となろう．また安息角が 30° であるので破壊時の応力が $100\,\mathrm{kN/m^2}$ 程度では発揮される最大のせん断抵抗角は 33.5° と式（4.12）から見積もられる．粘土層では I_P を指標に圧縮指数を見積もり，式（4.3）に $I_P = 50$ を代入すると $C_c = 0.68$ が得られ，日本の海成粘土の標準的な圧縮性を有しており，構造物建設に伴う沈下量は大きそうである．沈下速度は，粘土層に挟まれる薄い砂層を排水層と判断するか否かによって大きく変わるので，この砂層の平面的連続性をさらに調べなければ最終的な判断はできない．また粘土層の中間深さ $-9\,\mathrm{m}$ での有効鉛直応力 σ_v' は，柱状図の地下水位情報と γ_t の情報から約 $75\,\mathrm{kN/m^2}$ と見積もられるので，そこでの非排水強度は，$c_u = 22.5\,\mathrm{kN/m^2}$ と推定される．同様に計算すれば地盤内の鉛直有効応力分布と粘土の非排水強度の深さ方向の分布はほぼ図 4.16 の右欄のように予測される．

以上は一つの例示であるが，地盤技術者はこのようにして与えられた地盤情報を読みこなしていく．

第5章 土の締固め

5.1 はじめに

　土を締固めると，土は硬く強くなるとの生活体験をわれわれは持っている。家を建てるとき土台となる地面を締固めると，家の重さを支える能力が増加するし，建設後の沈下量も小さい。テニスコート上を何回もローラ引きで転圧すると球の跳ね返りがよくなる。河川堤防のような土構造物では土を締固めると硬く強くなり，水を通しにくくなることも経験上知っている。そのほか，道路盛土，鉄道盛土，宅地造成，フィルダム，空港など土構造物の建設，地下鉄や埋設構造物の掘削後の埋め戻し時の土の締固め，ゆるい飽和した砂地盤の液状化防止や地盤強度の増強のための地盤改良などで広く締固めが行われる。また廃棄物の最終処分場では，廃棄物からの浸出水が下層の地下水に浸透していくのを防ぐために廃棄物の下部に締固めた粘土層を配置する。このようにさまざまな建設場面で締固め現象の理解とともに，締固め行為と品質管理手法の理解は地盤技術者にとって重要である。

5.2 締固め現象

　地盤材料は，土粒子，空気，水の三相系材料であり，土の密度を高めるには，土の中から空気分か水分を追い出す必要がある（図5.1）。すなわち，締固め (compaction) とは，空気分，水分を強制的に追い出して土の密度を高める作業であると定義される。ある土を，含水比 w を変化させながら一定の

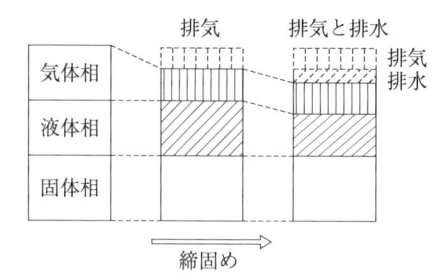

図 5.1　締固めの効果

エネルギーで締固め，その結果を乾燥密度 ρ_d と含水比 w の $\rho_d - w$ 空間で示すと図 5.2 のような**締固め曲線**が描かれ，**最大乾燥密度**（maximum dry density）$\rho_{d,\max}$ を与える含水比が存在し，その含水比を**最適含水比**（optimum water content）w_{opt} と呼ぶ。これを**プロクターの原理**と呼ぶ。そして最大乾燥密度近傍で締固められると，土の主要な工学的性質が向上する。すなわち強度が最大に近くなり圧縮性が最小に近くなり，透水性も最小に近くなる。

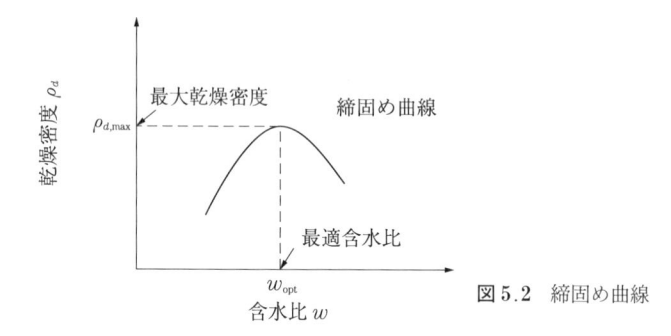

図 5.2　締固め曲線

5.3　現 象 の 理 解

土が固体・液体・気体の三相系材料であることから出発して，締固めのメカニズム，締固め曲線形状の特徴をいくつかの視点から説明してみよう。

第 1 番目の視点は，間げき内の空気と水の存在形態である（図 5.3）。締固め前の試料の状態では豊富な空気分が存在し，そこに棒で突き固めるなど衝撃的な締固め行為がなされるとしよう。締固め行為（衝撃的載荷）によって土に含まれる空気と水の排出されやすさを比較してみると，土の中に連続的な空げ

5.3 現象の理解

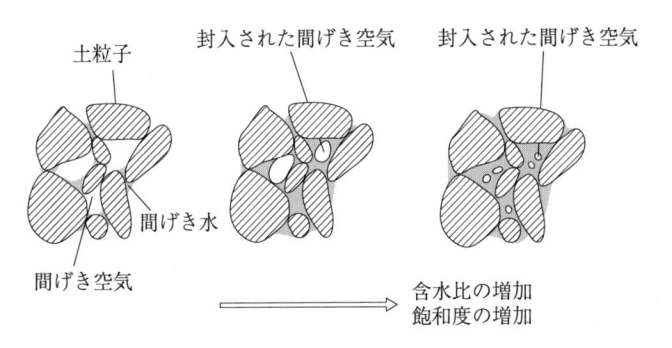

図 5.3 間げき中の空気と水

きが存在すれば圧倒的に空気が排出されやすいので，締固めのかなりの段階までは空気分のみが排出される。

空気分のみの変化では土粒子重量，水重量は変化しないので，その間，供試体の含水比は変化せず，飽和度 S_r が増大し，空気間げき率 v_a が減少するのみである。その結果，土の乾燥密度 ρ_d が増大する。したがってその間の土の状態量変化を $\rho_d - w$ 空間で示せば，垂直に上昇する経路となる（**図 5.4**）。締固め行為が継続すると，空気量は減少し，それに伴い，空気分は水分に囲まれて，空気が排出する連続した空げきが消滅してしまう（図 5.3）。そうすると水が排出されなければ，空気分も排出できなくなり，締固めの現象は，衝撃的な載荷による土の排水能力に支配されることになるが，一般に排水に要する時間は通常の繰返し衝撃的載荷の時間間隔よりも長く，結局，締固めは急速に

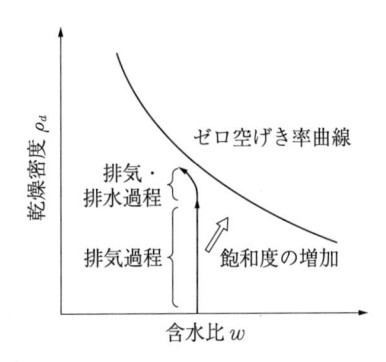

図 5.4 締固め過程の変化

進行しなくなる。したがって，締固め前の状態においてすでに土の飽和度が十分高ければ締固め行為は，非排水変形を生じさせるのみで，空気も水も排出されないことになる。飽和度が高い状態で，締固めにより排水されれば，$\rho_d - w$ 空間での状態量経路はやや左側にシフトすることになろう。一方で，土の中に水分も空気分もなくなってしまえば，それ以上いくら締固め行為を継続しても，土の乾燥密度を高めることはできない。その限界を示す曲線を**ゼロ空げき率曲線**と呼ぶ。

広範な初期含水比に対して，最適含水比時の飽和度は $S_r = 85\sim95\%$，空気間げき率が2〜10％の範囲にあることが知られている。そこでいま，$G_s = 2.5$，$S_r = 90\%$ とし，体積〜質量関係式 $eS_r = G_s w$ を用いると，$w = 36e$〔％〕が得られ，さらに最大乾燥密度は

$$\rho_{d,\max} = \frac{G_s}{1+e}\rho_w = \frac{2.5}{1+\dfrac{w}{36}}\rho_w = \frac{90}{36+w}\rho_w \tag{5.1}$$

と含水比に関する双曲線で表せることがわかる。すなわちこれ以上の飽和度では土の中では空気は連続して存在しておらず，水と残りの空気が排出しない限り，含水比をある一定以上大きくしても頭打ちがあり乾燥密度 ρ_d は大きくならないのである。

一方で，4.2.6項の収縮試験の説明で見たように，不飽和土を収縮限界以下に含水比を低下させると，土の圧縮性は急速に低下する（**図 5.5**）。これは土粒子間に存在しているメニスカス状の水分によって，サクションが大きく，圧

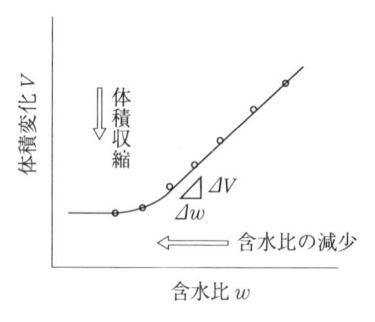

図 5.5 含水比の減少に伴う圧縮性の低下

縮性が低下するためである。しだいに含水比を大きくすると，水は潤滑作用として機能して圧縮性も増加する。サクションを一定に保ちながら圧縮試験を行うと図 5.6 に示したような $e - \log p$ 曲線が得られ，サクションが増大すると圧縮性が減少する。したがって，最適含水比より乾燥側では，含水比の増加による土の圧縮性の増加によって，含水比の増加とともに，締固め後の乾燥密度は漸増する。このような試行実験によって締固め現象と締固め曲線形状は理解できる。

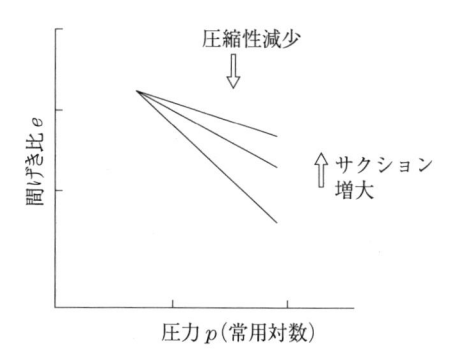

図 5.6 サクション一定の圧縮試験結果

事実，後述する室内締固め試験から得られる実験結果を $S_r - w$ 空間，$v_a - w$ 空間にプロットすると，含水比の増加にしたがって S_r は直線的に増加し，v_a は直線的に減少した後，最適含水比を超えると S_r，v_a ともに変化が鈍くなる（図 5.7）。この事実は，上記の現象の説明が合理的であることを示し

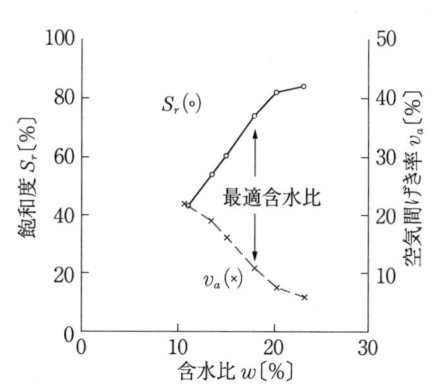

図 5.7 含水比の増加による飽和度と空気間げき率の変化

ている。また室内締固め試験において最適含水比近傍以上の含水比では，試験容器底板から排水がされているのが観察される。

なお上記の考察によれば最適含水比以下の含水比の範囲では土の透気係数，それ以上の含水比では透水係数が支配的な要因となり，それらの二つの係数と載荷速度の相対的な大小関係が締固め効果に影響する。

5.4 室内締固め試験

室内締固め試験は JIS A 1210：1999 によって「突固めによる土の締固め試験方法」として規定されている（図 5.8）。これは 37.5 mm のふるいを通過した試料について適用され，突固めはランマーを自由落下させて，円筒型のモールド内の試料を締固める。試料の準備方法および使用方法として a（乾燥法で繰返し法），b（乾燥法で非繰返し法），c（湿潤法で非繰返し法）の 3 種類を定めている。異なる試料準備および使用方法が必要な理由は，土の種類によって，乾燥過程が締固め結果に影響を及ぼしたり，土粒子が突固めによって破砕したりするためである。乾燥法とは，「試料の全量を最適含水比が得られる含水比まで乾燥し，突固めに当たっては，加水して所要の含水比に調整する方法」であり，一般的な土質で試料の乾燥処理の影響のない土に用いられる。湿潤法とは，「自然含水比から乾燥または加水によって，試料を所要の含水比に調整する方法」をいい，火山灰質粘性土や凝灰質細砂など，試料の準備方法によって結果が異なる場合に用いる。また繰返し法は，「同一の試料を含水比を変えて繰返し使用する方法」で土粒子の破砕が生じにくい土に用いられる。非繰返し法は，「つねに新しい試料を含水比を変えて使用する方法」をいい，土

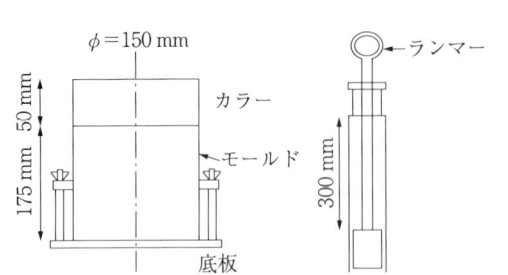

図 5.8　締固め試験装置

粒子が破砕しやすいまさ土（土化した風化花こう岩）や凝灰質砂などに用いられる。

突固め方法としてランマー質量，モールド内径，突固め層数，1層当りの突固め回数，許容最大粒径によってAからEまでの5種類を規定している（**表5.1**）。使用するモールド内径の規定は許容最大粒径の4倍以上とし，ランマー質量，突固め層数，および1層当りの突固め回数が異なるのは，次式で定義される**締固め仕事量**を変更するためである。

$$E_c = \frac{W_R H N_B N_L}{V} \ [\mathrm{kJ/m^3}] \tag{5.2}$$

ここで，W_R：ランマーの重量〔kN〕
　　　　H：ランマーの落下高さ〔m〕
　　　　N_B：1層当りの突固め回数
　　　　N_L：層の数
　　　　V：モールドの容積〔m³〕

である。

表5.1 締固め方法の種類

突固め方法の名称	ランマー質量〔kg〕	モールド内径〔cm〕	突固め層数	1層当りの突固め回数	許容最大粒径〔mm〕
A	2.5	10	3	25	19
B	2.5	15	3	55	37.5
C	4.5	10	5	25	19
D	4.5	15	5	55	19
E	4.5	15	3	92	37.5

試験から求められるのは ρ_t と含水比 w である。式(2.12)，(2.17)および(2.19)から乾燥密度は

$$\rho_d = \frac{\rho_t}{1+\dfrac{w}{100}} \tag{5.3}$$

として求められる。データを整理する際には締固め曲線とともにつぎの3式を表示する。

ゼロ空げき率曲線

$$\rho_{\text{sat}} = \frac{\rho_w}{\dfrac{\rho_w}{\rho_s} + \dfrac{w}{100}} \tag{5.4}$$

飽和度一定曲線

$$\rho_d = \frac{\rho_w}{\dfrac{\rho_w}{\rho_s} + \dfrac{w}{S_r}} \tag{5.5}$$

空気間げき率一定曲線

$$\rho_d = \frac{\rho_w\left(1 - \dfrac{v_a}{100}\right)}{\dfrac{\rho_w}{\rho_s} + \dfrac{w}{100}} \tag{5.6}$$

5.5 静的圧縮特性との関係

突固めによる締固め試験ではランマーを高さ H から落下させ，S なる貫入量を生じさせる。ランマーが S だけ貫入するとき，平均的には重力加速度の $-H/S$ 倍の加速度をもつ。したがって，例えば $H = 300$ mm，$S = 1$ mm とすれば 300 g の加速度が発生しており，ランマーの静的圧力の 300 倍が地盤中に作用されると解釈される。すなわち室内試験の A 法では重量 2.5 kg，直径 50 mm のランマーが使用されるが，ランマー自重のみによる静的圧力は 12.7 kN/m² であるが，300 g の加速度下では 3 822 kN/m² もの圧力が打撃時には試料に作用していると解釈される。図 5.9 に示したように締固め回数が増える

図 5.9　1 打撃当りの沈下量の減少

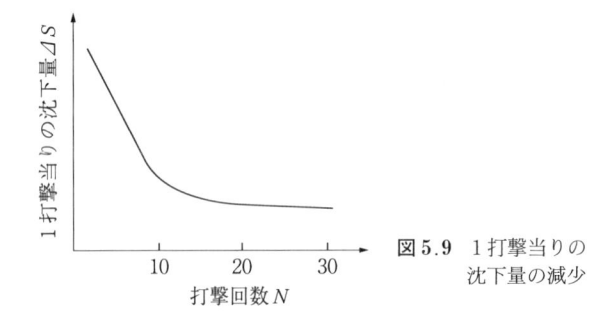

に従って残留沈下量 ΔS は徐々に減少する。それに伴い付与される加速度が増加し，静的荷重に換算するときわめて大きな荷重が作用していることになる。したがって，締固め行為は，間げき比―圧力関係を求めていることになるとも考えることができる（図5.10）。

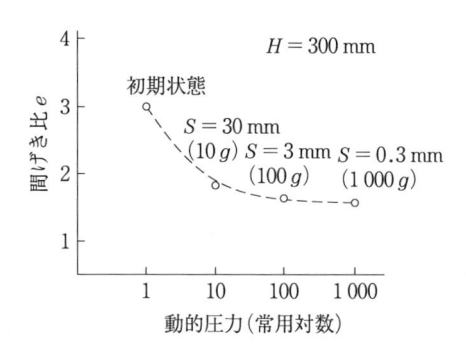

図5.10 締固めに伴う試料の $e - \log p$ 関係

5.6 締固め曲線に及ぼす要因

5.6.1 締固め仕事量の影響

締固め時の衝撃荷重や締固め回数を変化させると締固め曲線は変化する。打撃エネルギーが地盤で消費されるエネルギーに等しいと考えれば，重さ W と落下高さ H の積，WH に対して，地盤の貫入抵抗 R と貫入量（沈下量）S との積 RS が等しいことになる。すなわち $WH = RS$ が成立する。ここで WH の大きさを変えると，それに比例的に沈下量が大きくなる。すなわち打撃エネルギーが大きい方が空気の排出量が大きい。また締固め打撃回数を変化させて，同一の土に対して同一の締固め方法で締固めると，締固め曲線は打撃回数 N の増大につれて左上方向に移動する（図5.11）。土に繰返し衝撃荷重を加えたときの，地盤の沈下量―時間関係は図5.12のように描ける。すなわち衝撃荷重の継続時間を超えて沈下は継続し，最終沈下量で落ち着く。初期打撃では，経過時間につれて沈下量が増加するが，打撃回数が増加するに従って地盤は締固まり，硬くなって，打撃後の沈下量が回復し，最終変形量は減少する。したがって，打撃回数の増大につれて累積沈下量が増大する。この結果，

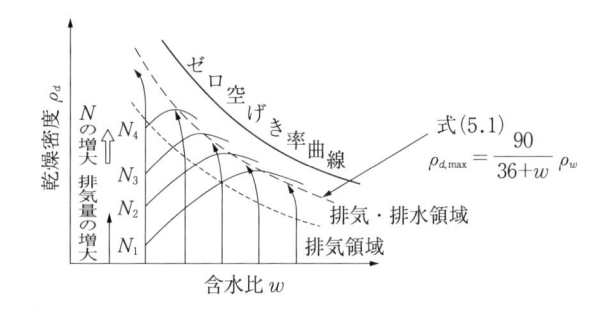

図5.11 打撃エネルギーの増大に伴う締固め曲線の変化

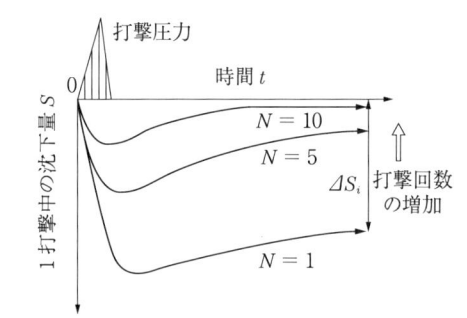

式(5.1) $\rho_{d,max} = \dfrac{90}{36+w}\rho_w$

図5.12 ランマーの打撃に伴う試料の沈下量―時間関係

締固め打撃回数を増やせば空気がより多くの排気がされることになり，締固め曲線は上方に移動し，高い飽和度に達する。同時にゼロ空げき率曲線によって頭打ちされているので，曲線形状は図5.11に示したように左上方に移動する結果となる。以上から単位体積当りに付与する一打当りの打撃エネルギー WH に総打撃回数 N をかけた NWH を締固めエネルギーとすれば，締固めエネルギーの増大につれて締固め曲線は左上方に移動する。ただし，過剰に締固めエネルギーを加えすぎると，過度な土粒子の配列や土粒子の破砕などが生じて，締固め効果がかえって低減する場合もある。これを過転圧状態と呼ぶ。

5.6.2 土粒子径による影響

土粒子径が異なると締固め曲線も異なる。すなわち，締固め曲線は土粒子径が大きいと左上方に存在し，かつ含水比に対する変化が敏感となり，細粒土では，曲線が右下方になり曲線形状がなだらかとなる（**図5.13**）。これは単位体積当りの，粒子間接触点数と粒子径状に大きく依存している。1.2.5項でも示

したが土粒子を円盤と見なすと粒径 2.00 mm の砂粒子 1 個に外接する正方形内部に粒径 0.005 mm の粘土粒子は 16 万個入り，正方形壁面との接触点も含めて接触点数は 320 800 点となる。そのため同じ水分量の付加による土の性質の変化は粘土の方が鈍感である。

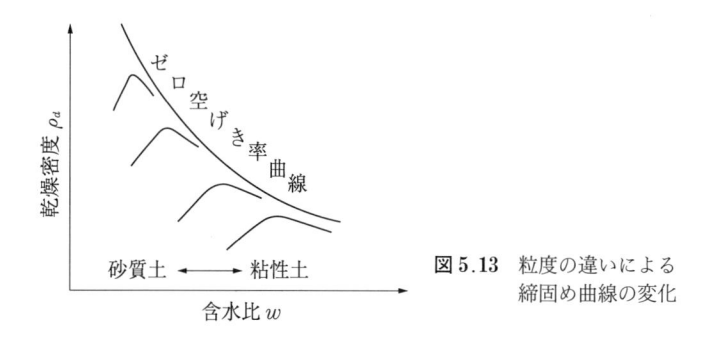

図 5.13 粒度の違いによる締固め曲線の変化

5.7　工学的特性の改善

　土の強さは，粒子間に作用する摩擦抵抗と粒子どうしのかみ合わせをはずすために必要な抵抗の和で表されると考えてよい。大きな圧力で締固められれば粒子間に大きな応力が封印される。粒子間に作用する摩擦抵抗は，粒子間の接触応力に比例すると考えられるから，適切な含水状態で，粒子間にサクションが作用していれば接触応力は大きい。締固めによって密度が大きくなれば粒子どうしの配列のかみ合わせがよくなる。締固めた土試料を円筒形に切り出して圧縮試験をした結果によれば，最適含水比よりやや低めの含水比で強度が最大になることが知られている。

　締固めによって透水性は低下する。透水性は間げき比の減少につれて対数的に減少する。このように密度の増大は間げき比の減少を意味し，間げき比の減少は，間げき流体の管路を狭め，その結果として透水係数が減少する。**図 5.14** は，締固め曲線と透水係数との関係を示している。締固めによって透水係数は 1 000 倍も変化することが理解される。この例によると含水比の差はわずか 6 ％程度である。このように最適含水比付近で，土の工学的材料特性が大幅に改善される。これが締固めの効果である。

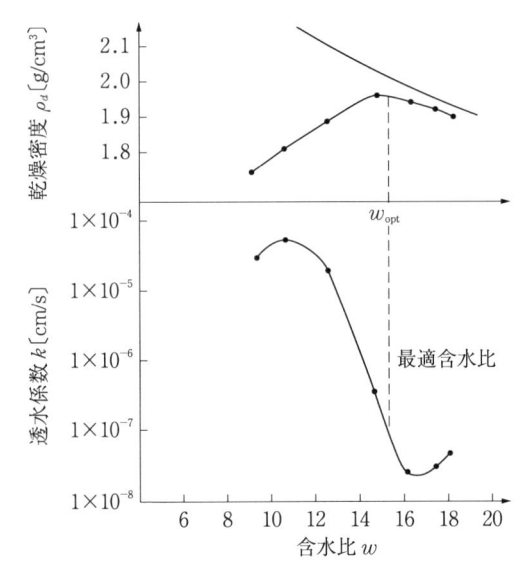

図 5.14 締固めによる透水係数の減少

5.8 現場締固め

道路盛土，河川堤防，空港盛土などでの締固め工事では，利用可能な材料がさまざまであり，同一の地層から採取された材料でも場所ごとに変動することも多い．そのため，現実の締固め工事では，本施工に先立って試験施工を実施し，締固め機種の選択および締固め方法を確認する．通常の現場締固めでは，ブルドーザーなどの機械により材料を一定の厚さに敷き均し，その後，振動ローラーなどの転圧機械で転圧する．試験施工では，敷均し厚や転圧回数を変えて締固め効果を判定し，転圧機械，敷均し層，転圧回数を決定する．

室内締固め試験と現場締固め試験との違いを，静的な応力の伝播で比べてみよう．室内締固め試験で用いられるランマーは直径が 50 mm であった．この静的な荷重の 50 ％の荷重が到達する深さは弾性論によれば直径の約 70 ％程度である．すなわち 35 mm 程度に止まる．振動ローラーは，地盤とある帯状で接しながら転圧していくので，応力の伝播は，帯荷重のそれに近く，帯幅の深さまで表面荷重の 50 ％の荷重が伝播する．このように室内と現場では締固め

仕事量，締固め機構も異なる。

現場での締固め管理方法は，乾燥密度と空気間げき率で管理するのが一般的である。そこで次式で定義される**締固め度** D_c が用いられる。

$$D_c = \frac{\text{現場の締固め乾燥密度}}{\text{室内試験で求まる最大乾燥密度}} \times 100 \ [\%] \tag{5.7}$$

それと同時に空気間げき率 v_a の制限を加えて

$$D_c > 90\ \% \quad \text{かつ} \quad v_a < 15\ \%$$

のように二つの指標がペアで規定されることが多い。

第 6 章

地盤中の水の流れと圧密

6.1 は じ め に

　土は土粒子骨格と間げきから構成され，間げきは液体，気体など流体で満たされている。そしてある条件下では間げき流体は間げき中を流れる。土粒子群の一部は間げき液体中に溶解したり，あるいは懸濁状の細粒分粒子は間げき液体の移動に伴って移動することもありうるが，一般にはその割合は小さいと考えられる。したがって，地中の間げき流体の流れとしては間げき液体，特に水の流れを考えればよい。

　土中の水は地形や地層構成に制約されつつも，地下水流を形成して広範囲に移動している〔図6.1(a)〕。丘陵地帯から連続した透水層は，掘抜くと水が吹き上げる。このような帯水層を**被圧帯水層**と呼ぶ。人工的に地盤を改変したり，地下に透水性の低い構造物を連続的につくると，地下水流がせき止められて，上流部での地下水位が上昇したり，反対に下流部での地下水が枯れることにもつながる〔図(b)〕。地層の判定とともに地下水流の把握は重要で広範囲な土地利用を考えるときにきわめて大切である。

　粘土層は多くの水分を含んでいる。しかし粘土粒子はきわめて小さく粘土粒子に囲まれて形成される間げきの寸法も小さいので，粘土層中の水の流れはきわめて遅く透水性は低い。そのため粘土層は保水量は多いものの**不透水層**とみなされる。砂，礫などの粗粒分から構成される層は，粘土に比べて間げき比も小さく保水量は少ないが，粗粒土の間げき寸法は大きく間げきを流れる水の流

(a) 広域な地下水の流れ

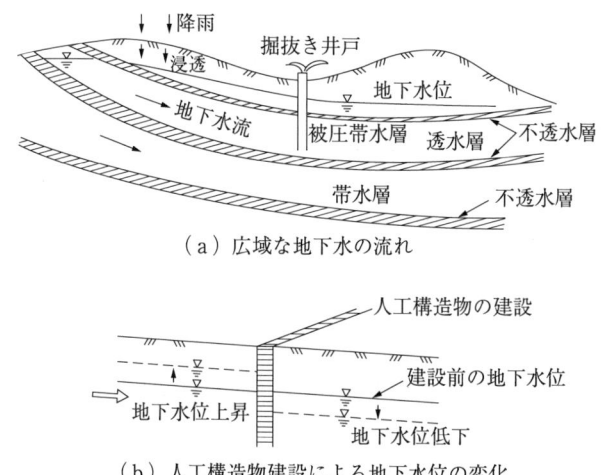

(b) 人工構造物建設による地下水位の変化

図 6.1　地下水の流れ

れが速いために**透水層**とみなされる。地表から水分が供給されるような成層地盤において不透水層である粘土層の上にある砂層や礫層は水を含む**帯水層**となり，地下水のくみ上げ対象となる。

　地下水は，地盤中を均質に流れていると考えるより，透水性の大きな部分を狙って局所的に流れていると考えた方が現実の姿を表している。そのため，土要素の透水性とある体積を有する地盤の透水性はつねに後者の透水性のほうが大きいことを理解しておく必要がある（**図 6.2**）。そのため広範囲の地盤の透水性評価には，小さな寸法の土試料を用いて室内試験を行った結果よりも原位置試験結果から求めるほうが適切な場合が多い。

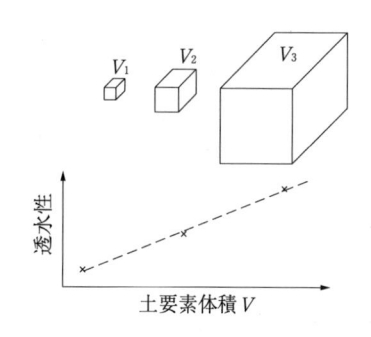

図 6.2　透水係数の体積依存性

第6章　地盤中の水の流れと圧密

地盤中の水の流れを考えるとき，地盤が飽和しているか不飽和状態かの区別は，重要である。飽和土では，すべての間げき中に水が流れていると一般には仮定される。そのように考えると細い管に沿って水が流れると近似できるので，水理学で学ぶ管中の流れの知識を援用することができる。しかし，不飽和土では，一部の間げきには空気が残っており，水の流れに寄与している間げきはある一部に限られており，その取扱いは複雑である。

　水が流れると地盤の中の応力状態も変化する。すなわち，土粒子には水の流れる方向に力が作用する。これを**透水力**という。もし地盤内に上昇水流が存在すれば，土粒子が浮き上がる場合もある。また下降流があれば下向きに透水力が働き地盤は締固まる。これは水締めと呼ばれ，古来から土の締固め方法の一つとして用いられている。このように水の流れに伴って地盤の中の応力が変化するならば，当然，土体積は縮まり同時に間げきに存在した水も時間をかけて排水される。このような圧密現象は，水の流れと土粒子骨格変形の連成現象なのである。

6.2　水の流れを生み出す要因

　地盤中の水が地点aから地点bに移動するおもな要因は三つ考えられる（図6.3）。一つ目は2点間の高さの差である。水は高いところから低いところに流れる。二つ目は2点間の圧力の差である。高い圧力から低い圧力に水は移動する。三つ目は，化学組成の違いによる浸透圧の差であり，濃度の低いとこ

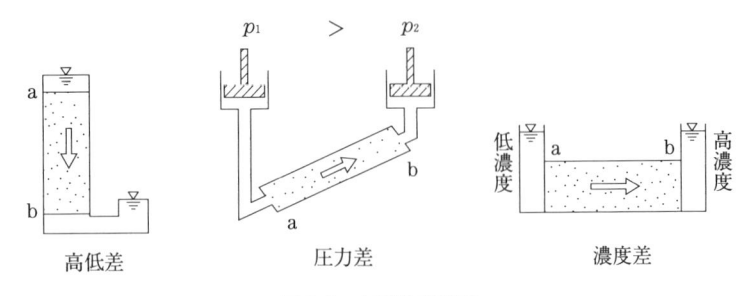

図6.3　水移動の要因

ろから濃度の高い方に流れる。この三つの要因の総和の差が，水の流れを生起させる原因である。それらはそれぞれ重力ポテンシャル ψ_g，圧力ポテンシャル ψ_p，浸透圧ポテンシャル ψ_o と呼ばれ

$$\psi = \psi_g + \psi_p + \psi_o \tag{6.1}$$

と記すことにする。力学問題として扱う範囲では，前記した二つのポテンシャルの考察で足りる。

重力ポテンシャルは，水の単位体積重量 γ_w とある基準面から鉛直上方向に計った高さ z_1 の積で表される。

$$\psi_g = \gamma_w z_1 \tag{6.2}$$

圧力ポテンシャルは，大気圧より大きい場合に正の値をとり，大気圧より小さい場合は負の値となる。正の圧力ポテンシャルは，水の単位体積重量 γ_w と，大気圧状態の水面の位置と考えている位置との差 z_2 の積として

$$\psi_p = \gamma_w z_2 \tag{6.3}$$

で表される。

地下水面上で土が不飽和状態の場合は，毛管圧力によって現象が支配される。水中に細い管を挿入すると水の表面張力によって管中の水面は上昇し，大気と接する部分は下に凹な形状となる。凹な形状をしていることから，管内の圧力は大気圧より小さく負圧となっていることが理解される。図 6.4 に示すように水の表面張力と水柱の自重との力のつりあいから，接触角を α，表面張力を σ，毛管の半径を R_c とすると，負の圧力ポテンシャルは，大気圧 p_0 と管内圧力 p_1 との差として

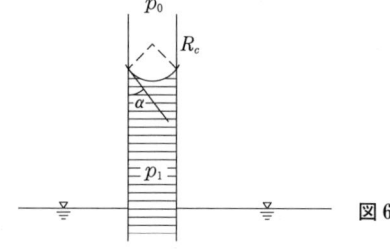

図 6.4 細管中の圧力差

$$\psi_p = p_0 - p_1 = \frac{2\sigma \cos \alpha}{R_c} \tag{6.4}$$

と表示される．すなわち毛管圧力は，間げきの径に反比例して増大する．

　すでに第 2 章で見たとおり，地下水面以下では静止した地下水は静水圧分布しているので，地下水面を挟んで水圧分布を描けば図 6.5 のようになり，地下水面よりやや上の位置まで土は飽和していることに注意したい．

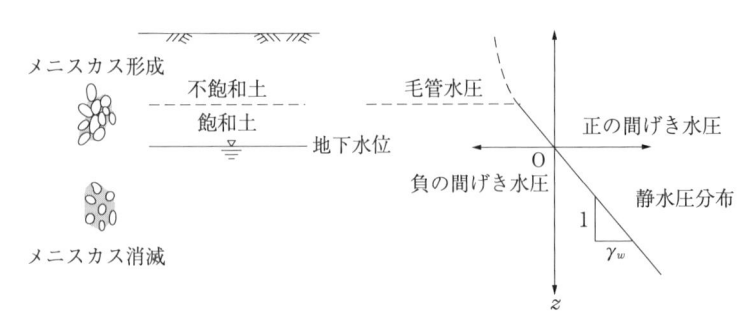

図 6.5　地中の深さ方向の水圧分布

6.3　細管の中の流れ

　間げき率が n である土を考えると，断面積 A の土には nA の間げき断面が存在している．飽和土では，その間げき断面のすべてに水が流れていると仮定してもよいであろう．この現象を断面積 nA の管中を流れる水とみなすと，水理学で学ぶ管中の粘性流体の流れ（**ポアズイユの流れ**）となる（図 6.6）．管の長さを L，半径を R，圧力差を Δp とすると，半径 r の円柱断面に作用する力 F は $F = \Delta p(\pi r^2)$ となり，これは半径 r の円環に沿ったせん断応力 τ に起因する抵抗力とつりあっている．すなわち

$$F = \Delta p(\pi r^2) = \tau(2\pi r L) \tag{6.5}$$

なるつりあい式が導ける．これからせん断応力 τ は

$$\tau = \frac{\Delta p r}{2L} \tag{6.6}$$

と書ける．

6.3 細管の中の流れ

図 6.6 管の中の流れ

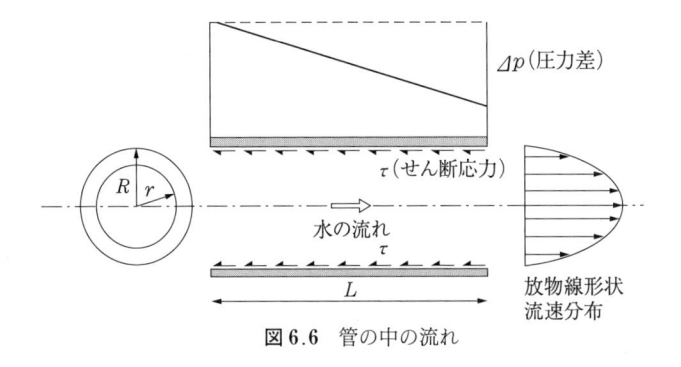

一方，水を粘性流体と仮定し，粘性係数を η，ある半径 r での流体速度を $V(r)$ とすれば

$$\tau = -\eta \frac{dV(r)}{dr} \tag{6.7}$$

と書き表せる．ここで式 (6.6) と式 (6.7) を等値し，積分することにより流速分布として次式が導かれる．

$$V(r) = \frac{(R^2 - r^2)\Delta p}{4L\eta} \tag{6.8}$$

なお，このとき管壁では流速は 0 であるとの条件を用いている．上式は，管内の流速分布は半径方向に放物線形状をしていることを示し，さらに単位時間当りの流量 q は $dq = V(r)2\pi r dr$ 式を $r = 0 \sim R$ まで積分して

$$q = \frac{\pi R^4}{8\eta} \frac{\Delta p}{L} \tag{6.9}$$

が得られる．これがポアズイユの流れの復習である．

式 (6.9) の意味するところは，単位時間当りの流量は，管の半径の 4 乗に比例し，圧力差を長さで割った圧力勾配に比例するということである．上式を管の断面積 $A = \pi R^2$ で除すと，管内の平均的流速となる．

$$v = \frac{q}{A} = \frac{R^2}{8\eta} \frac{\Delta p}{L} \tag{6.10}$$

式 (6.10) の右辺で，$R^2/8\eta$ は管の半径と水の粘性係数の関数であるので一定値と考えると，式 (6.10) の意味するところは，管の平均流速は，圧力勾配に

比例するということになる。もし，土の中の水の流れを一束の管の流れと考えれば，同じく流速と圧力勾配に比例関係があると考えることはごく自然である。1856年，ダルシー（Darcy）は流量と圧力勾配の間に比例関係を実験的に見出した。

$$q = k\frac{\Delta p}{L}A \tag{6.11}$$

通常の地中水の流れではこの**ダルシーの法則**が成立する。

通常は，式(6.11)のダルシーの法則は

$$v = ki \tag{6.12}$$

と表現される。この k は**透水係数**(coefficient of permeability)と呼ばれ，速度の次元を持つ。また i は**動水勾配**(hydraulic gradient)と呼ばれ，$-\Delta h/L$ である。ここで h はつぎに説明する**全水頭**を示す。

地盤中の水の流れの問題では重力場で単位高さの水柱の持つポテンシャルを単位として水柱の高さで各ポテンシャルを表す**水頭**（head）という概念が用いられる。すなわちそれぞれのポテンシャルを水の高さに換算して表示する。

重力ポテンシャルでは

$$h = \frac{z_1 \gamma_w}{\gamma_w} = z_1 \quad (位置水頭) \tag{6.13}$$

圧力ポテンシャルでは

$$h = \frac{p}{\gamma_w} \quad (圧力水頭) \tag{6.14}$$

などである。すなわち全水頭は

$$h = z_1 + \frac{p}{\gamma_w} \tag{6.15}$$

で表示される。

6.4 透 水 係 数

透水係数は速度の次元を持ち，おもに間げきの半径で代表される土の構造と間げき流体の粘性係数に支配される。透水係数の値は礫の $k = 10^2\,\mathrm{cm/s}$ 程度

から粘土の $k = 10^{-10}$ cm/s 程度までじつに 10 の 12 乗ほどの広範囲にわたる。土中の間げき液体の流れが管中の流れで近似できると考えると，間げき比あるいは粒子の代表径と関連付けて透水係数の値を考えることができそうである。テイラー（Taylor）は次式を導いている。

$$k = C \frac{\rho_w g}{\eta} \frac{e^3}{1+e} D_s^2 \ \text{[cm/s]} \tag{6.16}$$

ここで

η：水の粘性係数〔Pa·s〕

ρ_w：水の密度〔g/cm^3〕

C：係数

e：間げき比

D_s：土粒子直径〔cm〕

である。またハイゼン（Hazen）は，粒径分布の狭い砂について有効径 D_{10} を用いて次式を提案している。

$$k = CD_{10}^2 \tag{6.17}$$

ここで C は係数で，ゆるい細砂で 120，よく締まった細砂で 70 程度である。

また，粘土の透水係数に関して経験的に

$$e = A + B \log k \tag{6.18}$$

なる間げき比と対数表示された透水係数との間に直線関係が認められる（図 6.7）。

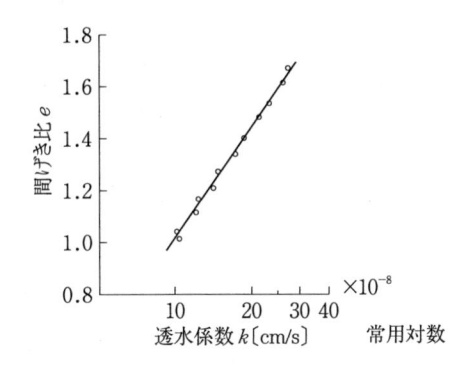

図 6.7 間げき比と透水係数の関係

6.5 飽和地盤の流れの基礎方程式

基礎方程式を導く際に基本となる原理は**質量保存則**とダルシーの法則である．**図 6.8** に示す $\delta x, \delta y, \delta z$ の辺長をもつ直方体を考えると，直方体に流入する質量の変化と流出する質量の変化の差が，直方体内に貯留される質量の変化に等しい．この質量保存則を式で示そう．いま，流体の密度を ρ_w とし，x, y, z 方向の流速をそれぞれ V_x, V_y, V_z で表せば流入する質量は

$$\rho_w V_x \delta y \delta z + \rho_w V_y \delta z \delta x + \rho_w V_z \delta x \delta y$$

であり，流出する質量は

$$\rho_w \left(V_x + \frac{\partial V_x}{\partial x} \delta x \right) \delta y \delta z + \rho_w \left(V_y + \frac{\partial V_y}{\partial y} \delta y \right) \delta z \delta x + \rho_w \left(V_z + \frac{\partial V_z}{\partial z} \delta z \right) \delta x \delta y$$

と表されるので，両者の差は

$$\frac{\partial}{\partial x}(\rho_w V_x) + \frac{\partial}{\partial y}(\rho_w V_y) + \frac{\partial}{\partial z}(\rho_w V_z)$$

となる．これが直方体要素内に貯留される質量の変化である．貯留される質量変化は，要素内の流体の密度変化か間げき体積の変化として表れるので，質量保存則はつぎのように書き表せる．

$$\frac{\partial}{\partial x}(\rho_w V_x) + \frac{\partial}{\partial y}(\rho_w V_y) + \frac{\partial}{\partial z}(\rho_w V_z) + \frac{\partial(\rho_w n)}{\partial t} = 0 \tag{6.19}$$

なお，ここで n は間げき率である．

ここで比貯留係数 S_s を導入して式 (6.19) を書き直してみる．**比貯留係数**

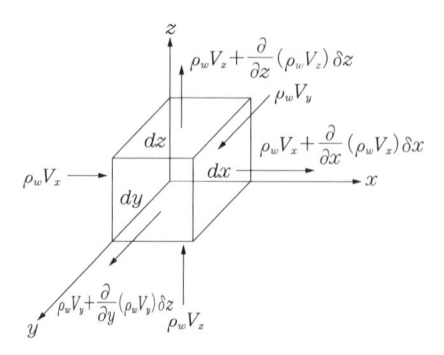

図 6.8 要素内の質量保存則

は，単位の水頭変化に伴って流出する水の体積を表し，土骨格の圧縮性と流体の圧縮性の和として次式で表される。

$$S_s = \rho_w g (\alpha + n\beta) \tag{6.20}$$

α は単位の有効応力の変化に伴う土骨格の体積圧縮性を表す係数で，β は単位の間げき水圧変化に伴う流体の体積圧縮性を表す係数，n は間げき率である。

土骨格の圧縮性に比べると，水は非圧縮性とみなしてよいので式(6.20)は，第1項だけの

$$S_s = \rho_w g \alpha = \gamma_w \alpha \tag{6.21}$$

となる。

式(6.19)の最後の項を微分演算の公式を用いて書き直すと

$$\frac{\partial(\rho_w n)}{\partial t} = n \frac{d\rho_w}{dh} \frac{\partial h}{\partial t} + \rho_w \frac{dn}{dh} \frac{\partial h}{\partial t}$$

であり，非圧縮性材料では第1項は0になる。また dn/dh は S_s の定義であるので式(6.19)の質量保存則は

$$\frac{\partial}{\partial x}(\rho_w V_x) + \frac{\partial}{\partial y}(\rho_w V_y) + \frac{\partial}{\partial z}(\rho_w V_z) + \rho_w S_s \frac{\partial h}{\partial t} = 0 \tag{6.22}$$

のようにも書き表せる。ここで h は水頭である。

いまダルシーの法則を示す式(6.12)を x, y, z 方向にそれぞれ書き直した

$$V_x = -k_x \frac{\partial h}{\partial x} \qquad V_y = -k_y \frac{\partial h}{\partial y} \qquad V_z = -k_z \frac{\partial h}{\partial z} \tag{6.23}$$

を式(6.22)に代入することにより

$$\frac{\partial}{\partial x}\left(k_x \frac{\partial h}{\partial x}\right) + \frac{\partial}{\partial y}\left(k_y \frac{\partial h}{\partial y}\right) + \frac{\partial}{\partial z}\left(k_z \frac{\partial h}{\partial z}\right) = S_s \frac{\partial h}{\partial t} \tag{6.24}$$

が得られる。ここで k_x, k_y, k_z は x, y, z 方向の透水係数である。なお ρ_w の変化量は流速成分の変化に比べて小さいとしている。透水係数が方向によらず一定であれば式(6.24)は

$$\frac{\partial^2 h}{\partial x^2} + \frac{\partial^2 h}{\partial y^2} + \frac{\partial^2 h}{\partial z^2} = \frac{S_s}{k} \frac{\partial h}{\partial t} \tag{6.25}$$

と簡単になる。これが飽和地盤の流れの基礎方程式である。

なお不飽和地盤の流れの基礎方程式は，式(6.19)の第4項を $\partial(\rho_w S_r n)/\partial t = \partial(\rho_w \theta)/\partial t$ で置き換え，不飽和土に対してもダルシーの法則と同様な関係式を与えれば，導くことができる。ここで S_r は飽和度である。

6.6 飽和地盤中の定常流れ

流れに時間的変化がない場合を定常流れと呼ぶが，この場合，土の体積変化はなく飽和土中の水の流れは式(6.25)の右辺を0として基礎方程式が得られ，式は**ラプラス式**に帰着する。すなわち

$$\frac{\partial^2 h}{\partial x^2} + \frac{\partial^2 h}{\partial y^2} + \frac{\partial^2 h}{\partial z^2} = \nabla^2 h = 0 \tag{6.26}$$

である。

まず一次元問題として水平に設置された土のコラムの中の流れを調べよう（図 **6.9**）。式(6.26)は一次元状態では

$$\frac{d^2 h}{dx^2} = 0 \tag{6.27}$$

と簡単になり，これを x に関して2回積分する。C_1, C_2 を積分定数とすると一般解として

$$h = C_1 x + C_2$$

が求まる。図 6.9 に示された境界条件，$x = 0$ で $h = h_1$，$x = L$ で $h = h_2$ を

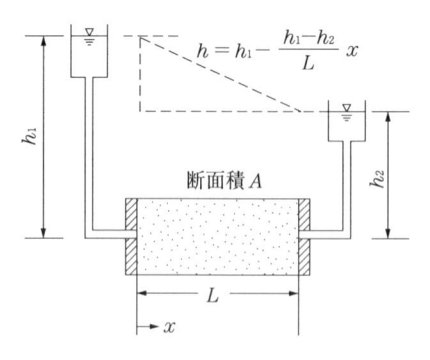

図 **6.9** 水平に設置されたコラム中の透水

代入して積分定数を定めれば

$$h = h_1 - \frac{h_1 - h_2}{L} x \tag{6.28}$$

が得られる。すなわちコラム中の水頭は，直線的に減少する。

つぎに二次元定常流れについて調べよう。式(6.26)は二次元の場合は

$$\frac{\partial^2 h}{\partial x^2} + \frac{\partial^2 h}{\partial z^2} = 0 \tag{6.29}$$

となる。

このような微分方程式に関しては式(6.29)を満たすつぎのような関数が存在することが知られている。

$$\frac{\partial \phi}{\partial x} = -k \frac{\partial h}{\partial x} \tag{6.30}$$

$$\frac{\partial \phi}{\partial z} = -k \frac{\partial h}{\partial z} \tag{6.31}$$

$$\frac{\partial \psi}{\partial x} = k \frac{\partial h}{\partial z} \tag{6.32}$$

$$\frac{\partial \psi}{\partial z} = -k \frac{\partial h}{\partial x} \tag{6.33}$$

いま式(6.30)を x について積分すると C_3 を積分定数として

$$\phi(x, z) = -kh(x, z) + C_3$$

となる。書き直して

$$h(x, z) = \frac{\{C_3 - \phi(x, z)\}}{k} \tag{6.34}$$

が得られる。すなわち，水頭 $h(x, z)$ が一定であるということは，$\phi(x, z)$ が一定であるということがわかる。つまり，$\phi(x, z)$ が一定の線は等しい水頭を連ねた線を意味しており，これは**等ポテンシャル線**と呼ばれる。同様に $\psi(x, z)$ が一定の線は，**流線**と呼ばれる。こうして二次元の定常流れの場は，等ポテンシャル線群と流線群によって表示される。

では，等ポテンシャル線と流線とはどのような幾何学的関係になっているのであろうか。ϕ が等しい線上で全微分を考えれば

$$d\phi = \frac{\partial \phi}{\partial x}dx + \frac{\partial \phi}{\partial z}dz = 0 \tag{6.35}$$

ダルシーの法則を示す式(6.30)，(6.31)を用いれば式(6.35)からただちに

$$\left(\frac{dz}{dx}\right)_{\phi=\phi_0} = -\frac{\dfrac{\partial \phi}{\partial x}}{\dfrac{\partial \phi}{\partial z}} = -\frac{V_x}{V_z} \tag{6.36}$$

が得られる。

ψ の一定線上でも同様の操作を行えば

$$\left(\frac{dz}{dx}\right)_{\psi=\psi_0} = -\frac{\dfrac{\partial \psi}{\partial x}}{\dfrac{\partial \psi}{\partial z}} = \frac{\dfrac{\partial \phi}{\partial z}}{\dfrac{\partial \phi}{\partial x}} = \frac{V_z}{V_x} \tag{6.37}$$

が求まる。

式(6.36)，(6.37)から

$$\left(\frac{dz}{dx}\right)_{\phi=\phi_0} \times \left(\frac{dz}{dx}\right)_{\psi=\psi_0} = -1 \tag{6.38}$$

が知られるので，等ポテンシャル線と流線はあらゆるところで直交していることが理解される。すなわち二次元の定常流れは直交する等ポテンシャル線群と流線群で表示されることになり，これを**フローネット**(流線網)と呼ぶ(図 **6.10**)。

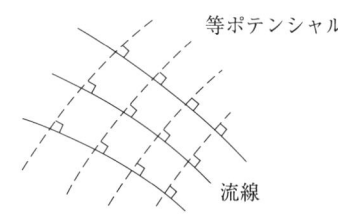

図 6.10 フローネット

$\psi = \psi_1$，$\psi = \psi_2$ の 2 本の流線間を流管と呼ぶが，そこを流れる水の流量 q は図 **6.11** に示す簡単な例示を用いれば

$$q = \int_{\psi_1}^{\psi_2} V_x\,dz = \int_{\psi_1}^{\psi_2} \frac{\partial \phi}{\partial x}\,dz = \int_{\psi_1}^{\psi_2} \frac{\partial \psi}{\partial z}\,dz = \psi_2 - \psi_1 \tag{6.39}$$

と表される。これを解釈してみれば ψ_1，ψ_2 の間隔を適宜選択すればすべての

6.6 飽和地盤中の定常流れ

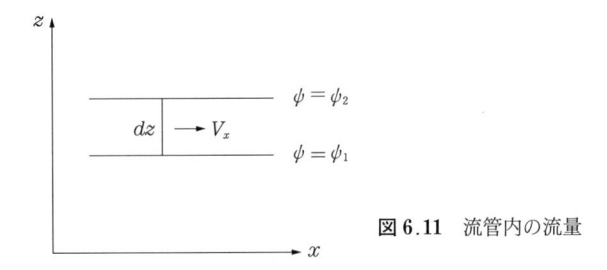

図6.11 流管内の流量

流管で q を等しくすることができるのである。さらにフローネットの形状を正方形にすればフローネットを作図することで直接容易に流量計算や流れ場内の水圧分布，有効応力分布を求めることができる。

作図するときは，境界条件を正しく反映することが必要で**図6.12**に示すように不透水境界面では，流線は境界面に沿って描き，等ポテンシャル線は不透水境界に直交して描く。水面から地盤に流入する場合の流線は地盤面に直交する。流線と等ポテンシャル線はあらゆるところで直交するように描き，流線，等ポテンシャル線で仕切られる四角形は仮想的な円に接するように描く。

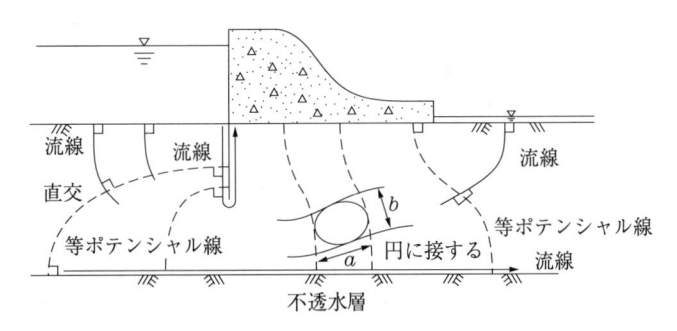

図6.12 フローネットの作図

図6.13には矢板周りの定常流に対するフローネットの作図である。ここで N_d は等ポテンシャル線の仕切数，N_f は流管の数である。各等ポテンシャル線間での水頭損失は

$$\Delta h = \frac{H_1 - H_2}{N_d} = \frac{h}{N_d} \tag{6.40}$$

であるので，ダルシーの法則から流管に流れる奥行き単位幅当りの流量は

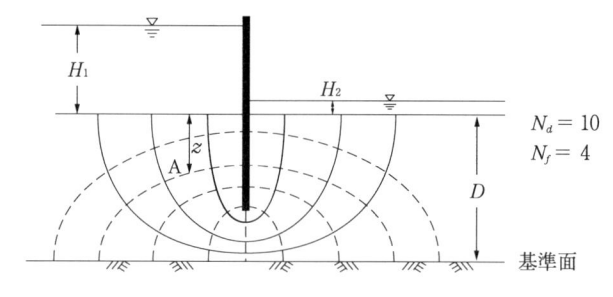

図 6.13 矢板周りの定常透水

$$\varDelta q = k \, \varDelta h \frac{b}{a} \tag{6.41}$$

と求められる。いま正方形フローネットであるので，$a = b$ として

$$\varDelta q = k \, \varDelta h = k \frac{h}{N_d} \tag{6.42}$$

流管が N_f であるので奥行き単位幅当りの全流量は

$$q = kh \frac{N_f}{N_d} = k(H_1 - H_2) \frac{N_f}{N_d} \tag{6.43}$$

と求められる。

層厚 D の透水地盤内の水圧は，図 6.13 中の点 A を例にしてつぎのように計算される。ここで基準面を不透水層上面とする。上流側の透水地盤表面での全水頭は，$H_1 + D$ であり，点 A 上の等ポテンシャル線は，図から明らかなように $-2\varDelta h$ だけ全水頭が小さいので，つぎのように表される。

$$h_A = H_1 + D - 2\varDelta h \tag{6.44}$$

一方，点 A の位置水頭は，$z_A = D - z$ で与えられるので，式(6.15)から点 A での水圧 u_A は

$$\begin{aligned} u_A &= \gamma_w (h_A - z_A) \\ &= \gamma_w (H_1 + z - 2\varDelta h) \\ &= \gamma_w \left\{ H_1 + z - \frac{2(H_1 - H_2)}{N_d} \right\} \end{aligned} \tag{6.45}$$

として計算される。

6.7 飽和地盤中の非定常流れ

非定常な流れ場では，土の圧縮性を考慮する必要が出てくる．基礎方程式は式(6.25)であるが，簡単のために一次元問題を取り扱うときは式(6.21)に注意して

$$\frac{\partial^2 h}{\partial z^2} = \frac{\gamma_w \alpha}{k} \frac{\partial h}{\partial t} \tag{6.46}$$

が出発の基礎方程式となる．

全水頭は，静水圧に相当する水頭 h_0 と過剰間げき水圧 u_e を用いて式(6.15)に従うと

$$h = h_0 + \frac{u_e}{\gamma_w} \tag{6.47}$$

であり

$$\frac{\partial^2 h}{\partial z^2} = \frac{1}{\gamma_w} \frac{\partial^2 u_e}{\partial z^2}, \quad \frac{\partial h}{\partial t} = \frac{1}{\gamma_w} \frac{\partial u_e}{\partial t}$$

に注意すれば，式(6.46)は u_e の表現式として

$$\frac{1}{\gamma_w} \frac{\partial^2 u_e}{\partial z^2} = \frac{\alpha}{k} \frac{\partial u_e}{\partial t} \tag{6.48}$$

となる．

ここで土骨格の体積圧縮率を示す α を

$$\alpha = -\frac{\dfrac{dV}{V}}{d\sigma'} = m_v \tag{6.49}$$

と表すとき，m_v を**体積圧縮係数** (coefficient of volume compressibility) と呼ぶ．m_v を用いれば式(6.48)は

$$\frac{\partial u_e}{\partial t} = \frac{k}{m_v \gamma_w} \frac{\partial^2 u_e}{\partial z^2} = c_v \frac{\partial^2 u_e}{\partial z^2} \tag{6.50}$$

となる．これを**テルツァーギ**（Terzaghi）**の圧密方程式**と呼び，c_v を**圧密係数** (coefficient of consolidation) と呼ぶ．

6.8 流れ場の地盤内応力状態

図 6.14 に示す座標系に対して一次元状態での鉛直方向の力のつりあい式を全応力で表示すれば次式となる。

$$\frac{d\sigma_z}{dz} + \gamma_{\text{sat}} = 0 \tag{6.51}$$

ここで γ_{sat} は土の飽和単位体積重量である。式(2.26)の有効応力の原理

$$\sigma_z = \sigma_z' + u$$

を用いて式(6.51)を有効鉛直応力と間げき水圧で書き直すと次式となる。

$$\frac{d\sigma_z'}{dz} + \frac{du}{dz} + \gamma_{\text{sat}} = 0$$

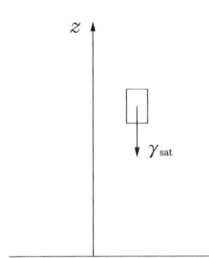

図 6.14 一次元流れ場の有効応力

いま，基準面を $z = z_0$ にとれば全水頭が $h = (z - z_0) + u/\gamma_w$ であり，$i = -dh/dz$ および $\gamma_{\text{sat}} = \gamma' + \gamma_w$ に注意すれば，上式はさらに変形されて

$$\frac{d\sigma_z'}{dz} + \gamma' - i\,\gamma_w = 0 \tag{6.52}$$

となる。

いま上向きの透水が生じており，その動水勾配が i で一定であるとすると式(6.52)は，地表面から下向きにとった深さ $\bar{z}$ に対して

$$\sigma_z' = (\gamma' - i\gamma_w)\,\bar{z} \tag{6.53}$$

となる。鉛直有効応力が 0，すなわち $\sigma_z' = 0$ の条件は

$$\gamma' - i\gamma_w = 0$$

$$\therefore \quad i = \frac{\gamma'}{\gamma_w} = \frac{G_s - 1}{1 + e} = i_{cr} \tag{6.54}$$

となる。このとき土粒子は浮遊状態となり、このような状態を**ボイリング**といい、i_{cr} を**限界動水勾配**と呼ぶ。

6.9 いくつかの境界値問題

6.9.1 Dupuit の仮定

浸潤面を有する流れの近似解法として力を発揮するのが Dupuit（デュピ）の仮定である。Dupuit の仮定とは、図 **6.15** に示すように浸潤面がなだらかな場合

$$v = -k\frac{\Delta h}{\Delta S} \fallingdotseq -k\frac{\Delta z}{\Delta x} \tag{6.55}$$

と近似する方法である。この近似仮定を用いると二次元問題や軸対称問題は解析的に解くことができる。浸潤面勾配の 2 乗が十分小さければ、Dupuit の仮定による誤差は小さい。

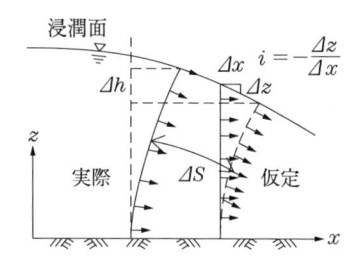

図 6.15 Dupuit の仮定

6.9.2 矩形断面の堤防内の浸透問題

図 **6.16** に示すように、堤防の奥行きの長さを L、浸透流の速度を v、基礎面から計った浸潤面までの高さを z とすると、単位時間当りの流量は $Q = vzL$ で書き表せ、さらに Dupuit の仮定を用いれば Q を表す式は

$$Q = vzL = -kzL\frac{dh}{dx} \fallingdotseq -kzL\frac{dz}{dx}$$

となる。上式を z について積分し、図 6.16 に示された境界条件、$x = 0$ で $z = H_1$、$x = B$ で $z = H_2$ を用いれば

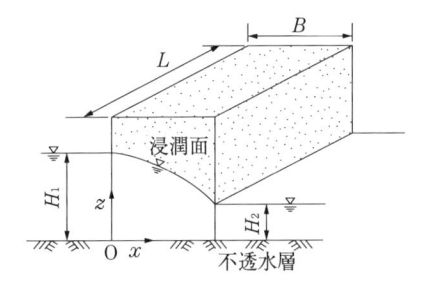

図 6.16 矩形断面の堤防内の浸透

$$Q = kL \frac{H_1^2 - H_2^2}{2B} \tag{6.56}$$

と浸透流量が求まる。

6.9.3　台形断面のフィルダム内の浸透問題

台形断面の場合でも基本式は矩形断面と同じで，単位の奥行きに関する単位時間当りの流量 q は次式で表される。

$$q = kz \frac{dz}{dx} \tag{6.57}$$

積分して

$$qx = k\frac{z^2}{2} + C \tag{6.58}$$

となる。これは浸潤面が放物線形状であることを表しており，基準放物線と呼ぶ。式(6.57)，(6.58)は浸出点（**図 6.17** の点 F）でも成立しているので，図の表示を参照して

$$q = k\lambda \sin \beta \tan \beta \tag{6.59}$$

$$q\lambda \cos \beta = \frac{k}{2}\lambda^2 \sin^2 \beta + C \tag{6.60}$$

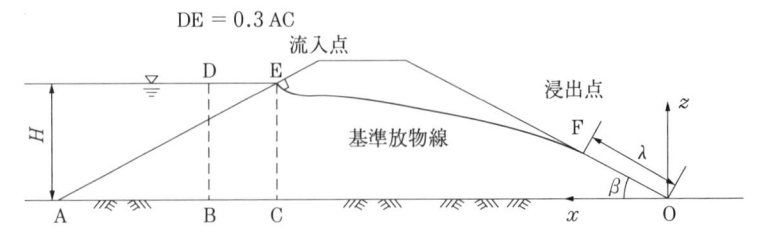

図 6.17　台形断面のフィルダム内の浸透

が得られる。なお浸潤面が斜面に接する条件から $dz/dx = \tan\beta$ に注意する。

基準放物線が貯水面と交わる点に関しては，実験事実として $\mathrm{DE} = 0.3\,\mathrm{AC}$ としてよい。これも基準放物線上にあるとすれば $\mathrm{OB} = l$ として

$$ql = \frac{kH^2}{2} + C \tag{6.61}$$

となる。

以上の式(6.58)〜(6.61)を用いて流量は

$$q = k\left(\frac{l}{\cos\beta} - \sqrt{\frac{l^2}{\cos^2\beta} - \frac{H^2}{\sin^2\beta}}\right)\sin\beta\tan\beta \tag{6.62}$$

として導くことができる。

6.9.4 掘抜き井戸

被圧帯水層まで掘って水をくみ上げる井戸を掘抜き井戸という（図 6.18）。この場合，水の動きは不透水層に挟まれた厚さ D の帯水層内に限られる。したがって，ダルシーの法則から放射方向の流速は z に無関係に

$$v = k\frac{dh}{dr}$$

と書け，半径 r の厚さ D の円盤周面からの揚水量は

$$Q = 2\pi r D k \frac{dh}{dr} \tag{6.63}$$

と一階の常微分方程式で表現される。これを変数分離して解くと

$$Q \ln r = 2\pi k D h + C$$

となり，2点での位置と全水頭 h が，$r = r_1$ で $h = h_1$，$r = r_2$ で $h = h_2$ と

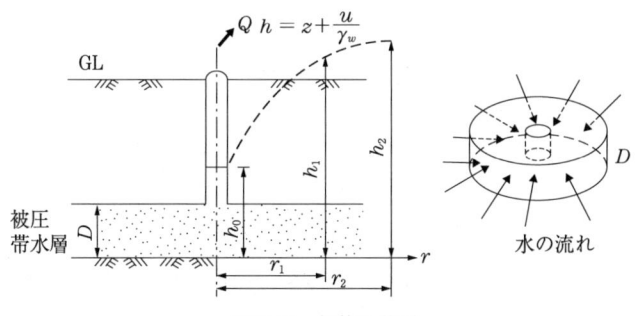

図 6.18 掘抜き井戸

既知であれば揚水量は

$$Q = \frac{2\pi kD\,(h_1 - h_2)}{\ln\left(\dfrac{r_1}{r_2}\right)} \tag{6.64}$$

と求まる。

6.9.5 深井戸

深井戸は掘抜き井戸とは異なり，帯水層が地表面にまで達しているので揚水に伴って浸潤面が形成される（図 6.19）。Dupuit の仮定，ダルシーの法則を用いると揚水流量は

$$Q = 2\pi krz\frac{dz}{dr} \tag{6.65}$$

なる一次の常微分方程式となる。式(6.63)との違いは掘抜き井戸の場合は帯水層厚さが D と一定であったのが深井戸の場合には z と変数になっていることである。式(6.66)を積分して 2 地点での観測情報が $r = r_1$ で $z = z_1$，$r = r_2$ で $z = z_2$ と求められれば次式で揚水量を求めることができる。

$$Q = \frac{\pi k\,(z_1{}^2 - z_2{}^2)}{\ln\left(\dfrac{r_1}{r_2}\right)} \tag{6.66}$$

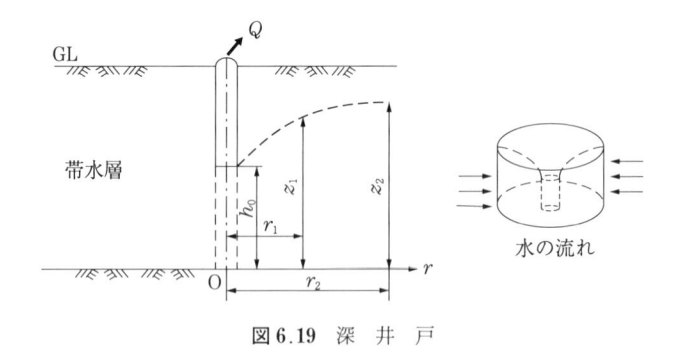

図 6.19 深井戸

6.10 圧　　　密

載荷や除荷によって飽和粘土地盤中の全応力の変化に伴い，地盤中には**過剰**

間げき水圧 (excess pore water pressure) が発生し，それが静水圧分布状態に至るまで長時間をかけて過剰間げき水圧が消散していく。そして過剰間げき水圧の消散と連動して粘土地盤は圧縮していく。この時間依存の圧縮現象を圧密 (consolidation) と呼ぶ。

6.10.1 一次元圧密方程式

先に 6.7 節において，飽和地盤中の非定常状態の流れの基本方程式から，式 (6.50) で表せる一次元圧密方程式を導いた。ここで別な角度から圧密方程式を導く。図 6.20 は土要素の圧縮と水の流れの関係を説明する図である。深さ z にある断面積 A，厚さ δz の土要素を考えよう。土要素上面と下面での静水圧と過剰間げき水圧を図中のように表示する。これから有効応力変化に伴う土骨格の体積変化と，土要素から流出する単位時間当りの水の体積が等しいとの条件から方程式を導く。まず $\delta\sigma'$ の有効応力変化によって微小な層厚 δz は

$$\delta h = -m_v \delta z \delta\sigma' \tag{6.67}$$

の分だけ縮む。断面積を A，単位時間当りの流量を q とすれば流入・流出する水の体積収支は

$$A\delta h = -\delta q \delta t \tag{6.68}$$

と書ける。したがって，式 (6.67) と式 (6.68) を用い，かつ極限をとれば

$$\frac{\partial q}{\partial z} = Am_v \frac{\partial \sigma'}{\partial t} \tag{6.69}$$

が得られる。土中の間げき流体の流速はダルシーの法則から

$$v = \frac{q}{A} = ki \tag{6.70}$$

であり，動水勾配の定義式から

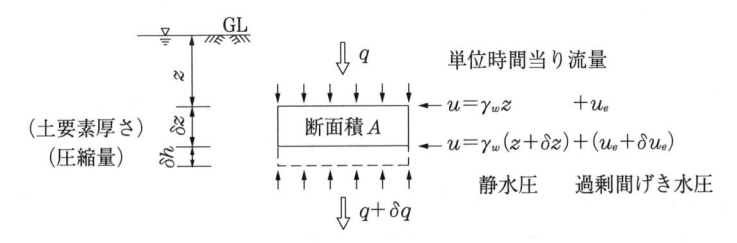

図 6.20 土要素の圧縮と水の流れ

$$i = -\frac{1}{\gamma_w}\frac{\partial u_e}{\partial z} \tag{6.71}$$

である。

式(6.70),(6.71)を式(6.69)に代入すると,式(6.69)の左辺はつぎのように変形される。

$$\frac{\partial q}{\partial z} = -\frac{Ak}{\gamma_w}\frac{\partial}{\partial z}\left(\frac{\partial u_e}{\partial z}\right) = -\frac{Ak}{\gamma_w}\frac{\partial^2 u_e}{\partial z^2} \tag{6.72}$$

式(6.69)と式(6.72)から

$$\frac{k}{m_v\gamma_w}\frac{\partial^2 u_e}{\partial z^2} = -\frac{\partial \sigma'}{\partial t} \tag{6.73}$$

が得られる。ここで有効応力の原理を用いる。

$$\sigma' = \sigma - u = \sigma - (\gamma_w z + u_e) \tag{6.74}$$

ここで $\gamma_w z$ は静水圧である。

式(6.74)を時間 t に関して微分すると

$$\frac{\partial \sigma'}{\partial t} = \frac{\partial \sigma}{\partial t} - \frac{\partial u_e}{\partial t} \tag{6.75}$$

となる。一定荷重であれば,全応力の時間変化を示す第1項は0で結局,式(6.73)から

$$c_v\frac{\partial^2 u_e}{\partial z^2} = \frac{\partial u_e}{\partial t},\ \ c_v = \frac{k}{m_v\gamma_w} \tag{6.76}$$

と過剰間げき水圧に関する式が導ける。これは式(6.50)と一致し,一次元のテルツァーギの圧密方程式と呼ばれる。

6.10.2 等 時 曲 線

図 6.21 は,底面が不透水層に接した粘土層表面に排水層として砂層を薄く敷き,その上に盛土の建設(載荷圧力 $= \Delta\sigma$)をしたときの地盤内の水圧分布をそれぞれの深さでの水頭で表示したもので,図中には静水圧成分と過剰間げき水圧成分に分けて模式的に描いている。載荷直後の過剰間げき水圧は,深さによらず一定で $u_e = \Delta\sigma$ の値を持つ。水頭で示せば $h = u_e/\gamma_w$ である。その後,時間の経過につれて圧密が進行し,過剰間げき水圧は順次消散して最終的に 0 になる。その消散の速度は排水層までの距離が短い方が早い。この過剰間

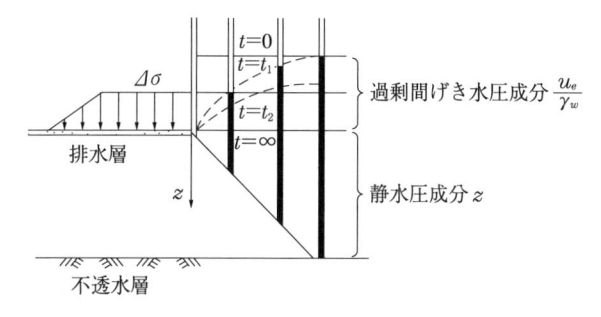

図 6.21 圧密時の地盤内水圧分布の変化

げき水圧成分の深さ方向分布を経過時間ごとに描いたのが**図 6.22**(b)で**等時曲線**（アイソクローン；isochrone）と呼ぶ。時間の経過につれて排水層に接するところから過剰間げき水圧の消散が始まり，順次深い点での過剰間げき水圧が減少していく。もし z_1, z_2, z_3 と深さの異なる点で過剰間げき水圧の時間変化を観測したとすれば過剰間げき水圧の経時変化として図(c)のようなグラフが書けるはずである。

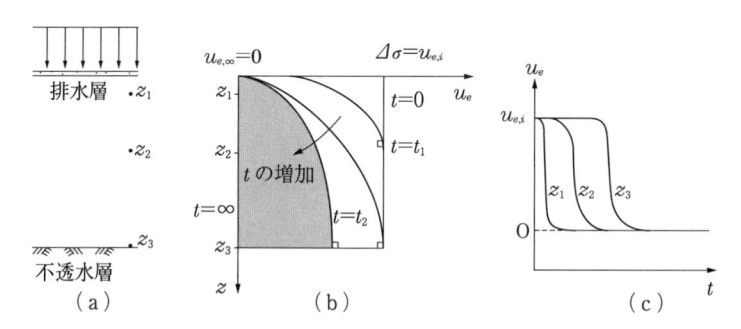

図 6.22 等時曲線と過剰間げき水圧の経時変化

等時曲線の深さ方向の勾配は式(6.71)から動水勾配と次式で関係付けられる。

$$\frac{\partial u_e}{\partial z} = -i\gamma_w \tag{6.77}$$

ダルシーの法則から透水速度は

$$v = -\frac{k}{\gamma_w}\frac{\partial u_e}{\partial z} \tag{6.78}$$

と表される．過剰間げき水圧の消散の開始，すなわち透水が開始しはじめる深さでは等時曲線の勾配は 0 である〔図(b)〕．

　盛土の高さが一定で全応力が一定の場合，過剰間げき水圧の減少はそのまま有効応力の増加に直結するので，その部分での土の圧縮が起こる．図(b)の等時曲線の左側斜線部分は残存する過剰間げき水圧を表し，右側は有効応力の増分を示していることになる．それ故，等時曲線から沈下量を計算することができるはずである．

　土粒子も水も非圧縮性と考えてよいので，ある深さでの沈下を S と表示すれば沈下速度は，その面での透水速度に等しいので式(6.78)から

$$\frac{\partial S}{\partial t} = \frac{k}{\gamma_w}\frac{\partial u_e}{\partial z} \tag{6.79}$$

が成立する．

　図 6.23 に示すように時刻 $t = t_1$ から $t = t_2$ に等時曲線が移行したとき層厚 δz の薄層の圧縮量は

$$\delta h = -m_v \delta z \delta \sigma' \tag{6.80}$$

で表示される．

　もし荷重一定ならば，全応力一定で有効応力の原理から

$$\delta \sigma' = -\delta u_e \tag{6.81}$$

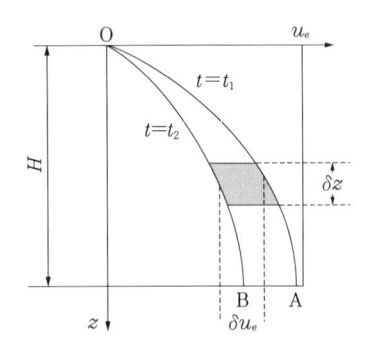

図 6.23　等時曲線を利用した沈下量の計算

であるので

$$\delta h = m_v \delta z \delta u_e \tag{6.82}$$

と書ける。これを全層厚について積分すれば，表面沈下量の増分として

$$\delta S = m_v \times 面積\,\mathrm{OAB} \tag{6.83}$$

で計算される。

6.10.3 放物線等時曲線による一次元圧密方程式の解法

式(6.76)の厳密解に比べて直観的に理解しやすい解法として放物線等時曲線を用いた一次元圧密方程式の解法がある。

計算は等時曲線が，最長の排水距離に達する前と後で2段階に分けて計算する。

(1) 最長の排水距離に達していない場合（図 6.24）

放物線より下の面積は図中右に示した説明より底辺 × 高さ ÷ 3 で示されるから式(6.83)を適用して圧密沈下量は

$$\Delta S_t = m_v \times 面積\,\mathrm{OAB} = \frac{1}{3} m_v n \Delta\sigma \tag{6.84}$$

が得られる。全応力増分は圧密中一定であるので式(6.84)の両辺を時間 t で微分して

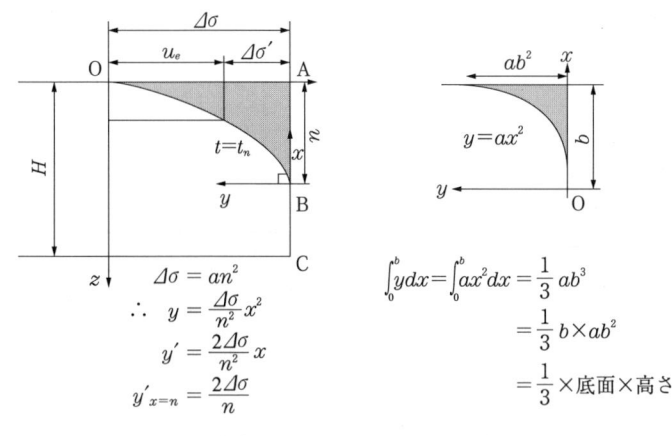

$$\Delta\sigma = an^2$$
$$\therefore\ y = \frac{\Delta\sigma}{n^2} x^2$$
$$y' = \frac{2\Delta\sigma}{n^2} x$$
$$y'_{x=n} = \frac{2\Delta\sigma}{n}$$

$$\int_0^b y\,dx = \int_0^b ax^2\,dx = \frac{1}{3} ab^3$$
$$= \frac{1}{3} b \times ab^2$$
$$= \frac{1}{3} \times 底面 \times 高さ$$

図 6.24 放物線等時曲線による沈下量計算（a）

$$\frac{dS_t}{dt} = \frac{1}{3} m_v \Delta\sigma \frac{dn}{dt} \tag{6.85}$$

が得られる。

地表面の沈下速度は，式(6.79)に示されたように地表面での放物線の接線勾配 $2\Delta\sigma/n$（図中左下に式の誘導を示した）に k/γ_w を掛ければよいので

$$\frac{dS_t}{dt} = \frac{k}{\gamma_w} \frac{2\Delta\sigma}{n} \tag{6.86}$$

が得られる。

したがって式(6.85), (6.86)から

$$n \frac{dn}{dt} = 6 \frac{k}{m_v \gamma_w} = 6 c_v \tag{6.87}$$

が求まる。式(6.87)を積分して $n^2/2 = 6c_v t + C$ が求まる。積分定数 C は $t = 0$ で $n = 0$ なる境界条件を用いれば $C = 0$

$$n = \sqrt{12 c_v t} \tag{6.88}$$

が得られる。

式(6.88)は時間 t の時点ではこの値より深いところでは圧密は進行していないことを示している。

式(6.88)の結果を式(6.84)に戻せば時刻 t での地表面での沈下量は

$$\Delta S_t = \frac{1}{3} m_v \Delta\sigma \sqrt{12 c_v t} \tag{6.89}$$

と表せる。

最終沈下量は，圧密層厚を H として

$$\Delta S_\infty = m_v H \Delta\sigma \tag{6.90}$$

と書ける。**図 6.25** に示すようにある時間 t での沈下量の最終沈下量の比として**平均圧密度**（average degree of consolidation）が定義される。すなわち式(6.89), (6.90)より

$$U(t) = \frac{\Delta S_t}{\Delta S_\infty} = \frac{2}{\sqrt{3}} \sqrt{\frac{c_v t}{H^2}} \tag{6.91}$$

と表示される。ここで**時間係数**（time factor）を

6.10 圧　密

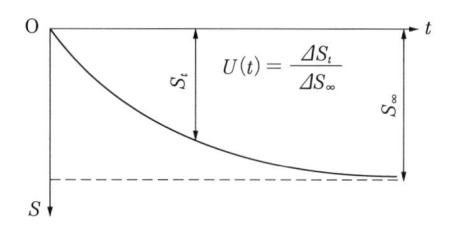

図 6.25　平均圧密度の定義

$$T_v = \frac{c_v t}{H^2} \tag{6.92}$$

と定義すれば式(6.91)から，平均圧密度と時間係数の関係式として

$$U(t) = \frac{2}{\sqrt{3}}\sqrt{T_v} \tag{6.93}$$

が得られる。

もちろんこの解は，n が C 点に達するまでで，その条件は平均圧密度が $U(t) = 0.33$，時間係数が $T_v = 1/12$ までである。

（2）　最長の排水距離に達した後の場合（**図 6.26**）

計算方法は(1)の場合と同様である。図 6.26 を参照しつつ(1)と対応する式はつぎのように求まる。

沈下量は図 6.26 の □ABCD の面積と OAD の面積の和で表されるので

$$\Delta S_t = m_v \left\{ (1-m)\Delta\sigma H + \frac{1}{3}m\Delta\sigma H \right\}$$

$$y = \frac{m\Delta\sigma}{H^2} x^2$$

$$y' = \frac{2m\Delta\sigma}{H^2} x$$

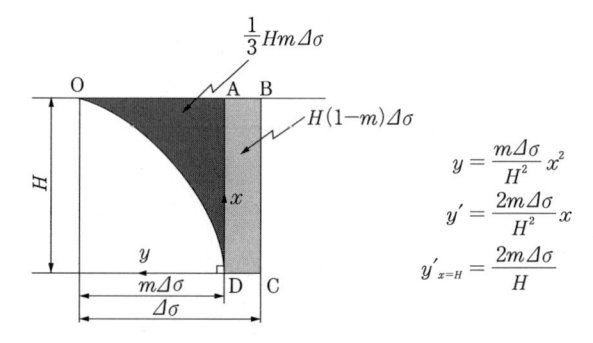

$$y'_{x=H} = \frac{2m\Delta\sigma}{H}$$

図 6.26　放物線等時曲線による沈下量計算（b）

$$\Delta S_t = m_v \Delta \sigma H \left(1 - \frac{2}{3}m\right) \tag{6.94}$$

となる。沈下速度は，表面での微係数が $2m\Delta\sigma/H$ であるので

$$\frac{dS_t}{dt} = -\frac{2}{3} m_v \Delta \sigma H \frac{dm}{dt} = \frac{k}{\gamma_w} \frac{2m\Delta\sigma}{H} \tag{6.95}$$

となる。したがって

$$\frac{1}{m}\frac{dm}{dt} = -\frac{3c_v}{H^2} = -\frac{1}{t}3T_v \tag{6.96}$$

が導ける。式(6.96)を積分して，$\ln m = -3c_v t/H^2 + C$ が求まり，$t = t_c$ で $T_v = 1/12$，$m = 1$，$t = \infty$ で $m = 0$ の条件より，積分定数は $C = 1/4$ と求まる。したがって

$$m = \exp\left(\frac{1}{4} - 3T_v\right) \tag{6.97}$$

が得られる。

以上より表面沈下および平均圧密度と時間係数の関係式は

$$\Delta S_t = m_v H \Delta \sigma \left\{1 - \frac{2}{3}\exp\left(\frac{1}{4} - 3T_v\right)\right\} \tag{6.98}$$

$$U(t) = 1 - \frac{2}{3}\exp\left(\frac{1}{4} - 3T_v\right) \tag{6.99}$$

となる。

6.10.4 フーリエ級数を用いた解

式(6.76)はフーリエ級数を用いて解くことができ，初期過剰間げき水圧の深さ方向の分布が直線形状の場合，平均圧密度と時間係数の関係は以下の式で与えられる。

$$U(t) = 1 - \sum_{m=0}^{\infty} \frac{2}{M^2}\exp(-M^2 T_v) \tag{6.100}$$

ここで $M = (1/2)\pi(2m+1)$ である。

平均圧密度が 0.6 以下では

$$U(t) = \frac{2}{\sqrt{\pi}}\sqrt{T_v} \tag{6.101}$$

と近似される。これは式(6.93)に示した放物線解と比較すれば π に 3 を代入

6.10 圧　　　密

図 6.27 に示されたグラフ：
- $U(t) = \dfrac{2}{\sqrt{3}}\sqrt{T_v}$
- $U(t) = 1 - \dfrac{2}{3}\exp\left(\dfrac{1}{4} - 3T_v\right)$

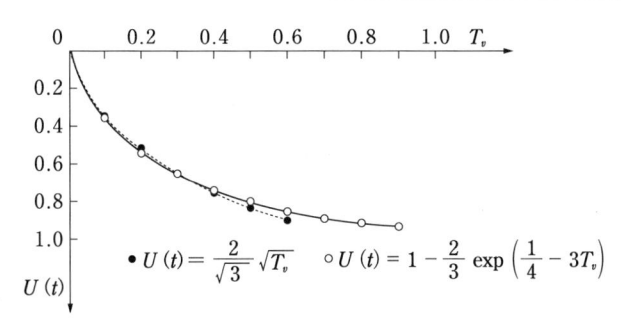

図 6.27 平均圧密度と時間係数の関係

したものとなっている。放物線解の精度の程度が理解されよう。またこの関係式は，試験から圧密係数を求めるのに利用され，$\sqrt{t}$ 法として知られる（第10章参照）。図 6.27 に式 (6.93) と式 (6.99) のグラフを示した。

6.10.5　沈下量─時間関係の予測

第3章の設計課題で粘土層上の盛土の問題を考えた。そのとき軟弱粘土層の沈下量を計算する必要があった。いままでの準備で沈下量の予測に必要な情報と計算手法の準備が整った。必要なのは，最終沈下量の予測と，平均圧密度と時間係数の関係である。

$$S_f = m_v H \Delta\sigma \tag{6.102}$$

$$U(t) = \frac{S_t}{S_\infty} = f(T_v) \tag{6.103}$$

$$S_t = U(t) S_\infty f(T_v) \tag{6.104}$$

$$T_v = \frac{c_v t}{H^2} \tag{6.105}$$

図 6.28 を参照しつつ計算手順を説明すれば以下のようである。

（1）圧密層厚 H を計測する。これは柱状図から判断する〔図(a)〕。

（2）排水層を判断する。これも柱状図から判断する。ただし，排水層は連続性が確認され，かつ，圧密層の透水係数に比べて十分大きくなければならない〔図(a)〕。

（3）排水距離を計算する。両面排水ならば排水距離は圧密層厚の半分で

図 6.28　沈下量—時間関係の計算

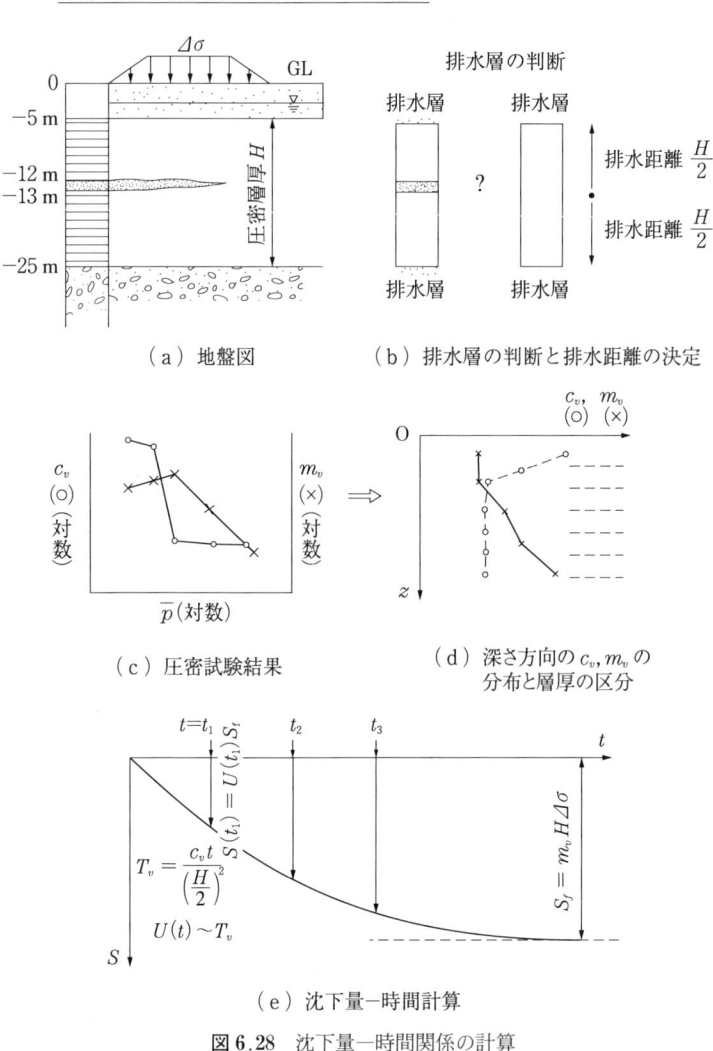

$H/2$，片面排水ならば排水距離は圧密層厚 H とする〔図(b)〕。

(4) 第 10 章で説明する圧密試験から c_v, m_v を求める〔図(c), (d)〕。

(5) 盛土荷重から地中の応力増分を計算する（一次元状態ならば，盛土荷重そのものが作用する）。

(6) 最終沈下量を式(6.102)から求める。

(7) 実時間 t を定め,式(6.105)から時間係数 T_v を計算する。

(8) 初期過剰間げき水圧形状に従って,平均圧密度―時間係数関係式〔式(6.93),(6.99),(6.101)など〕から T_v に対応する平均圧密度を計算する。

(9) 最終沈下量に平均圧密度を掛けて,時刻 t の沈下量 S_t とする〔式(6.104)〕。

(10) $t+\Delta t$ として(7)から(9)を繰り返し,沈下量―時間関係を描く〔図(e)〕。

第7章 地盤の変形解析

7.1 はじめに

地表面に幅 B の帯基礎があるとしよう。そこに鉛直荷重 Q を基礎に加えると基礎は鉛直方向に沈下量 S だけ沈下する。この関係を単位幅当りの鉛直荷重 $q = Q/B$ と沈下量 S との関係でプロットすると**図7.1(a)** のような曲線が得られる。これを**荷重強度―沈下量曲線**と呼ぶ（しばしば荷重―沈下曲線と略して呼ばれる）。荷重強度と沈下量の関係は，荷重強度が小さいときは載荷・除荷のサイクルで荷重強度―沈下量曲線がほぼ一致しており，弾性的な挙動が見て取れる。さらに荷重強度を高めると曲線は非線形性を増してついには最大荷重強度に至り，地盤は破壊していく。鉛直の抗土圧構造物の壁部分に作用する土圧と壁の水平変位についての関係を示したのが図(b)である。ここでも図(a)と同様に変位初期の弾性的な挙動の後に最終的な破壊に至るが，壁を押す側の変位と壁が押される側の変位とでは土圧―変位曲線の形状が大きく異なることが特徴的である。

土構造物，基礎構造物および抗土圧構造物では，**2段階設計**が行われる。すなわち，構造物が供用中に作用する荷重範囲では構造物機能が許容する変形以内であることを保証する**使用限界状態設計**と，構造物がその寿命期間内に遭遇するかもしれない最大荷重に対しても人命に対する危険を回避する**終局限界状態設計**の2段階設計を行うのである。図で示せば図(c)の二つの直線部に着目した設計となる。中間の非線形な荷重―沈下，土圧―変位関係の追跡は，さら

7.1 はじめに

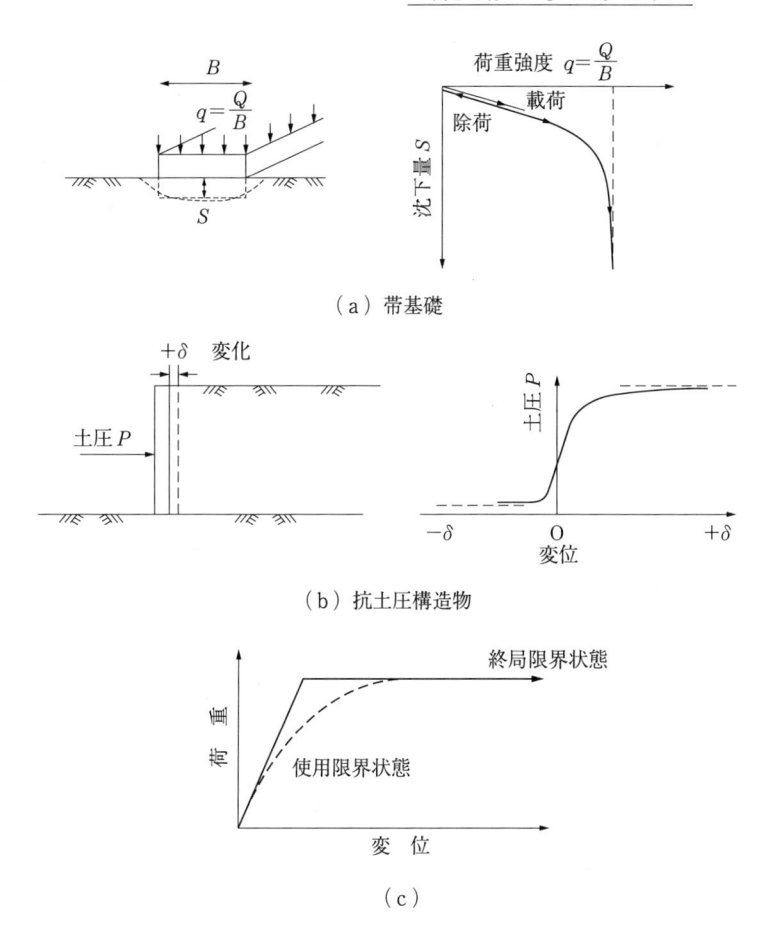

(a) 帯基礎

(b) 抗土圧構造物

(c)

図7.1 載荷重と地盤変位

に高精度の設計要求がある場合に行われ，それには土要素の非線形挙動モデルと計算機の利用を前提とした数値解析手法が必要となる．このような理由で第7章は地盤の変形解析の説明を行い，第8章で地盤の破壊解析を論じる．第9章では土要素の非線形挙動のモデル化について説明する．

本章ではおもに弾性力学の知識を援用した地盤の変位解析を中心に説明を行い，地盤の変形問題を扱う．その準備段階としてまず，応力，ひずみ，力のつりあいの基本的な約束事を整理しておくことにする．

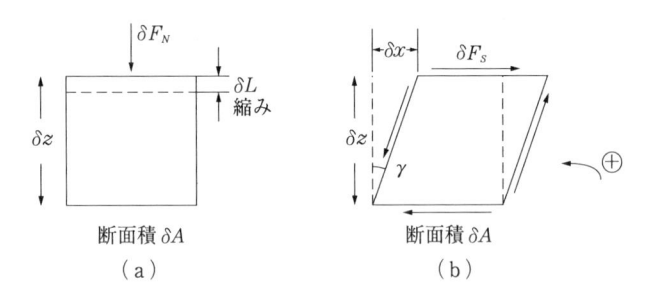

7.2 応力とひずみ
7.2.1 応力とひずみの定義

図7.2に示すように土要素を考え，断面積 δA の面に垂直な力 δF_N が作用しているときに垂直力と断面積との比をとり，断面積を極限まで微小にしたものを**直応力**（normal stress）と呼ぶ．ここで圧縮を正とする．

$$\sigma = \lim_{\delta A \to 0} \frac{\delta F_N}{\delta A} \tag{7.1}$$

図7.2 応力とひずみの定義

断面積 δA の面に平行な力 δF_S が作用している場合，直応力と同様に δF_S と δA との比に関して，断面積を極限まで微小にしたつぎの値を**せん断応力**（shear stress）と呼ぶ．

$$\tau = \lim_{\delta A \to 0} \frac{\delta F_S}{\delta A} \tag{7.2}$$

ここで同図に示したように反時計回りを正とする．

この直応力の変化に応じて δz の長さの土要素が，δL だけ縮むとき，初期の長さに対して縮みの比の極限をとる．これを**直ひずみ**（normal strain）と呼び，縮みを正とする．

$$\varepsilon = \lim_{\delta z \to 0} \frac{\delta L}{\delta z} \tag{7.3}$$

同様にせん断応力の変化に応じて発生する土要素の角変形を**せん断ひずみ**（shear strain）と定義し，それぞれ式(7.4)で示す．なお同図に示す方向を正とする．

$$\gamma = \lim_{\delta z \to 0} \frac{\delta x}{\delta z} \tag{7.4}$$

7.2.2 応力成分

図7.3に示す二次元の要素の各面には直応力とせん断応力がともに作用している。ここで微小な正方形OABCに作用する応力状態を考える。そこには面OAに作用するx軸方向の直応力σ_x,z軸に平行なせん断応力τ_{xz}が作用し,面OCにはz軸方向の直応力σ_z,x軸に平行なせん断応力τ_{zx}をがそれぞれ作用している。この四つの応力成分は,微小要素の極限状態を考えると,点Oでの応力状態を示すことになる。さらに要素のモーメントのつりあい条件から

$$\tau_{xz} = \tau_{zx} \tag{7.5}$$

であるので,結局点Oの応力状態は,$(\sigma_x, \sigma_z, \tau_{xz})$の3成分で記述されることになる。

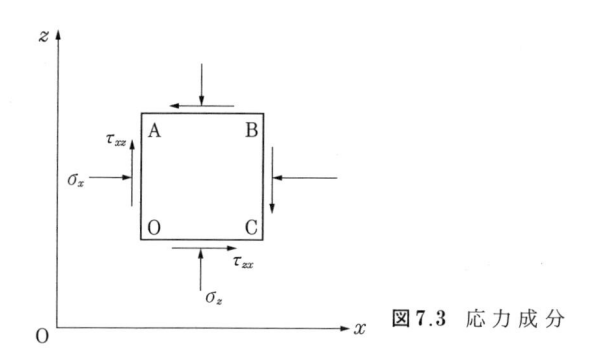

図7.3 応力成分

7.2.3 モールの応力円

点Oでの$(\sigma_x, \sigma_z, \tau_{zx})$の3成分が既知ならば,任意の角度$\theta$だけ回転した面における応力状態$\sigma_\theta, \tau_\theta$を求めることができる。図7.3のOA面,OC面に作用している応力状態$R(\sigma_x, -\tau_{xz})$,$Q(\sigma_z, \tau_{zx})$を通過する円を描く〔**図7.4(a)**〕。これを**モールの応力円**(Mohr's circle of stress)と呼ぶ。ここで**極**(pole of Mohr's circle)という概念を導入する。ある面での応力状態を示す点(例えば図7.4のQ)をモール円上で求め,その応力が作用している面と平行に直線QPを引き,モール円との交点を極Pと名付ける。同様な操作をRか

(a) (b)

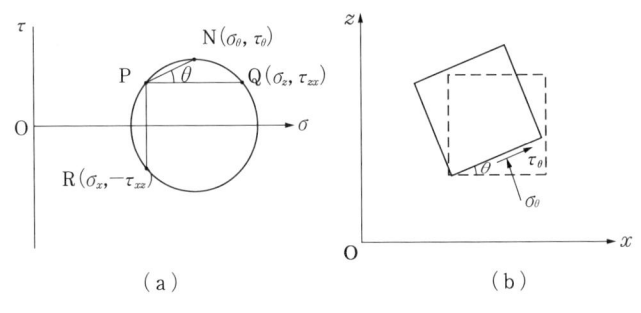

図 7.4 モール円と極

ら行っても交点は同じく P となる。すなわち，モール円には一つの極が存在する。いったん P が定まると，P から任意の角 θ を持つ直線を引くとその交点 N は θ 傾いた面上の応力状態 $\mathrm{N}(\sigma_\theta, \tau_\theta)$ を表している。したがって交点 N は図(b)の $\sigma_\theta, \tau_\theta$ を表示していることになる。このようにしてモール円が定まれば任意の面に作用する応力を求めることが可能となる。

7.2.4 主応力面と主応力

図 7.5 には再度モール円を描いてあり，点 P はこのモール円の極である。応力円は，σ 軸と 2 点で交わっている。すなわち，せん断応力 $\tau = 0$ を示す面が二つ (PT，PS) 存在することを意味している。この $\tau = 0$ の面を**主応力面**と呼び，そこに作用している直応力を**主応力** (principal stress) と呼ぶ。大きい主応力を**最大主応力** σ_1，小さい主応力を**最小主応力** σ_3 という。三次元応力状態ならば図 7.6 に示すように三つのモール円が描け，主応力も三つ存在し，

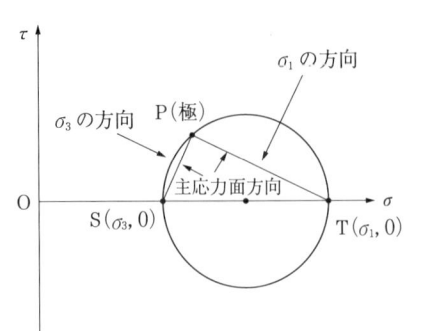

図 7.5 モール円と主応力

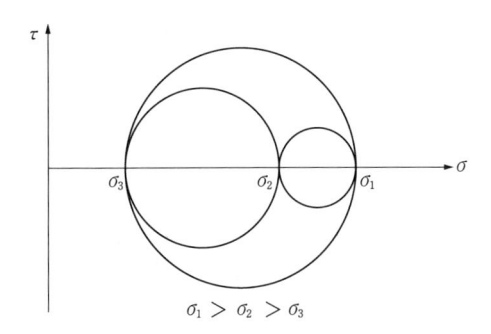

図 7.6 三次元のモール円

$\sigma_1 > \sigma_2 > \sigma_3$ である。ここで σ_2 を**中間主応力**と呼ぶ。

7.2.5 全応力モール円と有効応力モール円

第 1 章では有効応力の原理を説明した。それは次式で表せる。

$$\sigma = \sigma' + u \tag{7.6}$$

ここで σ は全応力 (total stress), σ' は有効応力 (effective stress), u は間げき水圧 (pore water pressure) である。

全応力 σ と有効応力 σ' についてそれぞれモール円を描くと, 図 7.7 のように両者のモール円の直径は同じで, かつ u だけ平行移動した関係として描か

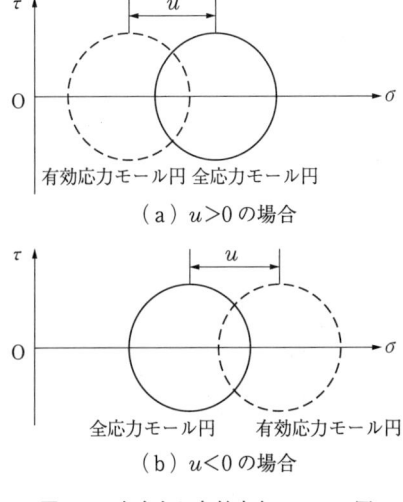

(a) $u>0$ の場合

(b) $u<0$ の場合

図 7.7 全応力と有効応力のモール円

れる。間げき水圧が正，$u > 0$ ならば，有効応力モール円は全応力モール円の左側，間げき水圧が負，$u < 0$ ならば有効応力モール円は全応力モール円の右側に描かれる。ここで，モール円の頂点の座標は $\sigma = (\sigma_1 + \sigma_3)/2$，$\tau = (\sigma_1 - \sigma_3)/2$ となる。土要素の応力状態の変化に伴い，それぞれの応力状態に対応するモール円が描かれる。各モール円の頂点の軌跡を描くと，応力状態の変化を見て取ることができる。このように応力状態の変化の軌跡を**応力経路，応力パス，ストレスパス**（stress path）などと呼ぶ。図 7.8 には例として σ_3 を一定に保持したまま σ_1 を増加させたときの全応力パスを描いてある。

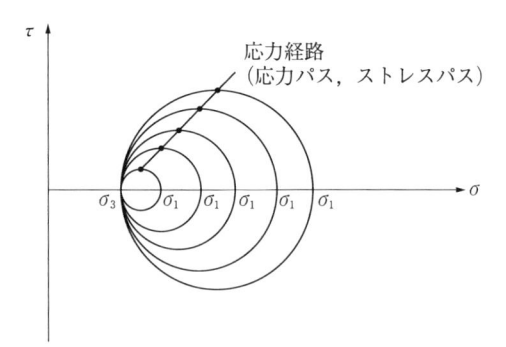

図 7.8　応力経路の例

7.2.6　応力で表示された力のつりあい式

図 7.9 に δx，δz の辺をもつ微小な長方形の各辺に作用している応力成分が描かれている。γ は土の単位体積重量である。相対する辺上の応力の変化は，テイラー展開して一次の微分項までで近似している。すなわち

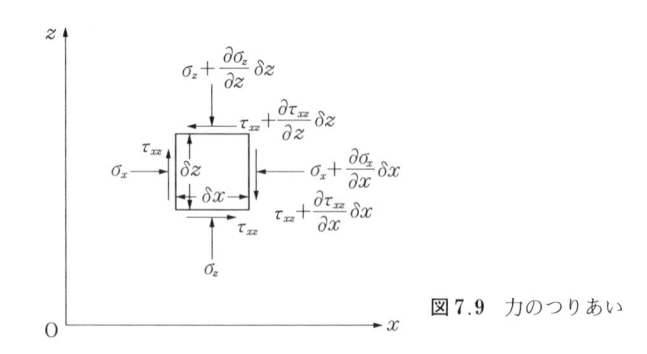

図 7.9　力のつりあい

$$\sigma(x+\delta x) \fallingdotseq \sigma(x) + \frac{\partial \sigma(x)}{\partial x}\delta x \tag{7.7}$$

等である。ここで x, z 方向の力のつりあいをとる。

x 方向の力のつりあい：

$$\sigma_x \delta z - \left(\sigma_x + \frac{\partial \sigma_x}{\partial x}\delta x\right)\delta z + \tau_{xz}\delta x - \left(\tau_{xz} + \frac{\partial \tau_{xz}}{\partial z}\delta z\right)\delta x$$

$$= -\left(\frac{\partial \sigma_x}{\partial x} + \frac{\partial \tau_{xz}}{\partial z}\right)\delta x \delta z = 0$$

z 方向の力のつりあい：

$$\sigma_z \delta x - \left(\sigma_z + \frac{\partial \sigma_z}{\partial z}\delta z\right)\delta x + \tau_{xz}\delta z - \left(\tau_{xz} + \frac{\partial \tau_{xz}}{\partial x}\delta x\right)\delta z - \gamma \delta x \delta z$$

$$= -\left(\frac{\partial \sigma_z}{\partial z} + \frac{\partial \tau_{xz}}{\partial x} + \gamma\right)\delta x \delta z = 0$$

となる。

以上より力のつりあい式は，全応力表示では

$$\frac{\partial \sigma_x}{\partial x} + \frac{\partial \tau_{xz}}{\partial z} = 0$$

$$\frac{\partial \sigma_z}{\partial z} + \frac{\partial \tau_{xz}}{\partial x} + \gamma = 0 \tag{7.8}$$

となる。

これを式(7.6)で表される有効応力の原理に従い

$$\sigma_x = \sigma'_x + u$$

$$\sigma_z = \sigma'_z + u$$

$$\tau_{xz} = \tau'_{xz}$$

のように各全応力を有効応力と間げき水圧で書き直すと

$$\frac{\partial (\sigma'_x + u)}{\partial x} + \frac{\partial \tau_{xz}}{\partial z} = 0$$

$$\frac{\partial (\sigma'_z + u)}{\partial z} + \frac{\partial \tau_{xz}}{\partial x} + \gamma = 0$$

となる。さらに，第6章で説明した動水勾配の定義より

$$\frac{\partial u}{\partial x} = \gamma_w \frac{\partial h_x}{\partial x} = -\gamma_w i_x$$

$$\frac{\partial u}{\partial z} = \gamma_w \frac{\partial h_z}{\partial z} = -\gamma_w i_z \tag{7.9}$$

であるので，式(7.8)の全応力表示のつりあい式は，つぎのように有効応力表示の形に書き直される。

$$\frac{\partial \sigma'_x}{\partial x} + \frac{\partial \tau_{xz}}{\partial z} - \gamma_w i_x = 0$$

$$\frac{\partial \sigma'_z}{\partial z} + \frac{\partial \tau_{xz}}{\partial x} + \gamma - \gamma_w i_z = 0 \tag{7.10}$$

となる。これは第6章で述べた流れがある場合の地盤のつりあい式である。

7.2.7 ひずみ成分

つぎに二次元状態におけるひずみ成分について説明する。**図7.10**には要素OABCがある応力変化に応じてOA′B′C′に変形した状態を描いている。ここで直ひずみを

$$A'B' = OC' = 1 - \varepsilon_x$$

$$A'O = B'C' = 1 - \varepsilon_z \tag{7.11}$$

せん断ひずみを

$$\varepsilon_{xz} = \varepsilon_{zx} \tag{7.12}$$

と定義する。なお工学ひずみは

$$\gamma_{xz} = 2\varepsilon_{xz} \tag{7.13}$$

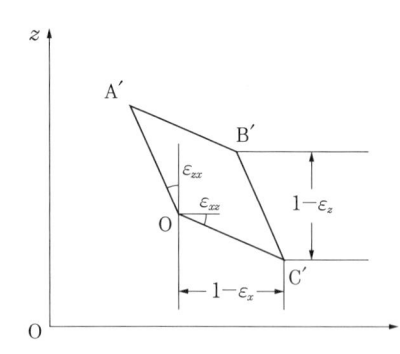

図7.10 ひずみ成分の定義

7.2.8 モールのひずみ円

モールの応力円と同じく,縦軸を工学ひずみの半分 $\gamma/2$,横軸は直ひずみとしてひずみ円を描く(**図 7.11**)。すると主応力と同じく主ひずみ(principal strain)が定義され,それぞれ最大ひずみ,最小ひずみとして $\varepsilon_1, \varepsilon_3$ が存在する。

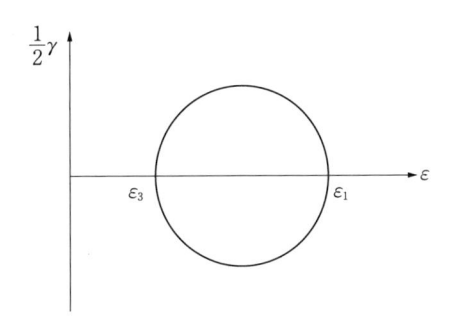

図 7.11 モールのひずみ円と主ひずみ

7.2.9 不変量

いままでの議論から明らかなように一般に応力,ひずみの値は面が規定されて初めて値が決定するので座標軸の取り方によってその値は異なる。しかし,座標軸の取り方によらず不変の量が応力,ひずみに存在する。詳細は,弾性力学,塑性力学などの固体力学の本に譲り,天下り的に不変量としての正八面体応力を次式に与えよう。

$$\sigma_{\mathrm{oct}} = \frac{\sigma_x + \sigma_y + \sigma_z}{3} \tag{7.14}$$

$$\tau_{\mathrm{oct}} = \frac{\{(\sigma_x - \sigma_y)^2 + (\sigma_y - \sigma_z)^2 + (\sigma_z - \sigma_x)^2 + 6\tau_{xy}^2 + 6\tau_{yz}^2 + 6\tau_{zx}^2\}^{\frac{1}{2}}}{9} \tag{7.15}$$

式(7.14),(7.15)を主応力表示で書き直すと

$$\sigma_{\mathrm{oct}} = \frac{\sigma_1 + \sigma_2 + \sigma_3}{3} \tag{7.16}$$

$$\tau_{\mathrm{oct}} = \frac{\{(\sigma_1 - \sigma_2)^2 + (\sigma_2 - \sigma_3)^2 + (\sigma_3 - \sigma_1)^2\}^{\frac{1}{2}}}{3} \tag{7.17}$$

となる。

式(7.16)，(7.17)は三軸応力状態($\sigma_2 = \sigma_3$)ではさらに簡単になり

$$\sigma_{\text{oct}} = \frac{\sigma_1 + 2\sigma_3}{3} \tag{7.18}$$

$$\tau_{\text{oct}} = \frac{\sqrt{2}\,(\sigma_1 - \sigma_3)}{3} \tag{7.19}$$

となる。いま

$$\sigma_{\text{oct}} = \frac{\sigma_1 + 2\sigma_3}{3} = p \tag{7.20}$$

$$\tau_{\text{oct}} = \frac{\sqrt{2}\,(\sigma_1 - \sigma_3)}{3} = \frac{\sqrt{2}}{3}\,q \tag{7.21}$$

なる $p,\ q$ を応力量として選択する。すなわち

$$p = \frac{\sigma_1 + 2\sigma_3}{3} \tag{7.22}$$

$$q = \sigma_1 - \sigma_3 \tag{7.23}$$

である。式(7.22)，(7.23)を有効応力で示せば

$$p' = \frac{\sigma_1' + 2\sigma_3'}{3} \tag{7.24}$$

$$q = \sigma_1' - \sigma_3' = \sigma_1 - \sigma_3 \tag{7.25}$$

となる。p' を**平均有効主応力** (mean effective principal stress)，q を**軸差応力** (deviator stress) と呼ぶ。

ひずみについても同様に

$$\varepsilon_{\text{oct}} = \frac{\varepsilon_1 + \varepsilon_2 + \varepsilon_3}{3} \tag{7.26}$$

$$\gamma_{\text{oct}} = \frac{2}{3}\{(\varepsilon_1 - \varepsilon_2)^2 + (\varepsilon_2 - \varepsilon_3)^2 + (\varepsilon_3 - \varepsilon_1)^2\}^{\frac{1}{2}} \tag{7.27}$$

に対して

$$\varepsilon_p = 3\varepsilon_{\text{oct}} = \varepsilon_1 + \varepsilon_2 + \varepsilon_3 \tag{7.28}$$

$$\varepsilon_q = \frac{1}{\sqrt{2}}\,\gamma_{\text{oct}} \tag{7.29}$$

をとる。

三軸ひずみ状態では

$$\varepsilon_p = \varepsilon_1 + 2\varepsilon_3 \tag{7.30}$$

$$\varepsilon_q = \frac{2}{3}(\varepsilon_1 - \varepsilon_3) \tag{7.31}$$

となる。このように応力 p, q とひずみ ε_p (体積ひずみ)，ε_q (せん断ひずみ) を選択するとつぎに説明するように応力とひずみの力学的整合性が保たれる。

7.2.10 応力とひずみの対応

単位体積当りの外力によってなされる仕事を計算する。各辺が主応力面であり辺長が x, y, z (体積 $V = xyz$) の直方体に外力によってなされる仕事は，辺のそれぞれの変化量 $\delta x, \delta y, \delta z$ に対して

$$\delta W = F_x(-\delta x) + F_y(-\delta y) + F_z(-\delta z) - u\delta V_w \tag{7.32}$$

と書ける。ここで u は間げき水圧，δV_w は要素から流出する水の体積を示す。式(7.32)を単位体積当りに直すと

$$\begin{aligned}\frac{\delta W}{V} &= \frac{\delta W}{xyz} = \frac{F_x}{yz}\left(\frac{-\delta x}{x}\right) + \frac{F_y}{zx}\left(\frac{-\delta y}{y}\right) \\ &\quad + \frac{F_z}{xy}\left(\frac{-\delta z}{z}\right) - u\frac{\delta V_w}{V} \\ &= \sigma_1\delta\varepsilon_1 + \sigma_2\delta\varepsilon_2 + \sigma_3\delta\varepsilon_3 - u\delta\varepsilon_p\end{aligned} \tag{7.33}$$

と変形できる。ここで $\delta V_w/V$ は体積ひずみ増分を表しており，ε_p の増分 $\delta\varepsilon_p$ に等しい。すなわち式(7.28)から

$$u\delta\varepsilon_p = u(\delta\varepsilon_1 + \delta\varepsilon_2 + \delta\varepsilon_3) \tag{7.34}$$

であるので，式(7.33)を有効応力で表示して

$$\frac{\delta W}{V} = \sigma'_1\delta\varepsilon_1 + \sigma'_2\delta\varepsilon_2 + \sigma'_3\delta\varepsilon_3 \tag{7.35}$$

p', q で表示すれば

$$\frac{\delta W}{V} = q\delta\varepsilon_q + p'\delta\varepsilon_p \tag{7.36}$$

三軸応力状態では $\sigma'_2 = \sigma'_3$, $\varepsilon_2 = \varepsilon_3$ であるので

$$\frac{\delta W}{V} = \sigma'_1 \delta\varepsilon_1 + 2\sigma'_3 \delta\varepsilon_3 \tag{7.37}$$

となる。

7.3 弾性体の応力ひずみ関係

応力とひずみの間に成り立つ式を構成式という。弾性体の構成式はフックの法則として知られる。図 7.12 に示すように長さ L,直径 D,断面積 A の円棒を引張り力 P で引き伸ばすと長さは $\mathit{\Delta} L$ 伸び,直径は $\mathit{\Delta} D$ だけ縮む。実験事実として単位面積当りの力,P/A は $\mathit{\Delta} L/L$ に比例し,$\mathit{\Delta} D/D$ も $\mathit{\Delta} L/L$ に比例する。この実験事実は

$$E = \frac{\dfrac{P}{A}}{\dfrac{\mathit{\Delta} L}{L}} = \frac{\delta\sigma_x}{\delta\varepsilon_x} \tag{7.38}$$

$$\nu = -\frac{\dfrac{\mathit{\Delta} D}{D}}{\dfrac{\mathit{\Delta} L}{L}} = -\frac{\delta\varepsilon_y}{\delta\varepsilon_x} \tag{7.39}$$

と書くことができ,式(7.38),(7.39)に現れる二つの比例係数で弾性体の挙動が記述され,それぞれ E を**ヤング率**,ν を**ポアソン比**と呼ぶ。式(7.38),(7.39)は

$$\delta\sigma_x = E\delta\varepsilon_x \tag{7.40}$$

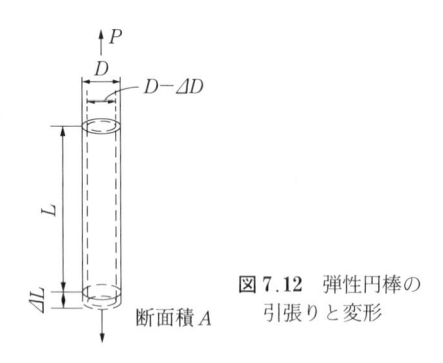

図 7.12 弾性円棒の引張りと変形

$$\delta\varepsilon_y = -\nu\delta\varepsilon_x \tag{7.41}$$

と書き直せる。弾性体では重ね合わせの原理が成立するので，式(7.40)，(7.41)を用いれば，二次元状態での応力とひずみの関係式が導ける。いま $\delta\sigma_x$ を作用させたときのひずみを $\delta\varepsilon_1$ と書き，$\delta\sigma_y$ を作用させたときのひずみを $\delta\varepsilon_2$ と表記すると

$$\delta\sigma_x = E\delta\varepsilon_{x1}, \quad \delta\varepsilon_{y1} = -\nu\delta\varepsilon_{x1}$$

$$\delta\sigma_y = E\delta\varepsilon_{y2}, \quad \delta\varepsilon_{x2} = -\nu\delta\varepsilon_{y2}$$

が成立する。全ひずみは両者の和で表されるので，式(7.40)，(7.41)を用いれば

$$\delta\varepsilon_x = \delta\varepsilon_{x1} + \delta\varepsilon_{x2} = \frac{\delta\sigma_x - \nu\delta\sigma_y}{E}$$

$$\delta\varepsilon_y = \delta\varepsilon_{y1} + \delta\varepsilon_{y2} = \frac{\delta\sigma_y - \nu\delta\sigma_x}{E} \tag{7.42}$$

が得られる。同様に三次元状態では

$$\delta\varepsilon_x = \frac{\delta\sigma_x - \nu\delta\sigma_y - \nu\delta\sigma_z}{E}$$

$$\delta\varepsilon_y = \frac{\delta\sigma_y - \nu\delta\sigma_z - \nu\delta\sigma_x}{E}$$

$$\delta\varepsilon_z = \frac{\delta\sigma_z - \nu\delta\sigma_x - \nu\delta\sigma_y}{E} \tag{7.43}$$

で表示される。これが三次元弾性状態における**フックの法則**，すなわち応力ひずみの構成式である。

7.4 二つの弾性解

土質力学では二つの弾性解が重要である。一つは，半無限弾性体表面に集中荷重 Q が作用したときの解で**ブシネスクの解**と呼ばれ，もう一つは半無限弾性体中の一点に集中荷重 Q が作用したときの解で**ミンドリンの解**と呼ばれる（図7.13）。ブシネスクの応力解は，地表面荷重に対して地中内にどのように応力が伝播していくかを与えるのに利用され，ブシネスクの変位解は，地表面荷重による基礎の変位の解析に用いられる。ミンドリンの解は杭のような地盤

(a) ブシネスクの解　　　　　　（b）ミンドリンの解

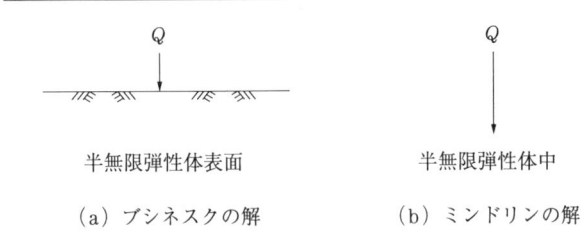

図 7.13　二つの弾性解

内の点に作用する力による応力伝播，周辺地盤の変位解析等に利用される．弾性解は，重ね合わせが可能であるのでブシネスクやミンドリンの解を対象とする作用面積範囲について積分することでいろいろな荷重形状，載荷断面に対応した弾性解を求めることができる．

7.4.1　ブシネスクの応力解とその利用

図 7.14 に示す座標系に対して，ブシネスクの応力解は次式で表される．

$$\sigma_z = \frac{3Qz^3}{2\pi r^5} \tag{7.44}$$

$$\sigma_\rho = \frac{Q}{2\pi r^2}\left\{\frac{3\rho^2 z}{r^3} - \frac{(1-2\nu)r}{r+z}\right\}$$

$$\sigma_\theta = \frac{Q(1-2\nu)}{2\pi r^2}\left(\frac{r}{r+z} - \frac{z}{r}\right)$$

$$\tau_{\rho z} = \frac{3Q\rho z^2}{2\pi r^5}$$

なお

$r^2 = x^2 + y^2 + z^2$
$\rho^2 = x^2 + y^2$

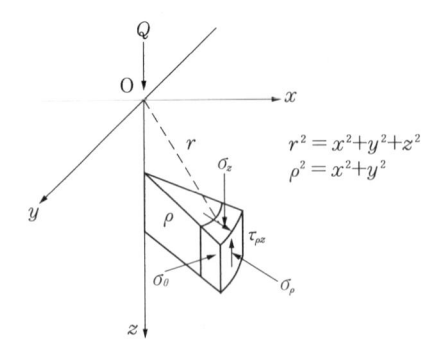

図 7.14　ブシネスクの応力解を求める座標系

7.4 二つの弾性解

$$r^2 = x^2 + y^2 + z^2$$
$$\rho^2 = x^2 + y^2$$

である。

ここで実務上重要なのは鉛直応力 σ_z の表現式であり，ここには弾性係数が含まれていないことに注意したい。

ブシネスクの解は集中荷重であるので，これをそれぞれの荷重範囲で積分すれば均等な帯荷重，円荷重および長方形荷重の隅点直下の鉛直応力解としてそれぞれ次式が求まる（図 7.15）。

（a）帯荷重 $\sigma_z = \dfrac{p_0}{\pi}\{\alpha + \sin\alpha\cos(\alpha+2\beta)\}$

（b）円荷重 $P = \pi a^2 p_0$

（c）長方形荷重の隅点直下

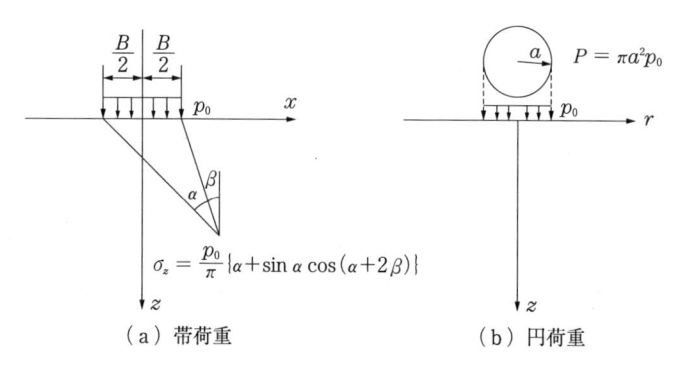

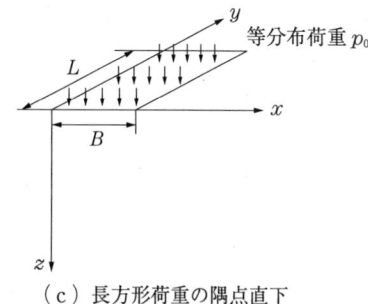

図 7.15　鉛直応力解の条件

帯荷重

$$\sigma_z = \frac{p_0}{\pi}\{\alpha + \sin\alpha\cos(\alpha + 2\beta)\} \tag{7.45}$$

円荷重（荷重の中心軸上）

$$\sigma_{z_{r=0}} = p_0 \left[1 - \frac{1}{\left\{ 1 + \left(\frac{a}{z} \right)^2 \right\}^{\frac{3}{2}}} \right] \tag{7.46}$$

長方形荷重（隅点直下）

$$\sigma_z = \frac{p_0}{2\pi} \left\{ \tan^{-1} \frac{LB}{zR_3} + \frac{LBz}{R_3} \left(\frac{1}{R_1^2} + \frac{1}{R_2^2} \right) \right\} \tag{7.47}$$

ここで $R_1 = (L^2 + z^2)^{\frac{1}{2}}$, $R_2 = (B^2 + z^2)^{\frac{1}{2}}$, $R_3 = (L^2 + B^2 + z^2)^{\frac{1}{2}}$ である.

式 (7.46)，(7.47) を地表面での載荷重強度 p_0 の何割かを示すコンターを描いたのが**図 7.16** であり，その形状が球根に似ていることから**圧力球根**（pressure bulb）と呼んでいる．基礎幅 B の帯基礎の場合，基礎からの深さ B の点で $0.55p_0$, $2B$ の深さで $0.3p_0$ 程度の荷重が伝播している．それに比べて直径 B の円荷重では深さ B ですでに $0.3p_0$ 以下となり，$2B$ では $0.05p_0$ を下回る荷重しか伝播していないことが図から読み取れる．基礎形状が二次元か三次元かで表面荷重の伝播状況は大きく異なるのである．さらに図 1.14，図 2.8 に示したように地盤の調査範囲を決定する際にも応力伝播状況が考慮され，例えば沈下計算のためには $0.1p_0$ の範囲までをおもな調査対象とするなどである．

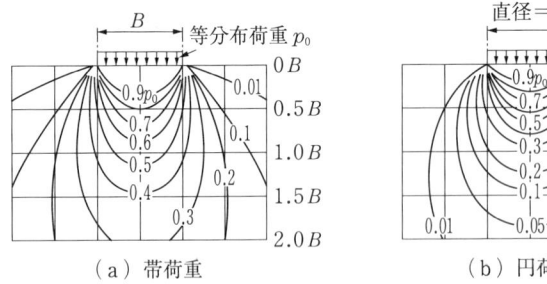

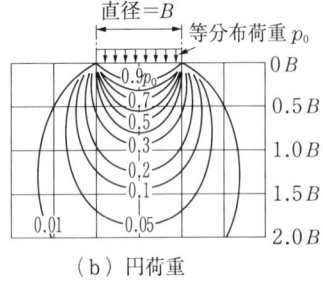

（a）帯荷重　　（b）円荷重

図 7.16　圧力球根

現在までに帯荷重，円荷重以外にも，各種の荷重形状に対応した弾性解が整備されている．その中で二次元台形荷重の弾性解は盛土荷重の伝播に利用され，長方形断面の均等荷重に対する解は，橋脚基礎，建築物などによる地盤中の荷重増分の計算に用いられている（**図 7.17**）．

7.4 二つの弾性解

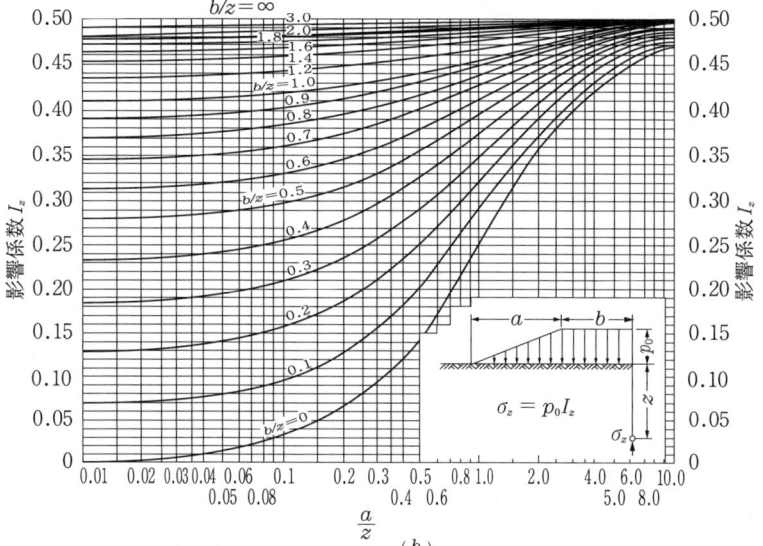

求め方：$\sigma_z = p_0 I_z$, $I_z = f\left(\dfrac{b}{z}\right)$で図から求められる。
(a) 台形分布荷重による鉛直応力増分

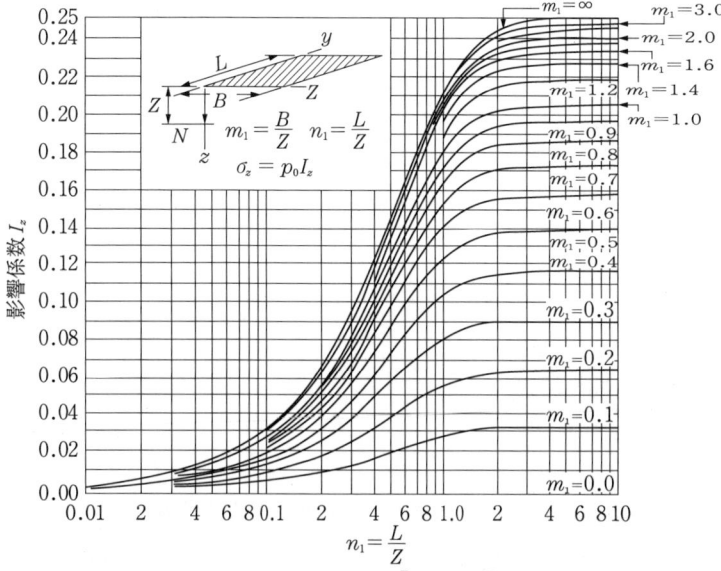

求め方：$\sigma_z = p_0 I_z$ で $I_z = f\left(m_1 = \dfrac{B}{Z},\ n_1 = \dfrac{L}{Z}\right)$ で図から求められる。
(b) 均等荷重を受ける長方形断面基礎隅点直下の鉛直応力増分

図7.17 いろいろな荷重形状の弾性解

7.4.2 ブシネスクの変位解とその利用

ブシネスクの変位解で実務上有用なのが次式の鉛直変位の表現式である。

$$w = \frac{Q(1+\nu)}{2\pi E}\left\{\frac{z^2}{r^3} + \frac{2(1-\nu)}{r}\right\} \tag{7.48}$$

ここで $z = 0$ とすれば地表面における変位解を与える。

$$w = \frac{Q(1-\nu^2)}{\pi E r} \tag{7.49}$$

均等な荷重を受けるたわみ性の円形基礎および長方形断面基礎隅点の変位解はそれぞれつぎのようになる。

$$w_{r=0} = \frac{2ap_0(1-\nu^2)}{E}\left\{\sqrt{1+\left(\frac{z}{a}\right)^2} - \frac{z}{a}\right\}\left\{1 + \frac{\frac{z}{a}}{2(1-\nu)\sqrt{1+\left(\frac{z}{a}\right)^2}}\right\} \tag{7.50}$$

$$w = \frac{p_0 B(1-\nu^2)}{E}\left(\alpha - \frac{1-2\nu}{1-\nu}\beta\right) \tag{7.51}$$

ここで

$$\alpha = \frac{1}{2\pi}\left\{\ln\frac{c+m_2}{c-m_2} + m_2 \ln\frac{c+1}{c-1}\right\}$$

$$\beta = \frac{n_2}{2\pi}\tan^{-1}\frac{m_2}{n_2 c}$$

$$m_2 = \frac{L}{B}, \quad n_2 = \frac{z}{B}, \quad c = (1+m_2^2+n_2^2)^{\frac{1}{2}}$$

である。

以上の変位解は一般的に

$$w = \frac{p_0 B I}{E} \tag{7.52}$$

と書き表される。ここで p_0 は地表面荷重強度，B は基礎幅を示す代表値（例えば帯基礎の場合は $B=$ 基礎幅，円基礎の場合は $B=$ 基礎直径など），E はヤング率，I は影響係数と呼ばれ載荷形状と考えている座標位置によって異なる値である。式(7.52)は，荷重強度が増大するほど，基礎幅が増大するほど沈

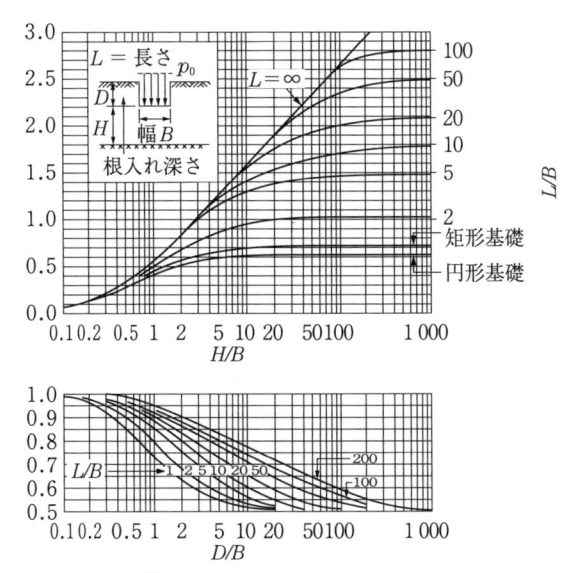

7.4 二つの弾性解

求め方：$w = \dfrac{p_0 BI}{E}$, $I = f\left(\dfrac{L}{B}, \dfrac{D}{B}\right) = \mu_1 \cdot \mu_0$ で図から求められる。

(a) 矩形および円形基礎の影響係数

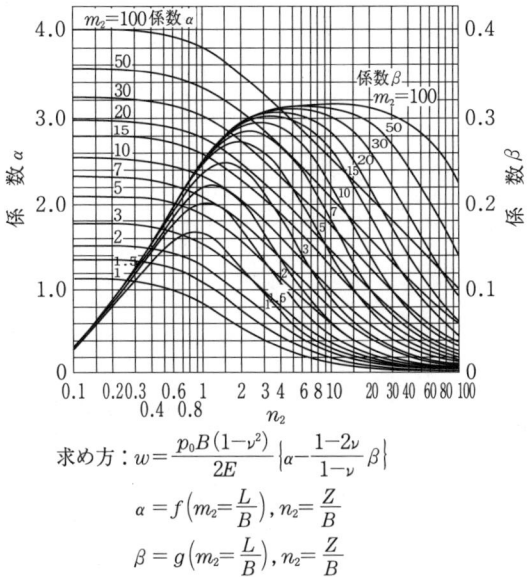

求め方：$w = \dfrac{p_0 B(1-\nu^2)}{2E}\left\{\alpha - \dfrac{1-2\nu}{1-\nu}\beta\right\}$

$\alpha = f\left(m_2 = \dfrac{L}{B}\right), n_2 = \dfrac{Z}{B}$

$\beta = g\left(m_2 = \dfrac{L}{B}\right), n_2 = \dfrac{Z}{B}$

(b) 長方形基礎隅点の沈下量を求める式 (7.51) の係数 α, β の値

図 7.18　矩形・円形および長方形基礎の沈下量

下量は大きくなり，ヤング係数が大きいほど，沈下量は小さくなることを示している。図 7.18 に矩形・円形および長方形基礎の沈下量を求める図表を示しておく。

底面が粗な状態の円形基礎に V, H, M が作用した場合の変位解は以下のように求められている。直径 D の円形基礎が鉛直荷重 V，水平荷重 H，モーメント M を受けるときの鉛直変位 δ_v，水平変位 δ_h，回転角 θ はつぎのように与えられる。

$$\delta_v = K_v V = \frac{1-\nu^2}{ED} V \tag{7.53}$$

$$\delta_h = K_h H = \frac{(1+\nu)(2-\nu)}{2ED} H \tag{7.54}$$

$$\theta = K_\theta M = \frac{6(1-\nu^2)}{ED^3} M \tag{7.55}$$

ここで E はヤング率，ν はポアソン比，K_v，K_h，K_θ は地盤の剛性である。

長方形基礎隅点下の応力・変位解は，弾性論で許される重ね合わせの原理を用いると，適用範囲が広がる。例えば，図 7.19(a) の長方形基礎の隅点でな

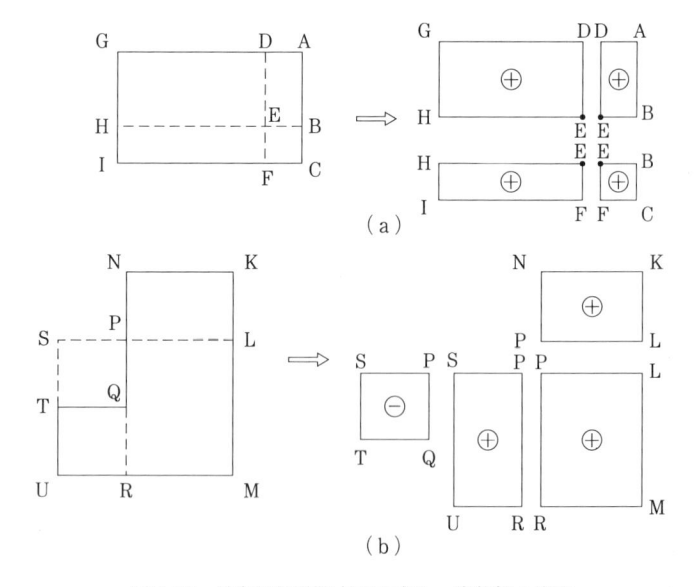

図 7.19 長方形基礎隅点下の応力・変位解の応用

い点 E 直下の応力・変位は，四角形 ABED, BCFE, DEHG, EFIH とすべて点 E を隅点とする四角形に分割すれば前述の方法により求めることが可能であり，さらに複雑な断面形状基礎〔図(b)〕の点 P では KLPN, LMRP, PRUS の三つの四角形に分割して隅点 P での解を重ね合わせた後に，PQTS の四角形による増分を引くことによって求めることができる．同じ方法で基礎底面外の点についても応力・変位が求められる．

7.5 地盤の変形解析

地表面荷重による地盤の変形は，一般に三つの成分で構成されていると考えられる．すなわち載荷直後の**即時変形** S_i，**圧密変形** S_c および**クリープ変形** S_t であり，全沈下量 S は

$$S = S_i + S_c + S_t \tag{7.56}$$

と書ける．第1項の即時変形は弾性解析から計算され，第2項は圧密計算より得られる．第3項は通常

$$S_t = HC_\alpha \log \frac{t}{t_0} \tag{7.57}$$

で計算される．ここで H は圧縮層の厚さ，C_α はクリープ係数で $\log t$ の1サイクルに対するクリープ圧縮ひずみ変化を示し，t は経過時間，t_0 は基準時間（例えば一次圧密終了時）である．

粘土地盤の場合，第1項の即時沈下は非排水条件の計算を行う．式(7.49)に非排水条件での弾性係数，$E = E_u$，$\nu = \nu_u = 1/2$ を代入して

$$w = \frac{3Q}{4\pi E_u} \frac{1}{r} \tag{7.58}$$

が得られる．また式(7.52)に対応して

$$w = \frac{p_0 BI}{E_u} \tag{7.59}$$

が得られる．

第 8 章

地盤の破壊解析

8.1 はじめに

第7章で概説したように,基礎の荷重強度―沈下量曲線における荷重強度と沈下量の関係は,荷重強度が小さいときは弾性的な挙動が見て取れるが,そこから曲線は非線形性を増してついには最大荷重強度に至り地盤は破壊していく(図8.1)。破壊問題での焦点は,どのように地盤が破壊するかという破壊メカニズムの把握と,どのような荷重で地盤が破壊するかという破壊時荷重の推定の2項目にある。本章では,地盤破壊の問題の類型化,破壊解析手法,および土質力学で扱われる典型的な破壊問題に関する境界値問題を解説する。

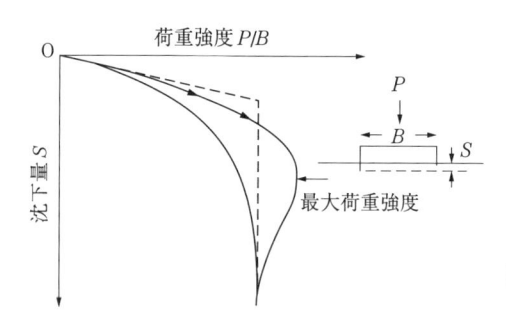

図 8.1 荷重強度―沈下量曲線

8.2 破壊問題の類型化

現実の地盤の破壊問題は条件が複雑で多種多様であるが,それらはほぼ5種類の基本的な力学問題として整理できる。これら5種類の破壊問題の力学的な

理解があれば，実際の設計問題で遭遇する多様な問題に応用が可能である．

5種類の基本問題は，つぎの三つの視点から類型化を行うことから導かれる．

（1）　載荷問題か除荷問題か
（2）　現象は地盤の浅いところか深いところか
（3）　二次元問題か三次元問題か

視点1　　載荷問題か除荷問題か

　第1の視点は，対象としている破壊問題が載荷問題か除荷問題かという点である．例えば盛土の構築は載荷問題であり地盤の掘削は除荷問題である．すなわち載荷問題では地盤中の平均全応力が増大するが，除荷問題では平均全応力は減少する．ここが問題を区分する理由である．間げき水が自由に排水可能な条件下（排水条件）では載荷に伴って地盤の密度が増加するであろう．また，破壊に至るまでに載荷面積に比べてその何倍かの領域が影響を受け，破壊までに大きな地盤変形が生じる．間げき水が排水できない条件下（非排水条件）の載荷では，第9章で見るように限界状態線より湿潤側にある地盤中には正の過剰間げき水圧が発生し，長期的には圧密の進行に伴い経時的に地盤の変形が進行する．一方，除荷問題では，影響を受ける変形は小さな領域にとどまり，しかも小さな変位量で破壊に達する．また地盤中には負の過剰間げき水圧が発生し，短期的には安定でも，長期的には地盤は周囲から吸水して強度が低下し不安定に陥ることもある．すなわち載荷問題は短期安定問題であり載荷直後の1段階の破壊解析ですむが，除荷問題は長期安定問題として除荷直後および長期間を経た時点での2段階の破壊解析が必要となる．

視点2　　現象は地盤の浅いところか深いところか

　第2の視点は対象とする破壊問題が浅いか深いかである．「浅い」と「深い」の分類には二つの意味がある．一つは応力レベルの違いである．当然浅ければ対象とする地盤中の応力レベルは小さく，過圧密された地盤の材料特性としては軟化傾向・膨張傾向を示すことが多い．深くなれば地盤中の応力

レベルが増大し，地盤材料は硬化・収縮特性が顕著になるケースが多い〔図8.2(a)〕。二つ目の意味は境界条件の違いである。浅いところの破壊問題の特徴は，地表面の幾何学的境界条件を考える必要がある点と，破壊現象は土塊全体が急激に破壊する**全般せん断破壊**型が多い点である。このような問題の解析手法としては，剛塑性解析が利用され，破壊解析に必要な情報は地盤の幾何学情報と土要素の破壊強度の情報の二つとなる。一方，深いところでは地盤境界が無限にあると見なせて地盤全体が崩壊することはまずない。つねに局部的な降伏（**局所せん断破壊**型）にとどまり降伏した領域は周辺の降伏していない弾性領域に囲まれた状態が対象となる〔図(b)〕。この種類の破壊問題には弾塑性解析が必要となり，解析に必要な情報は，幾何学情報と土の強度の情報に加えて土の弾性変形の情報が必要となる。

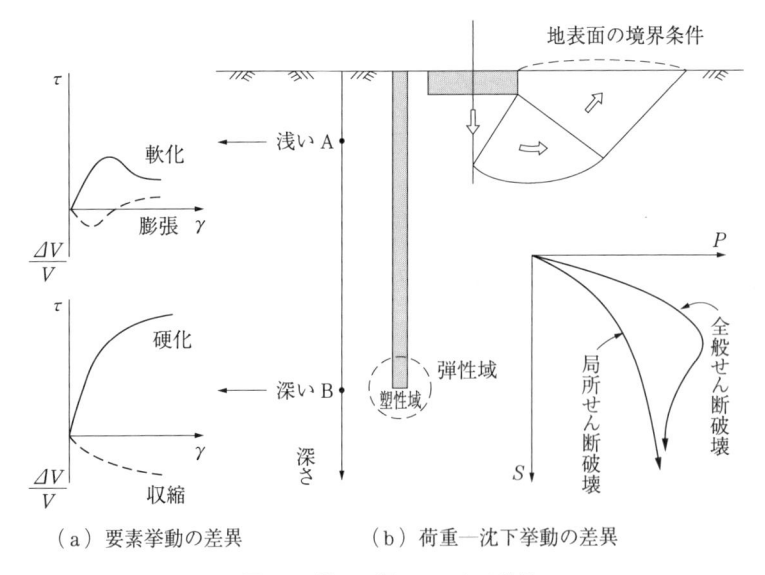

(a) 要素挙動の差異　　　(b) 荷重―沈下挙動の差異

図8.2　浅いか深いかによる差異

視点3　　二次元問題か三次元問題か

　第3の視点は，現象の広がりあるいは集中度合いの問題である。第7章で等分布荷重が作用する地表面帯基礎と円形基礎による圧力球根の差異を見たが，弾性挙動において二次元問題では応力は距離の2乗，変位は距離の1乗

8.2 破壊問題の類型化

に反比例して減衰するのに比べ，三次元問題では応力は距離の3乗，変位は距離の2乗に反比例して減衰するとおおむねみなしてよい。したがって，対象とする破壊問題が二次元とみなせるか，三次元とみなせるかの判断は，地盤の破壊メカニズムや破壊荷重そのものに大きく影響するとともに，周辺地盤や近接構造物への影響を考える上でも重要である。

以上の三つの視点から破壊問題の類型化を試みると，下記のように $2 \times 2 \times 2 = 8$ 種類の破壊問題にたどり着く。

載荷問題	浅い	二次元	類型1
		三次元	類型2
	深い	二次元	類型3
		三次元	類型4
除荷問題	浅い	二次元	類型5
		三次元	類型6
	深い	二次元	類型7
		三次元	類型8

これらの8種類の破壊問題がどのような形で現れるのか，具体的なイメージづくりのためにいくつかの事例を見てみよう（図8.3）。斜面近傍のマンションの基礎は斜面肩の支持力問題であり類型1である。類型1で，基礎が斜面肩から十分離れれば，水平地盤上の帯基礎の支持力問題となり，見方を90度変えれば，杭や壁の水平抵抗の問題も類型1の範疇に入る。類型2は円形や長方形基礎で石油タンクの基礎はその典型である。埋設構造物を設置するためにトレンチ掘削がされる。これは鉛直斜面の掘削問題であり類型5に該当する。杭を押し込んでいくとき，地表面からかなり下部での杭周辺地盤は，軸対称平面ひずみ押し拡げの問題として理解でき，類型3に該当するし，杭先端部の力学状態は球空洞の押し拡げ問題として理解でき，類型4に分類され，類型7は現実に発生することはまれである。円形の立坑の破壊問題は軸対称掘削問題であり類型6となる。深い掘削の底部の安定は球空洞の掘削問題として近似されて類型8に該当する。

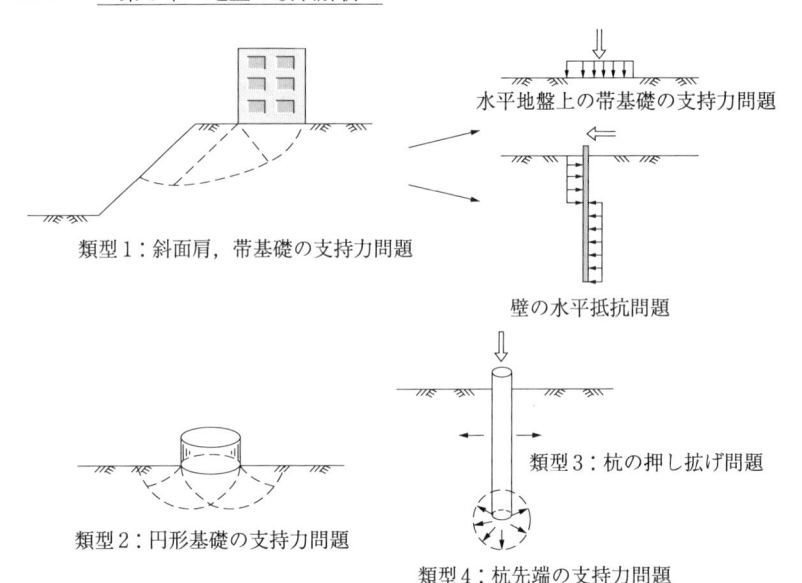

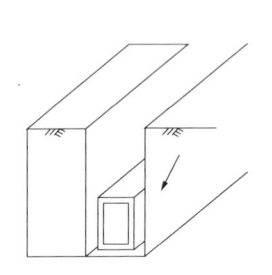

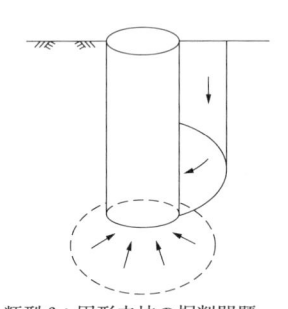

144　第 8 章　地盤の破壊解析

類型1：斜面肩，帯基礎の支持力問題

水平地盤上の帯基礎の支持力問題

壁の水平抵抗問題

類型2：円形基礎の支持力問題

類型3：杭の押し拡げ問題

類型4：杭先端の支持力問題

類型5：埋設構造物のための掘削問題

類型6：円形立坑の掘削問題
類型8：円形立坑掘削底部の破壊問題

図 8.3　破壊問題の類型化

ここで類型 3, 4, 7, 8 はいずれも類似の方程式と解法が用いられる。二次元軸対称条件での円筒座標系の半径方向のつりあい式はつぎのようになる（**図 8.4**）。

$$\frac{d\sigma_r}{dr} + \frac{\sigma_r - \sigma_\theta}{r} = 0 \tag{8.1}$$

これを三次元の球座標系での半径方向のつりあい式は

$$\frac{d\sigma_r}{dr} + \frac{2(\sigma_r - \sigma_\theta)}{r} = 0 \tag{8.2}$$

(a) 円筒座標系における
半径方向のつりあい

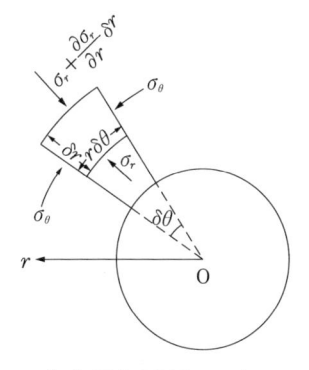

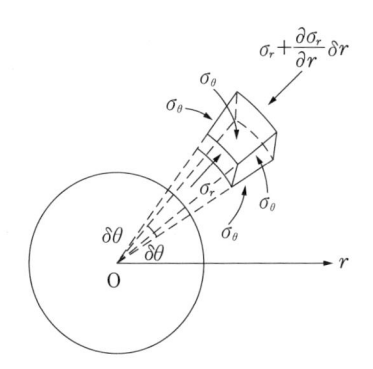

(b) 球座標系における半径
方向のつりあい

図 8.4 円筒座標系と球座標系における力のつりあい

となり，第2項の係数が異なるだけである．また，載荷問題では σ_r が最大主応力，σ_θ が最小主応力となり，除荷問題では反対に σ_θ が最大主応力，σ_r が最小主応力となるので，式(8.3)に示す破壊規準式も符号の違いだけにとどまる．以上の理由から類型3, 4, 7, 8の4種類から最低1種類だけの破壊問題の理解をしておけばよい．さらに類型2の解は，類型1の結果に形状係数を乗じて利用されるので，結局，類型1，類型3，類型5，類型6の4種類の基本的な破壊問題の解法を理解していれば土質力学の初学者としては十分である．

8.3 土の破壊強度

地盤の破壊問題を論じるときにはつねに土要素の破壊強度の選択が問題となる．つまり破壊規準式の選択である．慣用的に用いられているのは，**クーロンの破壊規準式**あるいは**モール・クーロンの破壊規準式**

$$\tau_n = c + \sigma_n \tan \phi \tag{8.3 a}$$

$$\sigma_1 - \sigma_3 = 2c \cos \phi + (\sigma_1 + \sigma_3) \sin \phi \tag{8.3 b}$$

である（**図 8.5**）．ここで τ_n，σ_n はせん断面上のせん断応力と直応力を示し，c，ϕ は強度パラメータと呼ばれ，試験中の圧密・排水条件によって異なる値をもつ．粘土地盤の急速載荷・除荷状態では粘土の非排水条件での強度パラメ

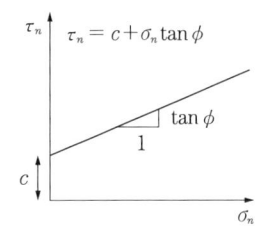

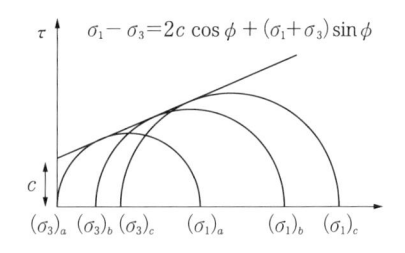

(a) クーロンの破壊規準 $\tau_n = c + \sigma_n \tan\phi$

(b) モール・クーロンの破壊規準 $\sigma_1 - \sigma_3 = 2c\cos\phi + (\sigma_1+\sigma_3)\sin\phi$

図 8.5　土の破壊規準

ータは，慣用的に非排水強度として，$c_u = (\sigma_1 - \sigma_3)/2$，$\phi_u = 0$ を用いる．この強度パラメータを用いた破壊解析を **$\phi_u = 0$ 法**，あるいは S_u 法と呼ぶ人もいる．粘土地盤の緩速載荷・除荷状態および砂地盤の載荷・除荷状態では，排水条件下での強度パラメータ $c' \fallingdotseq c_d$，$\phi' \fallingdotseq \phi_d$ が用いられる．ここで c'，ϕ' は式 (8.3) を有効応力で表示した場合の強度パラメータであり，c_d，ϕ_d は排水条件下の強度パラメータである．この強度パラメータを用いた破壊解析を **$c'\phi'$ 法**と呼ぶ．以下の記述も上記 2 方法を適宜用いて説明する．

8.4　破壊解析法

8.4.1　崩壊（破壊）荷重が満たすべき条件

破壊荷重が満たすべき条件としては，(1) 力のつりあい式，(2) 変位の適合条件式，(3) 材料の構成式，(4) 力に関する境界条件式，(5) 変位に関する境界条件式の五つがある．この五つの条件を図で示すと**図 8.6** のような関係で結

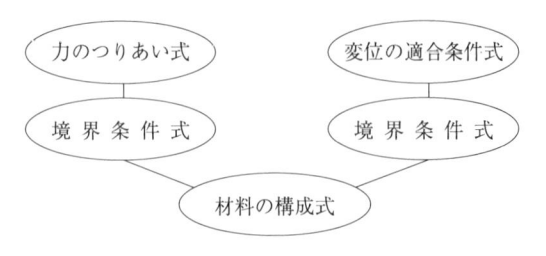

図 8.6　構造物の満たす力学条件式

ばれており，これらすべての条件を満たす解を正解と呼ぶ。五つの条件の中で限定的にいくつかの条件だけ満足させた解を得る方法が考えられてきた。そうした工学的アプローチは二つに大別できる。

一つは，(1)力のつりあい式，(3)材料の構成式（強度に関するもの），(4)力に関する境界条件式，の三つの条件を満たす解を求める方法，他の方法は，(2)変位の適合条件式，(3)材料の構成式，(5)変位に関する境界条件式の三つの条件を満たす解を求める方法である。本書では第1グループの方法をつりあい法，第2グループの方法を仕事法と呼ぶことにする。つりあい法および仕事法から求められた解が正解とどういう関係にあるかを知ることは工学上重要である。結論を述べると，載荷問題では「つりあい法から得られる崩壊荷重は正解値に等しいかそれより小さい値を与え安全側であり，仕事法から得られる崩壊荷重は正解値と等しいかそれより大きい値を与え危険側である」。除荷問題では「つりあい法からの崩壊荷重は正解値に等しいかそれより大きい値を与え危険側であり，仕事法からの崩壊荷重は正解値と等しいかそれより小さい値を与え安全側である」。

8.4.2 地盤破壊の解析法

現在，用いられている地盤破壊の解析法としてはつぎの4種類が主流である。(1)上界法・下界法，(2)すべり線法，(3)極限つりあい法，(4)有限要素法。これらの各解析法は，いずれも正解値を求めることを最終的目標とした近似的解法である。土質力学の初学者としては(1)〜(3)までの破壊解析法を理解することが必要である。

8.4.3 破壊解析法理解のための準備

破壊解析法を理解するためにいくつかの概念を説明しておく。

〔1〕 **可容速度場** 塑性解析では**動的可容速度場，静的可容応力場**という概念を用いる。可容速度場は，破壊のメカニズムを運動学的視点から数学的に表現するものであり，つぎの二つの条件を満たす。

① 変位の境界条件と変位の適合条件を満たす。

② 塑性流れの適合性を満たす。

図8.7に示すように,単純梁に集中荷重が作用するとその点が降伏し,いわゆる**塑性ヒンジ**(plastic hinge)といわれるものが形成され,その点を境に梁は不連続に変形する。連続体としての土塊では,塑性ヒンジに対応するものが,点ではなく直線あるいは曲線となる。それを**すべり線**(slip line),あるいは**すべり面**(slip surface)と呼び,すべり線に沿って変位速度の不連続が生じる。したがって,すべり線の代わりに**速度の不連続線**と呼ぶこともある。この速度の不連続線に沿って運動する剛体ブロックは,静止剛体に対してある角度 ν をなして膨張しなければならないとするのが②の塑性流れの適合性ということである(図8.8)。ν をダイレイタンシー角度と呼ぶ。これはモール・クーロン破壊規準式の ϕ の値と比べると,土では一般に $\nu < \phi$ であるが,本章では $\nu = \phi$ と仮定して議論を進める。粘土地盤の非排水条件下の破壊問題に対応する $\phi_u = 0$ なる条件では,運動するブロックは静止剛体に対し

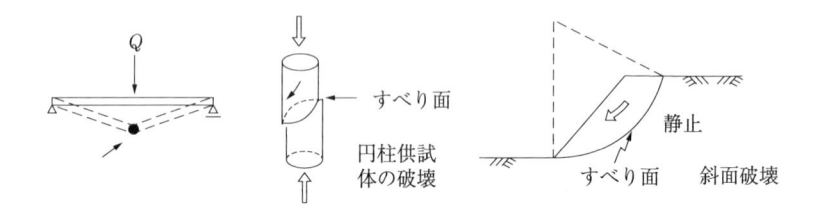

(a) 塑性ヒンジの形成 　　(b) すべり面の形成

図8.7 塑性ヒンジとすべり面の形成

$\nu = \phi > 0$ の場合　　　$\phi_u = 0$ の場合

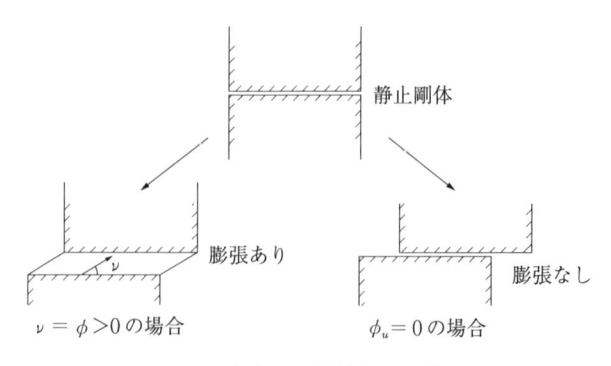

図8.8 速度の不連続線面での膨張

8.4 破壊解析法

て平行に移動することで②の条件を満たすことになる。一方で，変位の境界条件と適合条件を満たすとの条件から速度の不連続線に垂直な速度成分は等しくなければならない。なぜなら速度に不連続が存在すると運動する剛体ブロックは重なり合ったり，あるいは離れてすき間が生じてしまうからである。これは変位の適合条件に反する。

すべり線の形状は直線か曲線である。直線すべり線は，可容速度場の最も簡単な例としての垂直斜面の破壊メカニズムに表れる（破壊問題類型5）（図8.9）。曲線すべり場としてはどのような曲線が可能であろうか。$\delta\theta$ のなす角をもつ二つの径 $r, r+\delta r$ を考える（図8.10）。塑性流れの適合性を満たすとの条件を考えると，$\nu = \phi > 0$ なる条件を用い幾何学的関係から

$$\frac{\delta r}{r\delta\theta} = \tan\phi \tag{8.4}$$

が得られ，上式を $\delta\theta \to 0$ なる極限をとって微分形にして積分すると $\theta = 0$ のとき $r = r_0$ として

$$r = r_0 \exp(\theta \tan\phi) \tag{8.5}$$

なる対数らせんの式が得られる。$\phi_u = 0$ なる条件ではもちろん

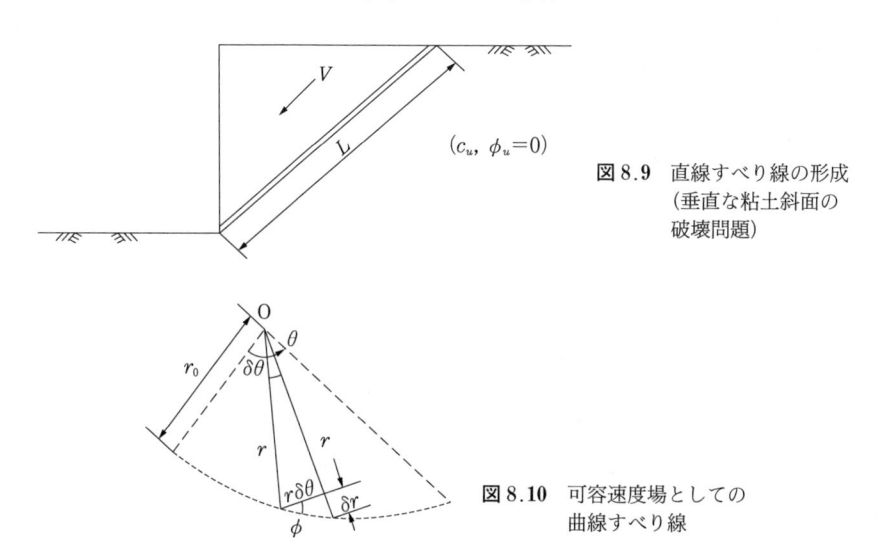

図8.9 直線すべり線の形成
(垂直な粘土斜面の破壊問題)

図8.10 可容速度場としての曲線すべり線

$$r = r_0 \text{ (一定)} \tag{8.6}$$

となって円弧を表す式となる．したがって，可容速度場は問題が二次元ならば，$\phi_u = 0$ 法では直線と円弧，$c'\phi'$ 法では直線と対数らせんの組合せで作成される場合が多い（図 8.11）．

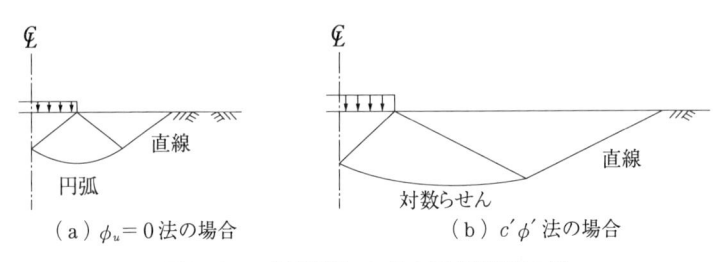

(a) $\phi_u = 0$ 法の場合

(b) $c'\phi'$ 法の場合

図 8.11　二次元問題における可容速度場の例

速度の不連続が生ずるとそこでは塑性仕事によってエネルギーが消費される．図 8.12 に示したように運動する剛体ブロックは静止剛体に対して ν（$= \phi$）の角度で膨張するが，二つの剛体間には狭い遷移領域が形成される．これは，すべり遷移領域あるいはすべり層，せん断層などと呼ばれる．砂のような粒状材料ではすべり層の厚さは粒子直径の 10 倍程度と観察されている．すべり層の厚さを t とし，すべり層内の単位幅，単位長さの要素の体積ひずみ増分は収縮を正，厚さ t の増加量を $\dot{t}$ とすれば

$$\dot{\varepsilon}_n = -\frac{\dot{t}}{t} \tag{8.7}$$

同様にせん断ひずみ増分は，すべり層方向の相対的変位量を $\dot{h}$ として

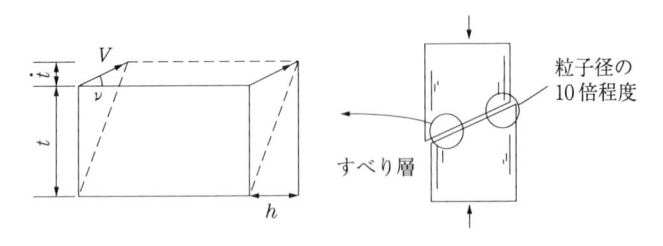

図 8.12　すべり層内の諸量

8.4 破壊解析法

$$\dot{\gamma} = \frac{h}{t} \tag{8.8}$$

となる。

変位増分ベクトル V は，すべり層の方向からの ν の角度をなしている。ν は先に述べたようにダイレイタンシー角と呼ばれ

$$\tan \nu = \frac{t}{h} = -\frac{\dot{\varepsilon}_n}{\dot{\gamma}} \tag{8.9}$$

なる関係が成り立つ。ここでは ν と ϕ は等しいと仮定しているので

$$\tan \phi = -\frac{\dot{\varepsilon}_n}{\dot{\gamma}} \tag{8.10}$$

一方，せん断層の中の土に対しては式 (8.3 a) のクーロンの破壊規準式から

$$\tau_n = c + \sigma_n \tan \phi \tag{8.11}$$

が成立している。

したがって，この要素内で消費されるエネルギー（**内部消散**と呼ばれる）は

$$D = t(\tau_n \dot{\gamma} + \sigma_n \dot{\varepsilon}_n) \tag{8.12}$$

となる。上式を式 (8.11) および式 (8.10) を用いて変形すると

$$\begin{aligned} D &= t\{(c + \sigma_n \tan \phi)\dot{\gamma} + \sigma_n \dot{\varepsilon}_n\} \\ &= t\left\{c\dot{\gamma} + \sigma_n\left(-\frac{\dot{\varepsilon}_n}{\dot{\gamma}}\right)\dot{\gamma} + \sigma_n \dot{\varepsilon}_n\right\} \\ &= t\, c\dot{\gamma} \end{aligned} \tag{8.13}$$

となり，さらに式 (8.8) を用いて

$$\begin{aligned} D &= t\left(c\frac{h}{t}\right) \\ &= ch \\ &= cV \cos \phi = c\mathit{\Delta} V \end{aligned} \tag{8.14}$$

が得られる。$\mathit{\Delta} V$ は **jump** と呼ばれる。ここで，注意すべきことは，D の値は (σ_n, τ_n) の値によらないことである。したがって，上界値法では (σ_n, τ_n) の値を求める必要はない。

式 (8.14) を用いれば直線すべり場，例えば図 8.9 で $(c_u, \phi_u = 0)$ なる非

排水強度を持つ粘性土の場合，不連続線全体に沿う全内部消散は，簡単に

$$W = c_u V L \tag{8.15}$$

で表される。

　曲線すべり場の場合はどうであろうか。速度の不連続量を求めるために，まず速度分布がどのようになっているかを調べる。再び角 $\delta\theta$ をなす動径 r_A, r_B を考え，そこでの速度をそれぞれ $V, V+\delta V$ としよう（**図 8.13**）。それらは，塑性流れの適合性を満たす条件により，静止剛体に対して ϕ の角度をなす。したがって，速度ベクトルは動径に対して垂直となる。

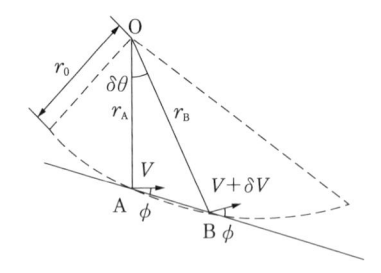

図 8.13 曲線すべり場内の速度分布

　一方，剛体ブロックが重なり合ったり離れたりしない条件と同様にすべり線が伸び縮みしないために，図 8.13 中の V と $V+\delta V$ の弧 AB 方向の速度成分は微小すべり線長では等しいとおける。すなわち $\delta\theta \to 0$ の極限を取ると次式が成立する。

$$V\cos\left(\phi - \frac{d\theta}{2}\right) = (V+dV)\cos\left(\phi + \frac{d\theta}{2}\right) \tag{8.16}$$

ここで，$d\theta \approx 0$ であることから，$\cos(d\theta/2) \fallingdotseq 1$, $\sin(d\theta/2) \fallingdotseq d\theta/2$ なる近似式を用いると次式が得られる。

$$dV = V d\theta \tan\phi \tag{8.17}$$

　積分すると，$\theta = 0$ のときの V を V_0 と表示すれば

$$V = V_0 \exp(\theta \tan\phi) \tag{8.18}$$

となり速度に関しても動径と同様の表示式が得られた。

　これで準備が整ったので曲線すべり場での内部消散を求めよう。動径すべり

8.4 破壊解析法

線に関する速度の不連続値（jump）は，図 8.14 を参照して

$$\Delta V = V\delta\theta \tag{8.19}$$

であるので，式（8.14）を用いて曲線内部での内部消散は

$$W(\text{内}) = \int_0^{\theta_0} c \cdot V d\theta \cdot r$$

と表される。ここで式（8.17）と式（8.18）を用いれば

$$W(\text{内}) = c\int_0^{\theta_0} V_0 \exp(\theta\tan\phi) \times r_0 \exp(\theta\tan\phi) d\theta$$

$$= cV_0 r_0 \int_0^{\theta_0} \exp(2\theta\tan\phi) d\theta$$

$$= \frac{cV_0 r_0 \cot\phi}{2}\{\exp(2\theta_0\tan\phi) - 1\} \tag{8.20}$$

と求まる。なお，V_0，r_0 はそれぞれ $\theta = 0$ の V，r の値であり，θ_0 は対数らせんの範囲を示す角度である。

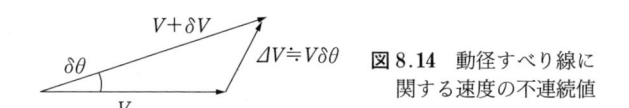

図 8.14 動径すべり線に関する速度の不連続値

また，対数らせんの下側が静止剛体域であれば，すべり線に沿う速度の不連続量は $V\cos\phi$ で表されるので，すべり線に沿った内部消散は

$$W(\text{周}) = c\int V \cos\phi \, ds$$

で求まる。$\cos\phi \, ds = r \, d\theta$ に注意すると

$$W(\text{周}) = c\int_0^{\theta_0} Vr \, d\theta \tag{8.21}$$

となって式（8.20）と等しくなることがわかる。すなわち，曲線すべり場では曲線内部での内部消散と曲線の周に沿う内部消散とが等しいのである。いうまでもなく，$\phi_u = 0$ なら

$$W(\text{内}) = W(\text{周}) = c_u r V\theta \tag{8.22}$$

となる。θ の値としてはラジアン角をとる。

表 8.1　二次元問題における内部消散を求める式

土の破壊強度表示 すべり線形状	$\phi_u=0$ 法 $\tau_{max}=\sigma_1-\sigma_3$ $=2c_u$	$c'\phi'$ 法 $\sigma_1'-\sigma_3'=2c\cos\phi'$ $+(\sigma_1'+\sigma_3')\sin\phi'$	備　考
直　線	$c_u \Delta VL$	$c'\Delta V \cos\phi' L$	L：すべり線長 ΔV：静止剛体に対する相対速度
曲　線	$2c_u R V_0 \theta_0$	$c'V_0 r_0 \cot\phi'$ $\times\{\exp(2\theta_0\tan\phi')-1\}$	R：半径 r_0：$\theta=0$のときの動径 V_0：$\theta=0$のときの速度 θ：曲線すべり線のなす 　　角度(ラジアン)

以上を整理すると，各すべり場についての内部消散は**表 8.1**のようになる。

〔2〕　**可容応力場**　　可容応力場は，地盤内の静的な力のつりあいを考えたもので，つぎの三つの条件を満たす応力系をいう。

① 　力のつりあい条件を満たす。
② 　力の境界条件を満たす。
③ 　すべての領域の応力は破壊規準式を超えない。

可容速度場が速度の不連続を許したように，可容応力場では①，②および③の条件を満たしながら**応力の不連続線**の存在を許す。**図 8.15**は，応力の不連続線近傍での二つの応力状態を示したものである。力のつりあい式を満たすとの条件により，点Cで表される不連続線上では $\sigma_{na}=\sigma_{nb}$，$\tau_{na}=\tau_{nb}$ は満たすものの，それと90°回転した物理面では $\sigma_{ta}\neq\sigma_{tb}$，$\tau_{ta}\neq\tau_{tb}$ であってもよい

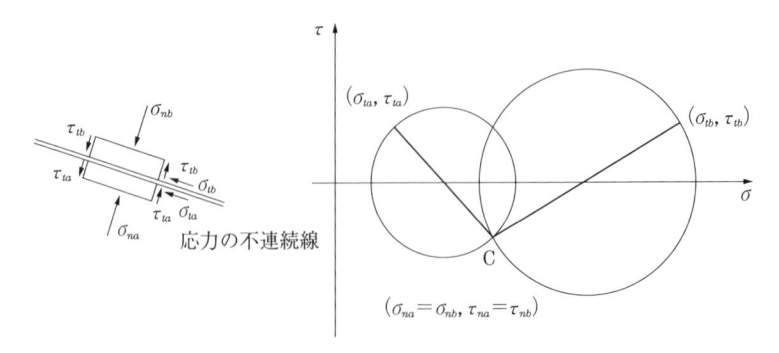

図 8.15　応力の不連続線近傍における応力状態

のである。ここで $\phi_u = 0$ の条件下では応力のモール円の大きさが同じであるので $\tau_{ta} = \tau_{tb}$ である。応力の不連続線をまたぐことは，モール円の移動を考えることに等しい。この辺の事情を理解するために，まず $\phi_u = 0$ 法の場合について調べてみよう。

いま1本の応力の不連続線によってA，Bの二つの領域に分けられたとする〔図8.16(a)〕。A，Bそれぞれの応力状態を示すモール円は点Cを共有して $\delta\sigma_m$ だけ離れている。いま，仮に，モール円の大きさを破壊規準式を破らないとの条件をぎりぎりに満たすように二つとも半径を c_u とする。点Cを通り，不連続線に平行に線を描くと，二つのモール円との交点はそれぞれ極 P_a，P_b となるので，最大主応力 σ_{1a}，σ_{1b} の方向が求められ，$\sigma_{1a}P_a$ あるいは $\sigma_{1b}P_b$ を結ぶ直線に対して垂直となる。モールの応力円上で 2θ だけ回転させた点で示される応力成分は，物理面を θ だけ回転させた面上での応力成分を示す性質に注意して，最大主応力方向を図8.16(a)の一点鎖線で示された不連続線に垂直な線から計ると，それぞれ $1/2 \angle CA\,\sigma_{1a}$，$1/2 \angle CB\,\sigma_{1b}$ となる。なぜなら応力の不連続線上の応力は点Cで示され，点Cでの垂直応力方向が一点鎖線の方向と一致するからである。したがって，応力の不連続線をまたぐと，最大主応力方向は次式で表される角だけ回転することになる。

$$\delta\theta = \frac{1}{2}\angle CB\,\sigma_{1b} - \frac{1}{2}\angle CA\,\sigma_{1a}$$

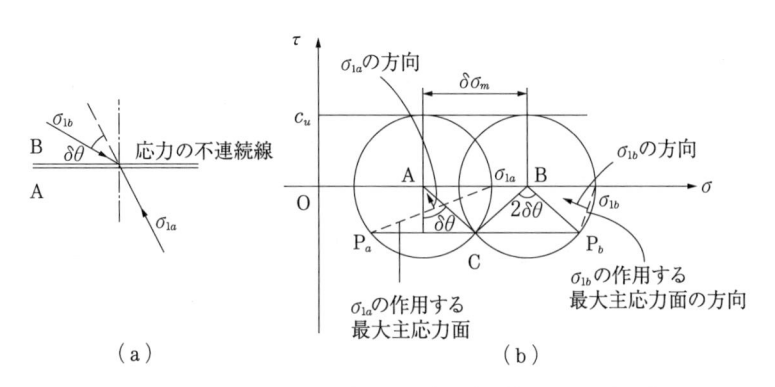

図8.16 $\phi_u = 0$ 法における応力の不連続線を越える際の応力変化

図 8.16(b) のモール円の幾何学的関係から，ただちに

$$2\delta\theta = \angle\mathrm{CBP}_b$$

が求められる。

以上から，二つのモール円の中心間距離は

$$\delta\sigma_m = 2c_u \sin \delta\theta \tag{8.23}$$

であることがわかる。言い換えれば，1本の応力の不連続線をまたいだとき $\delta\theta$ だけ最大主応力が回転すると，モール円は $2c_u \sin \delta\theta$ だけ移動するのである。

扇形のように，無数の応力の不連続線がある場合は，式 (8.23) を微分形に直し

$$\lim_{\delta\theta\to 0}\frac{\delta\sigma_m}{\delta\theta} = 2c_u \lim_{\delta\theta\to 0}\frac{\sin \delta\theta}{\delta\theta} = 2c_u$$

より

$$\frac{d\sigma_m}{d\theta} = 2c_u \tag{8.24}$$

となる。

同様の論議は $c'\phi'$ 法にも適用可能である。$c' \neq 0$ の場合，σ 軸を $c' \cot \phi'$ だけ左側に平行移動すれば ϕ' だけで表現できるので便利である。ここではこれを利用する。図 8.16 に対応する**図 8.17** では各点にダッシュをつけて表している。二つのモール円は点 C′ を共有しつつ，モール・クーロンの破壊規準線

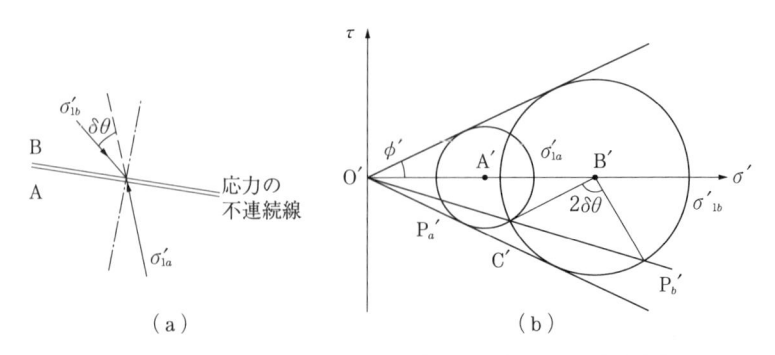

図 8.17 $c'\phi'$ 法における応力の不連続線を越える際の応力変化

$$(\sigma_1' - \sigma_3') = (\sigma_1' + \sigma_3') \sin \phi' \tag{8.25}$$

に接している。

モール円の移動量を求める手順で，極の位置を求めるところから

$$2\delta\theta = \angle \mathrm{C'B'P}_b'$$

を求めるところまでは，$\phi_u = 0$ 法の場合とまったく同じであるので省略するとして，新たに点 C′ と原点を結ぶ直線と σ' 軸のなす角を α，$\pi/2 - \delta\theta$ を β と表して，図 8.17（b）を書き改めると**図 8.18** が得られる。A 側のモール円の幾何学的関係から

$$\sin \alpha = \frac{\mathrm{A'D'}}{\mathrm{O'A'}} = \frac{\mathrm{A'D'}}{\dfrac{(\sigma_1' + \sigma_3')_a}{2}}$$

$$\sin \beta = \frac{\mathrm{A'D'}}{\mathrm{P}_a'\mathrm{A'}} = \frac{\mathrm{A'D'}}{\dfrac{(\sigma_1' - \sigma_3')_a}{2}}$$

が成立するので式（8.25）を用いて

$$\sin \alpha = \sin \beta \sin \phi'$$

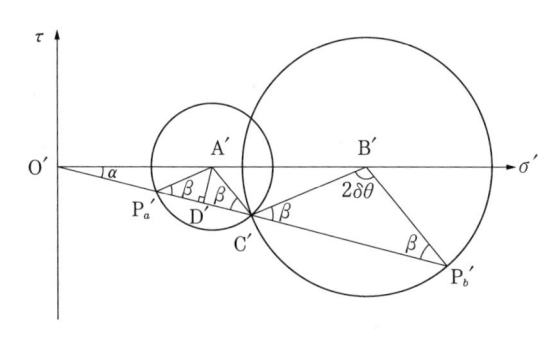

図 8.18 α と $\delta\theta$ の関係

さらに $\beta = \pi/2 - \delta\theta$ に注意すれば

$$\sin \alpha = \cos \delta\theta \sin \phi' \tag{8.26}$$

が得られる。**図 8.19** に示す補助線を 2 組引くと △O′E′C′ と △O′F′C′ は斜辺を共有する直角三角形になり合同となるので

$$\mathrm{O'E'} = \mathrm{O'F'}$$

第 8 章　地盤の破壊解析

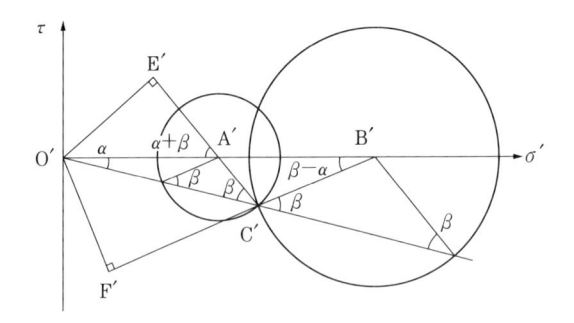

図 8.19　モール円の移動量を求める作図

である。
ここで図 8.19 で示されるように幾何学的関係

$$\sin(\alpha + \beta) = \frac{\mathrm{O'E'}}{\mathrm{O'A'}} = \frac{\mathrm{O'E'}}{\dfrac{(\sigma_1' + \sigma_3')_a}{2}}$$

$$\sin(\beta - \alpha) = \frac{\mathrm{O'F'}}{\mathrm{O'B'}} = \frac{\mathrm{O'F'}}{\dfrac{(\sigma_1' + \sigma_3')_b}{2}}$$

が成立するので

$$\frac{\dfrac{(\sigma_1' + \sigma_3')_b}{2}}{\dfrac{(\sigma_1' + \sigma_3')_a}{2}} = \frac{\sin(\beta + \alpha)}{\sin(\beta - \alpha)}$$

いま，$\sigma_b' = (\sigma_1' + \sigma_3')_b/2$，$\sigma_a' = (\sigma_1' + \sigma_3')_a/2$ とおき，$\beta = \pi/2 - \delta\theta$ を用いると

$$\frac{\sigma_b'}{\sigma_a'} = \frac{\sin\left(\dfrac{\pi}{2} - \delta\theta + \alpha\right)}{\sin\left(\dfrac{\pi}{2} - \delta\theta - \alpha\right)} \tag{8.27}$$

$$\sin\alpha = \cos\delta\theta \sin\phi'$$

が最終的に得られる。これが $\phi' > 0$ の場合の不連続線をまたぐときのモール円の移動量を示す式である。

8.5 上・下界定理

上・下界定理は，正解値を上界値，下界値ではさみ撃ちにしてその幅をせまくしていって工学的に十分精度のある解を求める手法である。それらを利用して崩壊荷重を求める方法は**極限解析法**（limit analysis）と呼ばれている。いままで準備してきた事柄を用いて載荷問題の場合について上・下界定理を記述するとつぎのようになる。

上界定理　境界の速度条件を満たし，可容な速度場が見出されれば，そこから導かれる外力による仕事（外力仕事）と内部消散を等値して得られる崩壊荷重は正解値を下回らず上界値を与える。

下界定理　力のつりあい条件と境界での応力条件を満たす可容な応力場が見出されれば，その境界外力は正解値を上回らず下界値を与える。

すなわち，載荷問題の場合，上界値を Fu，下界値を Fl とすると正解値 Fc とは

$$Fu \geq Fc \geq Fl$$

なる関係になる。除荷問題では，この大小関係が逆転して

$$Fu \leq Fc \leq Fl$$

となる。なお，この定理の証明は塑性論の標準的教科書を参照されたい。

8.5.1 計算手順

上・下界定理を実際の問題に利用するに当たってはつぎのような手順を踏むことになる。

上界法の計算手順

（1）　破壊メカニズムを設定する。

（2）　メカニズムが可容速度場となるように速度成分を決定する。

（3）　境界外力による仕事と土塊自重による仕事の和を全外力仕事として計算する。

（4）　各速度の不連続線上で速度の不連続値（jump）を求めて内部消散を計算し，その代数和を全内部消散とする。

（5） 全外力仕事と全内部消散を等値し，そこから求まる境界外力を求め，それを上界値とする。

（6） 新たな破壊メカニズムを設定し，先の上界値よりさらに小さな上界値を求めるよう努力する。

下界法の計算手順

（1） 応力の不連続場を設定する。

（2） 既知応力境界面に接する領域内で可容応力場となるよう応力成分を決定する。

（3） 既知応力境界面から出発し，不連続線をまたぐときの主応力の回転角を求め，モール円の移動量を求める。

（4） すべての応力不連続線について(3)の操作を行い，求めたい境界での値を下界値とする。

（5） 新たに応力の不連続場を設定し，先に求めた下界値より大きい下界値を求めるよう努力する。

8.5.2 適　用　例

破壊問題の類型1に属する $\phi_u = 0$ 法が適用できる飽和粘土上の底面がなめらかな帯基礎の支持力問題を取り上げる。

〔1〕 **上界値計算**　　8.5.1項に示した手順に従い，まず図8.20のように三つの三角形ブロックからなる破壊メカニズムを設定する。これが可容速度場であるためには，ab面での境界速度条件を満たし，かつ各速度の不連続線上での垂直成分が等しくならなければならない。基礎直下のブロック①は右下45°の方向に移動するが，この鉛直方向成分は，基礎の速度 V_0 に等しいこと

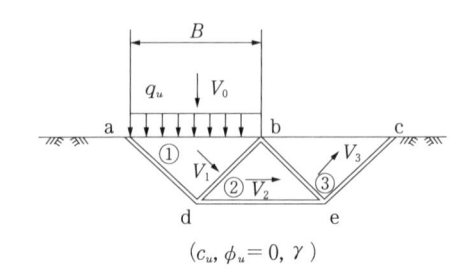

図8.20　上界値計算に用いる破壊メカニズム

から V_1 は V_0 の $\sqrt{2}$ 倍速く移動しなければならないので

$$V_1 = \sqrt{2}\, V_0 \tag{8.28}$$

ブロック①とブロック②を考えると，ダイレイタンシー角度 $\nu = \phi_u = 0$ なので V_1 は ad 面に平行であり，かつ bd 面に垂直であるように破壊メカニズムを設定しているので，V_2 は bd 面に 45° の傾きをもっている．したがって $|V_2|$ は $|V_1|$ より $\sqrt{2}$ 倍大きい．すなわち

$$|V_2| = \sqrt{2}\,|V_1| = 2|V_0| \tag{8.29}$$

同様に $|V_1|$ と $|V_3|$ の関係はつぎのようになる．

$$|V_2| = \sqrt{2}\,|V_3|$$
$$\therefore\quad |V_3| = |V_1| = \sqrt{2}\,|V_0| \tag{8.30}$$

これで手順(2)の操作は完了し，V_0, V_1, V_2 および V_3 は，可容速度場を構成する．

手順(3)の外力仕事は，フーチング極限応力の上界値を q_u とすると簡単に $q_u V_0 B$，土塊自重による仕事は

$$|V_1|\cos 45° \times \triangle \mathrm{abd} \times \gamma - |V_3|\cos 45° \times \triangle \mathrm{bce} \times \gamma$$

となり，式 (8.30) より 0 となる．ここで γ は土の単位体積重量である．よって全外力仕事は

$$q_u V_0 B \tag{8.31}$$

となる．

手順(4)の内部消散の計算のため，速度の不連続線上での速度の不連続量をまず計算しなければならない．不連続線 ad, de, ec では静止剛体に対しての相対速度であるので，それぞれ，$|V_1|, |V_2|, |V_3|$ そのものとなる．また，bd, be では V_2 だけが不連続線に対して平行な速度成分を有しているので図 **8.21** を参照して

$$\begin{aligned}\varDelta V &= |V_2|\cos 45° \\ &= |V_1| \\ &= \sqrt{2}\,|V_0|\end{aligned}$$

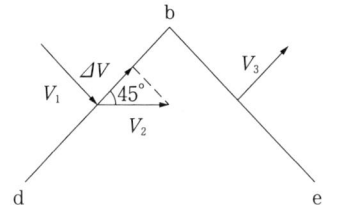

図 8.21 jump を求める
ための作図

となる。

全内部消散は，それぞれ不連続線上での内部消散の和であるので，表 8.2 のような形で計算するとわかりやすい。式 (8.15) あるいは表 8.1 を利用しながら，表 8.2 を完成させると，全内部消散は

$$6c_u V_0 B \tag{8.32}$$

と求められる。

表 8.2 内部消散を求める表

すべり線	c の値	速度の不連続量	すべり線長	内部消散
ad	c_u	$\sqrt{2}\ V_0$	$B/\sqrt{2}$	$c_u V_0 B$
bd	c_u	$\sqrt{2}\ V_0$	$B/\sqrt{2}$	$c_u V_0 B$
de	c_u	$2\ V_0$	B	$2c_u V_0 B$
be	c_u	$\sqrt{2}\ V_0$	$B/\sqrt{2}$	$c_u V_0 B$
ec	c_u	$\sqrt{2}\ V_0$	$B/\sqrt{2}$	$c_u V_0 B$
				$6c_u V_0 B$

手順(5)に従い，式 (8.31) の全外力仕事と式 (8.32) の全内部消散を等しいとおくと

$$q_u V_0 B = 6 c_u V_0 B$$

となり

$$q_u = 6 c_u \tag{8.33}$$

と一つの上界値が得られる。

〔2〕 **下界値計算**　手順(1)に従い図 8.22 のような応力の不連続場を設定する。これが可容応力場として境界条件を満たすことから領域 I で σ_v, σ_h が主応力となり，$z = 0$ で $\sigma_v = 0$，領域 III では σ_v, σ_h が主応力で $z = 0$ で σ_v

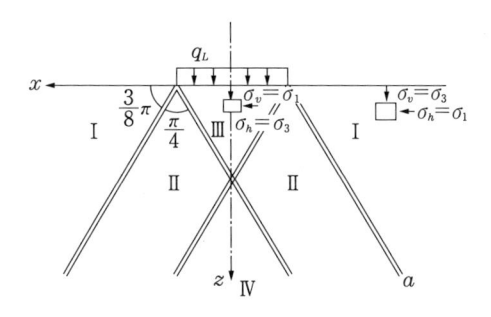

図 8.22 下界値計算に用いる応力の不連続場

$= q_L$ となる。ここで q_L はフーチング極限圧力の下界値である。領域Ⅰでは σ_h が，領域Ⅲでは σ_v が最大主応力となるので，主応力の回転角は90°，すなわちラジアン角として $\pi/2$ となる。図8.22では2本の不連続線でおのおの 45°，$\pi/4$ の主応力の回転が生ずる応力の不連続線場を設定している。図8.23に示す領域Ⅰのモール円の極は P_1 となるので不連続線上の応力状態は P_1 から不連続線 a と平行に直線を引きモール円との交点Aで示され，この点は領域Ⅱのモール円と共有している。$\angle AP_1O_1$ は不連続線 a と x 軸のなす角 $3\pi/8$ に等しいので $\delta\theta = \pi/4$ が知られる。したがって，領域Ⅰと領域Ⅱの応力状態を示すモール円の中心間距離は式（8.23）より，$\delta\theta_{m_1 \text{Ⅱ}} = 2c_u \sin(\pi/4) = \sqrt{2}\,c_u$ である。同様に領域Ⅱから領域Ⅲに移行するにも $\delta\theta_{m_1 \text{Ⅱ}} = \sqrt{2}\,c_u$ なるモール円の移動が生ずる。したがって，三つの領域でのモール円を示す図8.23からただちに一つの下界値として

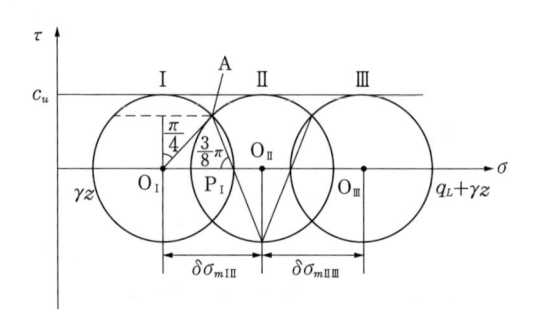

図 8.23 各領域におけるモールの応力円

$$q_L = (2 + 2\sqrt{2})c_u \fallingdotseq 4.8c_u \tag{8.34}$$

が求まる．なお，領域IVでも同様にして可容応力が見出されることを付記する．

式(8.33), (8.34)から帯基礎の極限応力の正解値q_cは$(q_L = 4.8c_u) < q_c$(正解値)$< (q_u = 6c_u)$の比較的狭い幅の中にあることがわかった．ちなみに正解値は$q_c = (\pi + 2)c_u$である．

8.6 すべり線法

土質力学では，すべり線法といえば通常応力に関するすべり線法を意味し，**Kötter 式**を解いて破壊解析を行う手法を指している．

Kötter 式は，土を剛完全塑性体とみなし，力のつりあい方程式と破壊規準式より導かれる．破壊規準式としてモール・クーロン式を採用するとすれば，二次元問題での正解応力は，次式を満たさなければならない．**図 8.24**に座標系を示す．

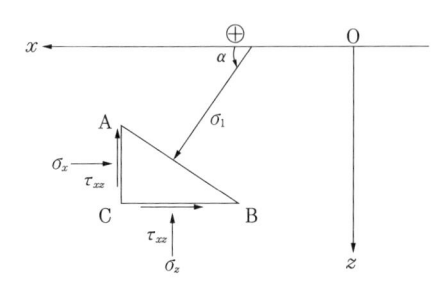

図 8.24 △ABC に作用している応力成分

力のつりあい式：

$$\frac{\partial \sigma_x}{\partial x} + \frac{\partial \tau_{xz}}{\partial z} = 0, \quad \frac{\partial \tau_{xz}}{\partial x} + \frac{\partial \sigma_z}{\partial z} = \gamma \tag{8.35}$$

ここでγは土の単位体積重量である．

破壊規準式：

$$\sigma_1 - \sigma_3 = 2c\cos\phi + (\sigma_1 + \sigma_3)\sin\phi \quad (\text{塑性域内}) \tag{8.36}$$

$$\sigma_1 - \sigma_3 < 2c\cos\phi + (\sigma_1 + \sigma_3)\sin\phi \quad (\text{塑性域外}) \tag{8.37}$$

Kötter 式は式 (8.35) と式 (8.36) を用いて導かれるもので，塑性域外での応力が式 (8.37) を満たしている保証はない。この点が下界法と異なる点であって，その意味で不完全解といわれる。

式 (8.35) の中には 3 個の未知量 $\sigma_x, \sigma_z, \tau_{xz}$ があるが，破壊規準式 (8.36) を用いることにより未知量を一つ減らすことができる。残りの 2 個の未知量としては，平均主応力 $\sigma_m = (\sigma_1 + \sigma_3)/2 = (\sigma_x + \sigma_z)/2$ と最大主応力方向の x 軸となす角 α が用いられる。すなわち，すべり線法とはある与えられた境界条件下で，塑性つりあい条件を満足する全領域で平均主応力 σ_m と最大主応力の方向 α を求める作業となる。

すべり線法では上・下界法に比べ多少長めの数式を追いかけねばならない。それに，c, ϕ, γ と土の材料特性を一般形で取り入れると解析的には解けず，差分法による数値計算を行う必要が出てくる。本節では，最小限度の式ですべり線法を用いた破壊解析の全体像と利用法をみるために，まず $\phi_u = 0$ の場合での二次元平面ひずみ問題についてすべり線法の基本式の導入とその適用例について述べ，その後に一般形での Kötter 式を示す。

8.6.1 基本式の導入

式 (8.3b) で $\phi_u = 0$ としたときの破壊規準式は

$$\tau_{\max} = \frac{\sigma_1 - \sigma_3}{2} = c_u \quad (c_u：非排水強度) \tag{8.38}$$

と書き表される。図 8.24 に描かれた xz 面内の土要素 ABC について破壊状態にある土中の応力状態を考えてみよう。図中 AB 面は最大主応力面で，その面に最大主応力 σ_1 が，x 軸と α の角をなして作用している。α は反時計まわりを正とする。この応力状態をモール円に描くと**図 8.25** のようになる。最大主応力 σ_1 を表示する点 D から，物理面 AB 面に平行に直線を引きモール円との交点を P とすると，P は極となる。したがって，その面に垂直な PE が σ_1 の方向を示すことになる。同様に点 P から $\tau_{\max} = c_u$ の点 F, G に引いた直線はそれぞれすべり線の方向を示し，PF 方向を s_1 すべり線，PG 方向を s_2 すべり線と名付ける。幾何学的に

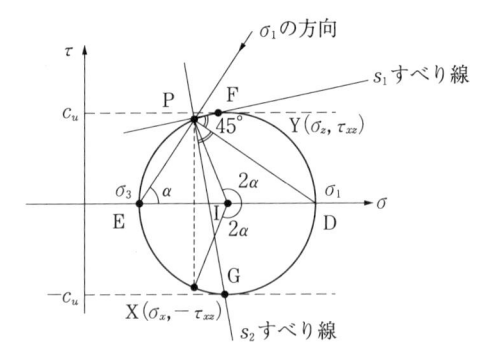

図 8.25　すべり線方向を示すモールの応力円

$$\angle \text{FPD} = \angle \text{GPD} = \frac{1}{2}\angle \text{FID} = \angle \frac{1}{2}\text{GID} = \frac{\pi}{4}$$

であることは容易にわかるので，s_1 すべり線と s_2 すべり線は直交し，かつ σ_1 の方向は s_1 すべり線と s_2 すべり線を二等分し，$\pi/4$ の角をもって交わっていることがわかる．s_1 すべり線と s_2 すべり線を図 8.26 に図示すれば，xz 座標上ですべり線の方向はつぎのように書き表される．

$$\left. \begin{array}{l} \dfrac{dz}{dx} = \tan\left(\alpha - \dfrac{\pi}{4}\right) : s_1 \text{ すべり線} \\[2mm] \dfrac{dz}{dx} = \tan\left(\alpha + \dfrac{\pi}{4}\right) : s_2 \text{ すべり線} \end{array} \right\} \qquad (8.39)$$

この式がすべり線の満たすべき幾何学的条件であり，可能な s_1 すべり線と s_2 すべり線の組合せとしては

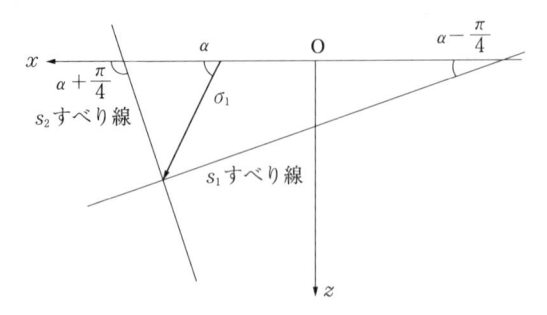

図 8.26　2 本のすべり線と x 軸のなす角

① たがいに直交する直線と直線
② 円弧と円の中心から放射する直線

がただちに考えつく。それらのすべり線は無数に存在し，それらによって組み立てられたすべり線群をすべり線場あるいはすべり線網と呼ぶことがある。図 8.27 にその例を示す。すべり線網の組立ては，フローネットの作図と似ている。s_1 すべり線と s_2 すべり線はたがいに直交する，s_1 すべり線あるいは s_2 すべり線どうしは交わらないなどは，流線と等ポテンシャル線との関係と似ている。

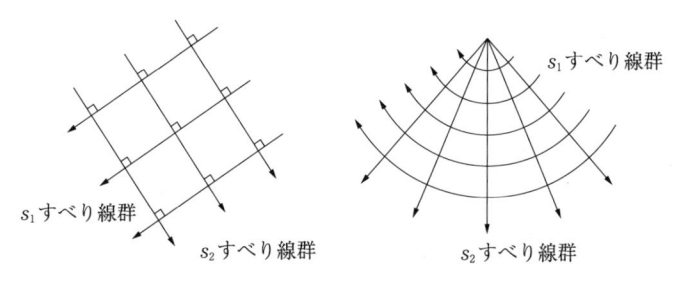

図 8.27 可能なすべり線網の例（二次元，$\phi_u = 0$ 法）

さて，つぎに図 8.24 の土要素 △ABC に作用している σ_x, σ_z, τ_{xz} に注目しよう。それらは力のつりあい式および破壊規準式を満足している。図 8.25 において極 P から物理面 AC, BC に平行に直線を引き，モール円との交点をそれぞれ X, Y とすれば，AC 面，BC 面に作用している応力状態を示す。∠PID = ∠XID = 2α であることに注意すると σ_x, σ_z, τ_{xz} は，平均主応力 σ_m と，σ_1 の方向と x 軸のなす角 α を用い，式 (8.38) に注意すれば

$$\left.\begin{aligned}\sigma_x &= \frac{\sigma_1 + \sigma_3}{2} + \frac{\sigma_1 - \sigma_3}{2}\cos 2\alpha = \sigma_m + c_u \cos 2\alpha \\ \sigma_z &= \frac{\sigma_1 + \sigma_3}{2} - \frac{\sigma_1 - \sigma_3}{2}\cos 2\alpha = \sigma_m - c_u \cos 2\alpha \\ \tau_{xz} &= \frac{\sigma_1 - \sigma_3}{2}\sin 2\alpha = c_u \sin 2\alpha\end{aligned}\right\} \quad (8.40)$$

と書き表される。σ_x, σ_z, τ_{xz} は力のつりあい条件を満たしているので式 (8.35) に代入すると

$$\left.\begin{aligned}\frac{\partial \sigma_m}{\partial x} - 2c_u \sin 2\alpha \frac{\partial \alpha}{\partial x} + 2c_u \cos 2\alpha \frac{\partial \alpha}{\partial z} = 0 \\ \frac{\partial \sigma_m}{\partial z} + 2c_u \cos 2\alpha \frac{\partial \alpha}{\partial x} + 2c_u \sin 2\alpha \frac{\partial \alpha}{\partial z} = \gamma\end{aligned}\right\} \quad (8.41)$$

なる連立の一階偏微分方程式が得られる。

式 (8.41) を s_1 すべり線，s_2 すべり線方向に関する方程式に変換しよう。そのために方向微分の公式を用いる。すなわち

$$\left.\begin{aligned}\frac{\partial}{\partial x} = \cos\left(\alpha - \frac{\pi}{4}\right)\frac{d}{ds_1} - \sin\left(\alpha - \frac{\pi}{4}\right)\frac{d}{ds_2} \\ \frac{\partial}{\partial y} = \sin\left(\alpha - \frac{\pi}{4}\right)\frac{d}{ds_1} + \cos\left(\alpha - \frac{\pi}{4}\right)\frac{d}{ds_2}\end{aligned}\right\} \quad (8.42)$$

を用いて式 (8.41) を書き直すと

$$\left(\frac{d\sigma_m}{ds_1} - 2c_u \frac{d\alpha}{ds_1}\right)\cos\left(\alpha - \frac{\pi}{4}\right) - \left(\frac{d\sigma_m}{ds_2} + 2c_u \frac{d\alpha}{ds_2}\right)\sin\left(\alpha - \frac{\pi}{4}\right) = 0$$

$$\left(\frac{d\sigma_m}{ds_1} - 2c_u \frac{d\alpha}{ds_1}\right)\sin\left(\alpha - \frac{\pi}{4}\right) + \left(\frac{d\sigma_m}{ds_2} + 2c_u \frac{d\alpha}{ds_2}\right)\cos\left(\alpha - \frac{\pi}{4}\right) = \gamma$$

となる。したがって，上式からただちに

$$\left.\begin{aligned}\frac{d\sigma_m}{ds_1} - 2c_u \frac{d\alpha}{ds_1} = \gamma \sin\left(\alpha - \frac{\pi}{4}\right) \\ \frac{d\sigma_m}{ds_2} + 2c_u \frac{d\alpha}{ds_2} = \gamma \cos\left(\alpha - \frac{\pi}{4}\right)\end{aligned}\right\} \quad (8.43)$$

が導かれる。これがすべり線に沿って平均主応力 σ_m と最大主応力の方向を規定する α の満たす関係式である。

式 (8.43) を差分形に書き直すと

$$\left.\begin{aligned}\Delta\sigma_m = 2c_u \Delta\alpha + \gamma \Delta s_1 \sin\left(\alpha - \frac{\pi}{4}\right) \\ \Delta\sigma_m = -2c_u \Delta\alpha + \gamma \Delta s_2 \cos\left(\alpha - \frac{\pi}{4}\right)\end{aligned}\right\} \quad (8.44)$$

図 8.28 から明らかなように

$$\Delta s_1 \sin\left(\alpha - \frac{\pi}{4}\right) = \Delta s_2 \cos\left(\alpha - \frac{\pi}{4}\right) = \Delta z \quad (8.45)$$

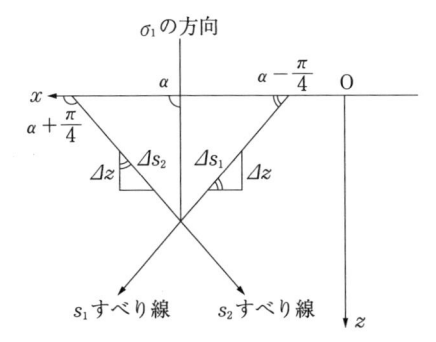

図 8.28 すべり線長の z 軸への投影

であるので式 (8.44) はさらに変形され

$$\left.\begin{array}{l} \Delta\sigma_m = 2c_u\,\Delta\alpha + \gamma\,\Delta z \quad (s_1\text{すべり線}) \\ \Delta\sigma_m = -\,2c_u\,\Delta\alpha + \gamma\,\Delta z \quad (s_2\text{すべり線}) \end{array}\right\} \quad (8.46)$$

が得られる。

式 (8.46) の物理的意味は, すべり線に沿っての平均主応力の変化量 $\Delta\sigma_m$ は, 最大主応力の回転角 $\Delta\alpha$ (ラジアン角) と, エレベーションの変化量 Δz との線形和で与えられるということである。言い換えれば, 塑性つりあい応力に変化が生じるためには, 主応力が回転するか, あるいは位置の鉛直座標が変化しなければならないのである。$c'\phi'$ 法の場合の Kötter 式は上に述べた手順に従って式 (8.35) と式 (8.36) からすべり線に沿う方程式を求めると

$$\left.\begin{array}{l} \dfrac{d\sigma_m}{ds_1} - 2(\sigma_m \tan\phi' + c')\dfrac{d\alpha}{ds_1} = -\gamma\,\dfrac{\cos(\alpha+\mu)}{\cos\phi'} \\ \dfrac{d\sigma_m}{ds_2} + 2(\sigma_m \tan\phi' + c')\dfrac{d\alpha}{ds_2} = \gamma\,\dfrac{\cos(\alpha-\mu)}{\cos\phi'} \end{array}\right\} \quad (8.47)$$

となる。ここで $\mu = \pi/4 - \phi'/2$ である。

8.6.2 適 用 例

塑性つりあい応力状態では, 平均主応力の変化は, 主応力の回転と鉛直位置座標の変化によってもたらされることを知った。ここでは, 主応力の回転のみによる例として水平地盤上の帯基礎の支持力問題 (類型 1 に属する) についてすべり線法を適用してみよう。

c_u なる非排水強度をもつ水平粘土地盤中に,根入れ深さ D の位置に底面がなめらかな帯基礎を設置したときの極限支持力を求めよう(図 8.29)。根入れ部分のせん断抵抗力を無視し,根入れ部はサーチャージ γD として作用すると考える。可容なすべり線網として直線すべり場と扇形すべり場の組合せを選ぶ。境界応力 γD とフーチング極限支持圧 q はそれぞれ最小,最大主応力となるので,直線すべり場は水平面から $\pi/4$ の傾きを有している。したがって扇形の中心角は $\pi/2$ となり,これが主応力の回転角を示す。基礎直下およびサーチャージ直下での土中の応力状態をモール円で示すと図 8.30 のようになり,これよりただちに

$$\begin{aligned} q &= \gamma D + c_u + \Delta\sigma_m + c_u \\ &= 2c_u + \Delta\sigma_m + \gamma D \end{aligned} \tag{8.48}$$

なる関係が得られる。ここで $\Delta\sigma_m$ は二つのモール円の中心間距離であり,平

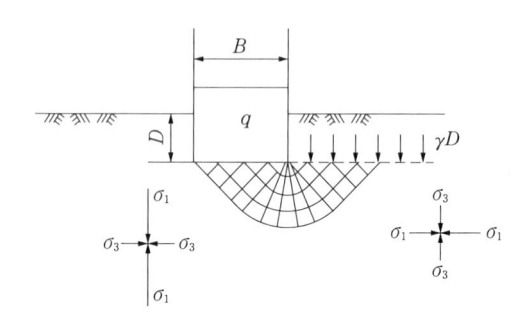

図 8.29 帯基礎の支持力を求めるすべり線場

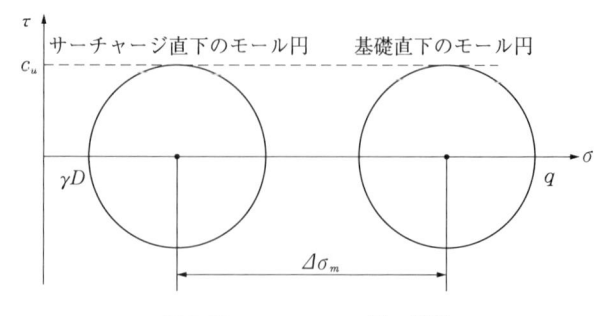

図 8.30 二つのモール円の関係

8.6 すべり線法

均主応力の変化量を示している．式 (8.46) において，本ケースでは $\Delta\alpha = \pi/2$ であり，かつ，考えている面は $z = 0$ の同一水平面上にあるので $\Delta z = 0$ である．したがって，s_1 すべり線に沿って

$$\Delta\sigma_m = 2c_u \Delta\alpha + \gamma \Delta z$$

$$= 2c_u \frac{\pi}{2}$$

$$= \pi c_u$$

が求まり，これを式 (8.48) に代入すると帯基礎の極限支持力を与える式として

$$q_s = (\pi + 2)c_u + \gamma D \tag{8.49}$$

が求められる．下添字 s は slip line method の頭文字である．

ここで根入れ深さ $D = 0$ の場合を考えてみると

$$q_s = (\pi + 2)c_u$$

となり，8.5 節の上・下界法で求めた q の上界値 $6c_u$ と q の下界値 $4.8\,c_u$ の間にあることがわかる．上界法においても図 8.20 の三角形剛体ブロック dbe を中心角 $\pi/2$ の扇形で置き換えた**図 8.31** なる可容速度場を用いれば全内部消散は

$$c_u V_0 B + 2c_u \frac{\pi}{2} V_0 B + c_u V_0 B = (\pi + 2)c_u V_0 B$$

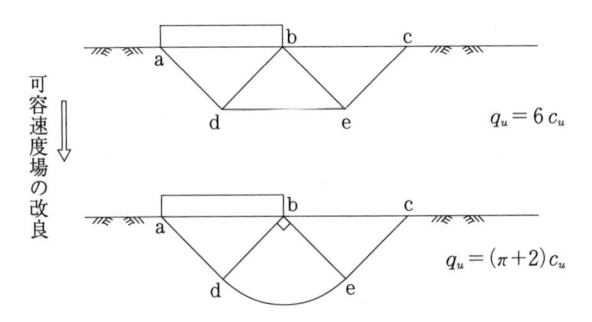

　　↑　　　　　↑　　　　↑
　(ad)　　(扇形 dbe)　　(ec)

図 8.31　可容速度場の改良による支持力値の変化

となり，よりよい上界値として
$$q_u = (\pi + 2)c_u$$
が得られる。

一方，下界法でも図 8.22 の II の領域で無数の応力の不連続線（図 8.32）を考えると平均主応力の移動量として式（8.24）なる微分形を用いてよりよい下界値として

$$q_L = c_u + 2c_u \int_0^{\frac{\pi}{2}} d\theta + c_u$$
$$= (\pi + 2)c_u$$

が得られる。

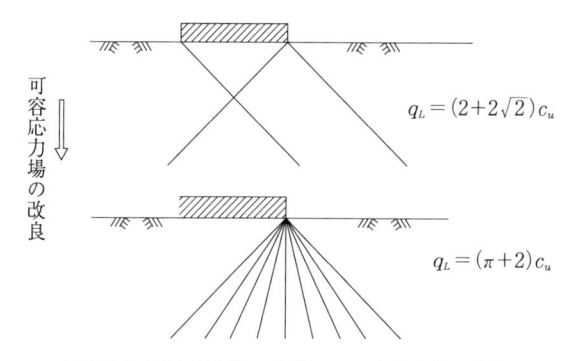

図 8.32 可容応力場の改良による支持力値の変化

（図中）可容応力場の改良　$q_L = (2+2\sqrt{2})c_u$　$q_L = (\pi+2)c_u$

すなわち，この場合
$$q_L = q_s = q_u$$
が成立し，すべり線法で求められた解は正解となる。

8.7 極限つりあい法

8.7.1 解析原理

極限つりあい法で用いられる解析手法の基本は，高等学校の物理で学ぶ剛体の静力学にある。角度 α の斜面上に重さ W のブロックを置いたとき，このブロックに作用している力を考えよう（図 8.33）。ブロックが静止しているため

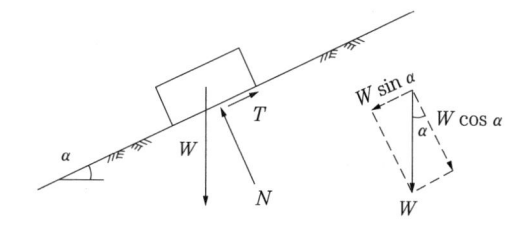

図 8.33 斜面上のブロックに作用する力

には，作用している力がつりあっていなければならない．すなわち，斜面に鉛直な重さの成分と，斜面からの抗力 N が等しいことにより

$$N = W \cos \alpha \tag{8.50}$$

斜面に平行な力のつりあいより

$$W \sin \alpha = T \tag{8.51}$$

の 2 式が成立しなければならない．ここで $W \sin \alpha$ はブロックを滑動させる力であり，T が抵抗する力である．

いま，T がブロックと斜面表面との摩擦力によって生じているならば，T は抗力 N に比例したものとなり

$$T = \mu N \tag{8.52}$$

と書ける．ここで μ は摩擦係数である．

ブロックがすべり出す限界の摩擦係数を μ_{cr} と書くと静止しているときの μ は，μ_{cr} より小さく $F_s > 1$ として

$$\mu = \frac{\mu_{cr}}{F_s} \tag{8.53}$$

と表示され，式 (8.52), (8.53) を式 (8.51) に代入すれば

$$W \sin \alpha = \mu W \cos \alpha = \frac{\mu_{cr}}{F_s} W \cos \alpha$$

となり変形して

$$F_s = \frac{\mu_{cr} W \cos \alpha}{W \sin \alpha} \tag{8.54}$$

が得られる．ここで F_s はブロックがすべることに対しての安全性を示す指標

となり，**安全率**と呼ばれる．式 (8.54) は斜面安定問題に用いられるせん断強度に関する安全率の定義

$$F_s = \frac{\tau_f}{\tau_m} \tag{8.55}$$

と等価である．ここで τ_f はせん断強度，τ_m は発揮されているせん断応力である．

8.7.2　適　用　例

この斜面剛体ブロックのつりあい問題は地盤の破壊問題に直接応用することができる．その一例としてある勾配で無限に続く斜面（無限斜面）の破壊問題を取り上げる．**図 8.34** には，乾燥した砂の無限斜面（斜面角度 β）の一部を描いてある．ここで強度パラメータとして $c'\phi'$ 法を採用し（乾燥砂であるので $c' = 0$ とする），土の乾燥状態での単位体積重量を γ_d と表記する．すべり面は斜面表面と平行で深さ H と仮定し，底面幅が 1 の abcd なる平行四辺形を考える．この平行四辺形が図 8.33 の長方形ブロックに対応する．まず，平行四辺形 abcd の重さ W は

$$W = \gamma_d H \cos \beta \tag{8.56 a}$$

となる．abcd を滑らす力 S は，式 (8.51) から

$$S = W \sin \beta = \gamma_d H \cos \beta \sin \beta \tag{8.57 a}$$

となる．この S に抵抗する力 T は，式 (8.52) から

$$T = \mu N = \mu W \cos \beta \tag{8.58}$$

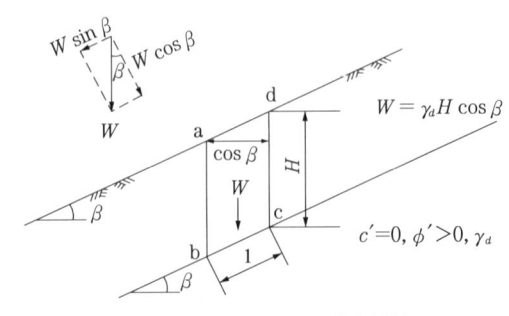

図 8.34　無限砂斜面の破壊問題

であり、クーロンの破壊規準式 (8.3 a) の書式に従って $c=0$, $\mu = \tan \phi'$ と置けば式 (8.56 a) を用いて

$$T = \gamma_d H \cos^2\beta \tan \phi' \tag{8.59 a}$$

となる。底面幅を1としているので式 (8.54) によれば、安全率は

$$F_s = \frac{T}{S} = \frac{\gamma_d H \cos^2\beta \tan \phi'}{\gamma_d H \cos \beta \sin \beta} = \frac{\tan \phi'}{\tan \beta} \tag{8.60 a}$$

とすべり面の深さや、土の単位体積重量によらず、砂の強度パラメータ ϕ' と斜面角度 β のみによって決定される。

斜面表面まで斜面に地下水の浸透流が平行に流れている破壊問題では、式 (8.57 a) を

$$S = \gamma_{\text{sat}} H \cos \beta \sin \beta \tag{8.57 b}$$

式 (8.59 a) を

$$T = \gamma' H \cos^2\beta \tan \phi' \tag{8.59 b}$$

と書き換えて、安全率は

$$F_s = \frac{T}{S} = \frac{\gamma'}{\gamma_{\text{sat}}} \frac{\tan \phi'}{\tan \beta} \tag{8.60 b}$$

と修正される。$\gamma'/\gamma_{\text{sat}} \approx 1/2$ とみなせば斜面角度 β で極限つりあい状態にある乾燥斜面($F_s = 1$ すなわち、$\tan \beta = \tan \phi'$)に降雨等で地表面までの平行浸透流が発生すると斜面は $\tan \beta = (1/2) \tan \phi'$ の角度で極限つりあい状態 $F_s = 1$ に達する (図 8.35)。

無限斜面の破壊問題では、極限つりあい法の計算の前半部分であるすべり面

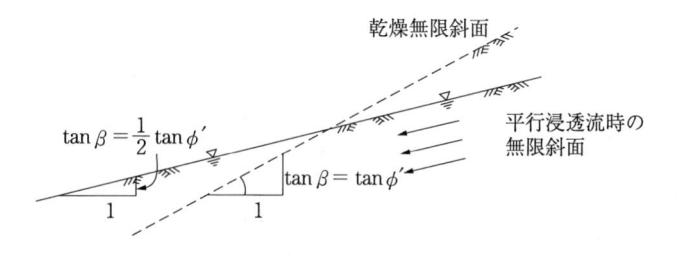

図 8.35 斜面に平行浸透流がある無限斜面の極限つりあい状態

の仮定と剛体に関する静力学のつりあい条件のみで安全率を計算することができた。なぜならば，式 (8.60 a)，(8.60 b) にすべり線の位置を規定する項が式に含まれていないからである。つぎの鉛直粘土斜面の破壊問題では，極限つりあい法計算の後半部分である最大化・最小化プロセスが登場する。

破壊問題類型5の直立斜面の破壊問題を，一つの直角三角形の剛体ブロックの斜面角度 β の斜面上のすべり問題として取り扱う（**図 8.36**）。対象は高さ H の粘土斜面とし，土の単位体積重量を γ と記し，強度パラメータは c_u（$\phi_u = 0$ 法）を採用する。剛体ブロック直角三角形 abc の重さは

$$W = \frac{1}{2}\gamma H^2 \cot \beta \tag{8.56 b}$$

となる。滑らす力 S は

$$S = W \sin \beta = \frac{1}{2}\gamma H^2 \cot \beta \sin \beta \tag{8.57 c}$$

となる。式 (8.3 a) のクーロンの破壊規準において $c = c_u$，$\phi = \phi_u = 0$ を代入して $\tau = c_u$ が得られるので，S に抵抗する力 T は

$$T = c_u \frac{H}{\sin \beta} \tag{8.59 c}$$

と書ける。したがって，安全率は

$$F_s = \frac{T}{S} = \frac{c_u \dfrac{H}{\sin \beta}}{\dfrac{1}{2}\gamma H^2 \cot \beta \sin \beta} = \frac{4c_u}{\gamma H \sin 2\beta} \tag{8.60 c}$$

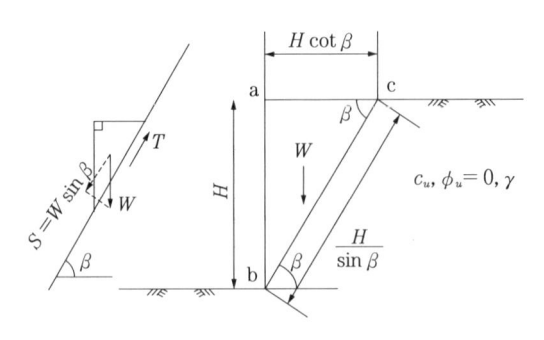

図 8.36 鉛直粘土斜面の破壊問題

と斜面角度 β の関数として表現される。ここからが極限つりあい法の後半部である。式 (8.60 c) を β で微分して 0 とおくことにより，最小の F_s を求める。すなわち

$$\frac{dF_s}{d\beta} = 0 \tag{8.61}$$

の条件から，$\sin 2\beta = 1$，すなわち $\beta = 45°$ のとき F_s は最小値をとり

$$(F_s)_{\min} = \frac{4c_u}{\gamma H} \tag{8.62}$$

と求められる。あるいは極限つりあい状態時 ($F_s = 1$) の斜面高さ（限界高さ H_{cr}）で式 (8.62) を書き直せば

$$H_{cr} = \frac{4c_u}{\gamma} \tag{8.63}$$

との表現式が得られる。

以上，極限つりあい法の計算手順を整理すれば以下のようである。

（1） すべり面の形状・位置を仮定する。

（2） すべり面で囲まれた剛体について力のつりあい式を求める。なお，このとき，すべり面上では最大の土の強度が発揮されていると仮定する。

（3） すべり面の形状・位置を変化させて土圧・斜面高さ・安全率などの着目する量の最小値あるいは最大値を求める。

極限つりあい法に属する手法として，①摩擦円法，②対数らせん法，③分割法が挙げられる。①，②は均質地盤に用いられるもので，複雑な地盤性状を取り込む手法としては一般性に欠ける。現在の流れとしては，③の分割法が極限つりあい法の代表として多用されている。

8.7.3 分　割　法

分割法とは，すべり面で囲まれる土塊を n 個の剛体の帯片に分割し，各帯片に作用する力とモーメントのつりあい条件から土塊のすべりに対する安全率を求めるものである（図 8.37）。原理的に，すべり面形状はどのような曲線であってもよいが，一番簡単で実用的なものは円弧である。本方法は，斜面の破壊解析の方法として一般的な方法で，地盤の成層状態，不均質性ばかりでなく

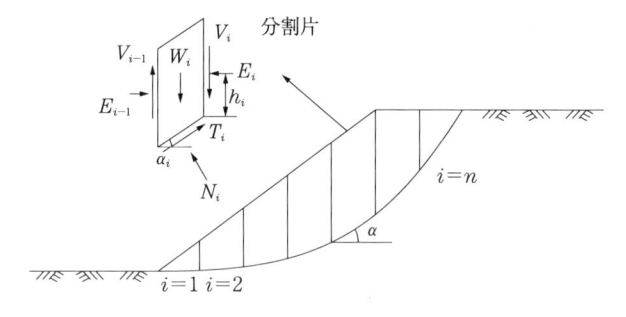

図8.37 分 割 法

強度異方性を有する土質条件などの複雑な場合にも適用され得る。

図8.33の例で見たように斜面上の1個のブロックのすべり安定は，水平方向と鉛直方向の力のつりあい式によって解析できた静定問題であるが，図8.37に示したn個の帯片の場合は不静定次数が$(n-2)$の不静定問題となる。未知数は，各帯片底面に作用する抗力N_iと抵抗力T_iがそれぞれn個ずつ，$(n-1)$本の帯片分割線上での垂直内力V_i，水平内力E_iおよびE_iの着力点位置についてそれぞれ$(n-1)$個ずつある。さらに安全率F_sが未知数であるので

$$2n + 3(n-1) + 1 = 5n - 2$$

と全体で$(5n-2)$個の未知数がある。これに対して水平方向と鉛直方向の力のつりあい式およびモーメントのつりあい式が各帯片で成立するので$3n$個の条件式があり，式 (8.3 a)，(8.3 b) の強度に関する条件式が各帯片底面で成立するので結局全体で条件式は$4n$個存在する。したがって，n個の帯片を用いた分割法は

$$(5n-2) - 4n = n - 2$$

なる不静定次数を持つことがわかる。

分割帯片数としては$n = 10 \sim 30$程度必要となるので，分割法を実行するにはなんらかの静定化条件式が必要である。通常内力に関しての仮定を設けて静定化を行う。この仮定の違いによって分割法はそれぞれ異なった表現式となる。フェレニウス法，ビショップ法，スペンサー法，ヤンブー法とそれぞれの

8.7 極限つりあい法

分割法に冠される名前は，静定化の仮定を提案した人々の名前である。

いま法尻が擁壁で支えられている斜面の上部表面に構造物基礎がある場合を考えよう（図8.38）。すべり面として円弧を採用し，円弧中心 O でのモーメントのつりあい式を立てると次式が得られる。

$$p_1 B r_1 - p_2 H r_2 + \sum_i R \, W_i \sin \alpha_i = R \sum_i T_i = \frac{R}{F_s} \sum_i \tau_{f_i} l_i \tag{8.64}$$

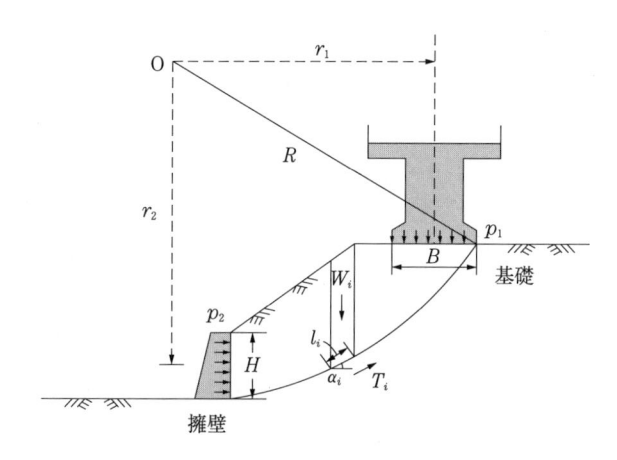

図8.38 基礎と擁壁を有する斜面の極限つりあい

フェレニウス法を例に静定化条件と安全率の表現式について述べる。

フェレニウス法では分割帯片に作用している内力の合ベクトル z_i が各帯片で切り取られる円弧の弦（帯片底面）に平行であると考える〔図8.39(a)〕。

(a) フェレニウス法の仮定　　（b) 力の多角形

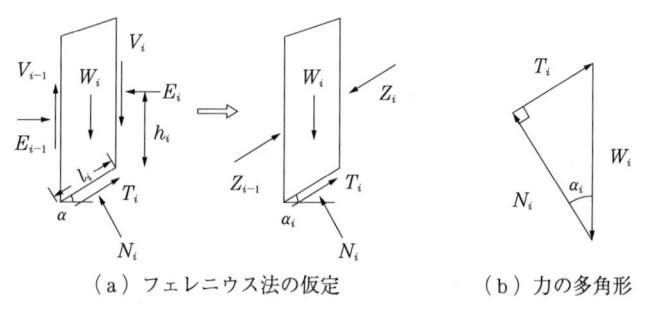

図8.39 フェレニウス法の仮定と力の多角形

したがって，考えている帯片での力のつりあいの多角形は $Z_i = Z_{i-1}$ の場合，図(b)のようになり，底面に垂直な力の成分のつりあい式より

$$N_i = W_i \cos \alpha_i \tag{8.65}$$

が得られる。これは式(8.50)と同じである。

帯片底面に作用しているせん断抵抗力 T_i と抗力 N_i の関係式は，$\phi_u = 0$ 法か $c'\phi'$ 法で表現が異なる。粘土が非排水条件下でせん断されるときは $\phi_u = 0$ 法を採用し，T_i は N_i に無関係に

$$T_i = \frac{c_{ui} l_i}{F_s} \tag{8.66}$$

と書ける。ここで l_i は帯片 i の底面長である。

帯片底面での間げき水圧 u_i が知られていれば，$c'\phi'$ 法を用いて

$$T_i = \frac{c_i' l_i + (N_i - u_i l_i) \tan \phi_i'}{F_s} \tag{8.67}$$

となる。

式(8.64)での p_1, p_2 を0とおいて，式(8.66)あるいは式(8.67)のそれぞれの T_i に代入すれば，最終的に安全率を表示する式がつぎのように求まる。

$$F_s = \frac{\sum_i c_{ui} l_i}{\sum_i W_i \sin \alpha_i} \tag{8.68}$$

$$F_s = \frac{\sum_i \{c_i' l_i + (W_i \cos \alpha_i - u_i l_i) \tan \phi_i'\}}{\sum_i W_i \sin \alpha_i} \tag{8.69}$$

ここで安全率 F_s は各帯片で一定値と仮定している。

式(8.68)あるいは式(8.69)を用いて斜面安定計算を実行するにはすべり面の中心位置および半径を変化させて，最小の安全率を探し出す。この作業は上界値計算で説明した破壊メカニズムの中で最小の支持力値を与えるのを探す作業と同じ意味を持っている。

極限支持力や土圧を求める際は，安全率を1として，求めようとする外力の大きさ〔例えば，式(8.64)の p_1〕を未知数とすればよい。あるいは外力の大きさを変化させて，それぞれの場合の F_s を求め，そこから内挿によって F_s

= 1 となる外力の大きさをもって極限支持力あるいは土圧とすればよい。

8.7.4 分割法の計算手順

図 8.40 に示すような斜面に対してフェレニウス法で $c'\phi'$ 法を用いて安定計算を行う手順を示そう。

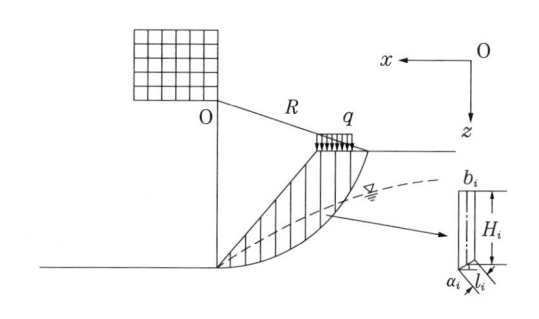

図 8.40 分割法の計算

手順1　対象とする斜面にある座標を設定し，第1番目のすべり円の中心座標 O を設定する。

手順2　第1番目のすべり円半径 R を与える。当然，すべり円が斜面内を通過するような半径を選ぶ。

手順3　すべり面で囲まれた範囲において，斜面幾何形状の変化点，土層の変化位置，表面荷重の位置，浸潤面形などを考慮して分割帯片に分ける。分割帯片の幅は一定である必要はない。分割数はおのおのの条件によって異なり一概にはいえないが，10〜30 程度あれば工学上の精度は十分と見てよい。この際，すべり面両端の分割帯片では三角形，その他は台形とみなして以下の計算を行う。

手順4　分割帯片の幅 b_i，分割帯片の中心線上での分割帯片の高さ H_i，帯片底面と水平面とのなす角 α_i を分割帯片台形（あるいは三角形）の各頂点の座標値から計算する。このとき α_i は斜面がすべる方向と逆方向を正の向きとする。

手順5　帯片重量を $W_i = \gamma_t b_i H_i$ で求める。ここで γ_t は浸潤単位体積重量である。土層が何層も重なっている場合は，各層ごとの γ_{ti}，層厚 z_j を

用いて $W_i = b_i \sum_j \gamma_{tj} z_j$ とすればよい．表面分布荷重 q が作用しているときは qb_i を W_i に加えておく．

手順 6　分割片底面に作用する間げき水圧を求める．これは，図 8.41 に示すように帯片底面中心を通る等ポテンシャル線が潤滑面と交わる高さから求められる．しかし，一般には帯片中心線での浸潤線までの高さとして近似してよいとされる．

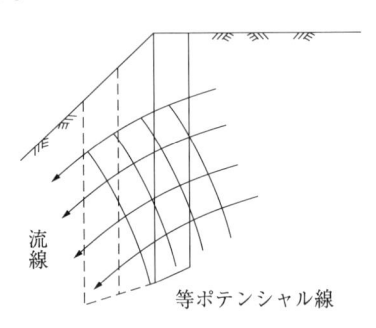

図 8.41　分割片底面での水圧の算定

手順 7　帯片底面での c', ϕ' を用いて式（8.69）より安全率を求める．

手順 8　手順 2 に戻り，すべり円半径を変化させて手順 7 までを行って F_s を求め，与えられたすべり円中心座標での最小の F_s を探す最小化プロセスを実行する．

手順 9　つぎに手順 1 に戻ってすべり円の中心座標を変えて手順 2〜手順 8 を繰り返し，各点での最小の F_s により等安全率線を描き，全体での最小の安全率 F_s を求めて初めて一つの断面の安定計算が終了する（図 8.42）．

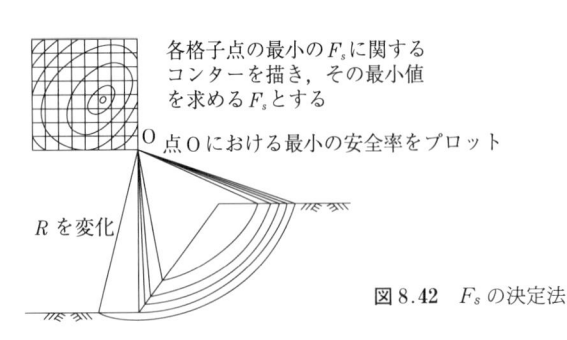

図 8.42　F_s の決定法

このように，一つの斜面での安全率を求めるには非常に数多くの F_s を求める計算を繰り返すことになり，パソコンを用いて行うのが簡便である。

8.8 いくつかの境界値問題

8.8.1 慣用的分類による破壊問題

標準的な土質力学の教科書では，「**支持力**（bearing capacity）」，「**土圧**（earth pressure）」，「**斜面安定**（slope stability）」を慣用的に基礎構造物，抗土圧構造物，土構造物の3種類の破壊問題に分けて説明が与えられている。標準的な内容は，支持力問題では**テルツァーギ**（Terzaghi）**の支持力公式**，土圧問題では**クーロン**（Coulomb）**土圧理論**，**ランキン**（Rankine）**土圧理論**，斜面安定問題では**円弧すべり法**などである。すでに見たようにこれらの地盤の破壊問題は，数種類の類型問題として把握され，かつ，その破壊解析手法も上界法・下界法，すべり線法，極限つりあい法の3種類を理解しておけばいずれの問題にも対処可能である。いままで，帯基礎の支持力，鉛直斜面の破壊問題，円弧すべり法などは，破壊解析法の説明のための例題としてすでに扱ってきた。ここでは土圧，支持力，斜面安定の慣用的分類による破壊問題に関して，追記すべき基本事項を説明する。

8.8.2 抗土圧構造物の破壊問題，二つの土圧理論

土の圧力を土圧と呼ぶが，その意味するところは多様である。抗土圧構造物でいう土圧とは，壁面に作用している土からの圧力を意味するが，地中の応力を単に土圧と呼んだり，構造物の底面に作用する圧力として接地圧という用語も底面に作用している土圧を意味する。杭周面に作用している圧力，地下構造物に作用している土圧も側方土圧，周面土圧などと呼ぶことがある。土圧の性状も二次元問題と軸対称問題では異なることは破壊問題の類型化のところで説明したとおりで，二次元土圧理論を円形立坑や杭周面などに作用する土圧の算定に直接適用することには十分注意が必要である。

土圧の値は構造物と背面の土塊の変位性状によって変化する。**図 8.43** は垂直な壁面に作用する土圧が壁面の水平変位量によってどのように変化するかを

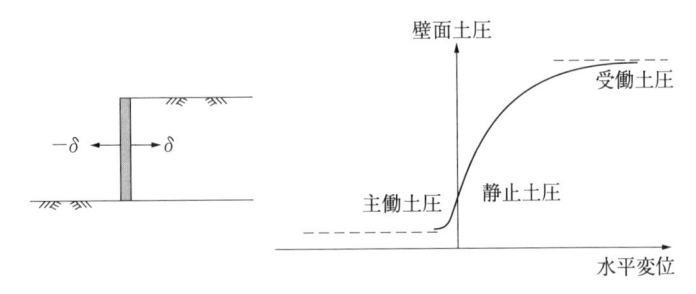

図 8.43 壁の水平変位に伴う壁面土圧の変化

模式的に示したものである．変位がない場合の土圧を**静止土圧**（earth pressure at rest），壁面が前面に押し出される状態を主働状態と呼ぶ．そのときにはきわめて小さな水平変位で極限土圧に達し，その土圧を**主働土圧**（active earth pressure）という．反対に壁面が土塊を押し出す状態を受働状態と呼ぶが，極限土圧に達するまでに大きな水平変位を要する．この極限土圧を**受働土圧**（passive earth pressure）という．そして各土圧をその点での鉛直有効応力 $\gamma'z$ で除した値を**主働土圧係数** K_A，**静止土圧係数** K_0，**受働土圧係数** K_P と名付ける．

土圧を理解するために着目するポイントは以下の 4 点である．

（1） 主働土圧，静止土圧，受働土圧の大小関係
（2） 破壊メカニズムすなわち土塊の動きの方向と大きさ
（3） 主働状態，受働状態での主応力の方向
（4） 主働状態，受働状態でのモール円と応力経路

（1） 主働土圧，静止土圧，受働土圧の大小関係　図 8.43 から明らかなように上記 3 種類の土圧の大小関係は，主働土圧 < 静止土圧 < 受働土圧であり，土圧はこの範囲内を超えない．各土圧係数の値は土の強度パラメータの値によって異なるので一般論としては規定できないが，$c = 0$ の場合であれば後述する説明で明らかなように

$$\frac{1-\sin\phi}{1+\sin\phi} < 1 - \sin\phi < \frac{1+\sin\phi}{1-\sin\phi} \tag{8.70}$$

8.8 いくつかの境界値問題

と考えてよい。例えば，$\phi = 30°$ であれば，主働土圧は静止土圧の 2/3 倍，受働土圧は静止土圧の 6 倍，受働土圧は主働土圧の 9 倍となる。

（2） 破壊メカニズムすなわち土塊の動きの方向と大きさ　図 8.44 に主働状態，受働状態の土塊の動きと大きさを示した。土塊の動きは定義から明らかで，土塊の大きさを規定しているのはすでに説明したすべり線方向である。

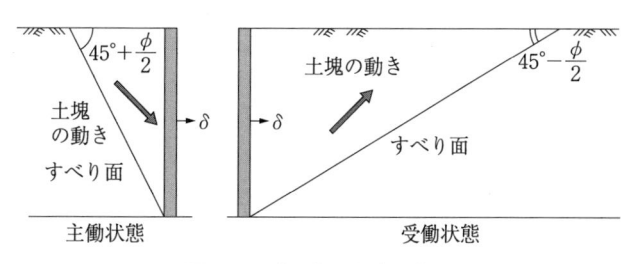

図 8.44　壁と背面土塊の動き

（3） 主働状態，受働状態での主応力の方向　図 8.45 は主働状態，受働状態における壁背後の土中の主応力方向を示している。すなわち，主働状態では，鉛直応力 σ_v が最大主応力 σ_1 となり，水平応力 σ_h が最小主応力 σ_3 となり，受働状態では，その反対に鉛直応力 σ_v が最小主応力 σ_3 となり，水平方向 σ_h が最大主応力 σ_1 となる。

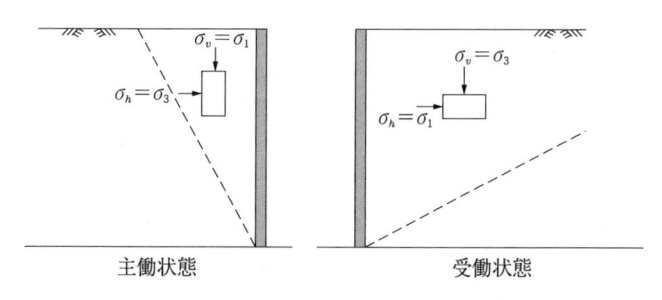

図 8.45　主働状態，受働状態における主応力方向

（4） 主働状態，受働状態でのモール円と応力経路　図 8.46 には，初期の地中応力状態から主働状態，受働状態でそれぞれ極限状態に至る様子を有効応力で表示したモール円を描いている。静止状態のモール円が $\sigma_v' > \sigma_h'$ すな

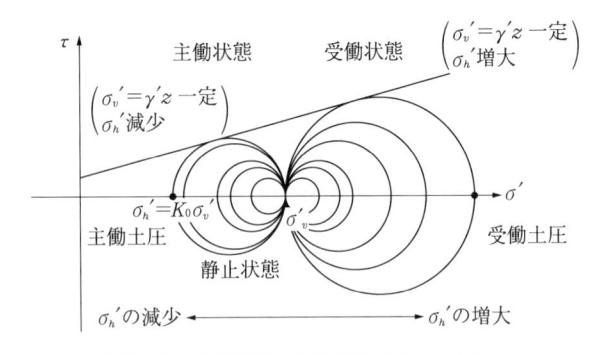

図 8.46 主働状態，受働状態でのモール円

わち $K_0 < 1$ である状態にあるとして，受働状態では σ_v' が一定のもとで，σ_h' が増大して破壊規準線に接するまでモール円の大きさは右側に向けて増大する。モール円の接触した時点での σ_h' が受働土圧となる。反対に主働状態では σ_v' が一定のもとで，σ_h' が減少して破壊規準線に接するまでモール円の大きさは左側に増加し，モール円の接触した時点での σ_h' が主働土圧となる。

図 8.47 には縦軸に $(\sigma_v' - \sigma_h')/2$，横軸に $(\sigma_v' + \sigma_h')/2$ を取ってモール円の頂点の軌跡を描いた応力経路を図示してある。このようにモール円の中心位置（平均主応力）は主働状態では減少し，受働状態では増大する。したがって，主働土圧問題は除荷問題，受働問題は載荷問題であることが確認される。

また，主働状態，受働状態のモール円からすべり線方向が確認される（図 8.48）。主働状態ではモール円の極 P は σ_3' に一致し，破壊規準線に接する点

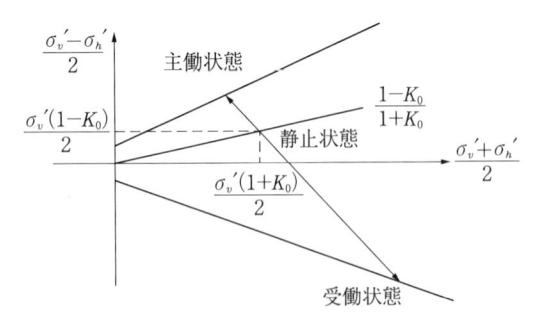

図 8.47 主働状態，受働状態での応力経路

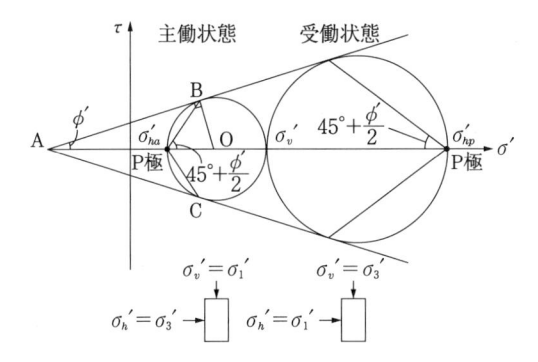

図 8.48 主働状態, 受働状態におけるすべり線方向

に向かう方向は二つあり, それらはすべり線方向を表している。三角形 ABO が直角三角形, 三角形 OBP が二等辺三角形であることからすべり線方向 PB, PC は水平面と $45°+\phi'/2$ の角度をなしていることがわかる。同様に受働状態では $45°-\phi'/2$ の角度をなす。これより主働状態, 受働状態でのすべり線場は図 8.49 のようになる。

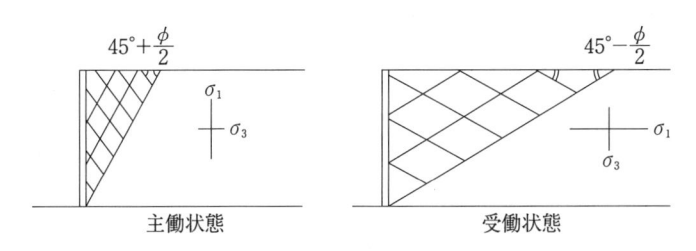

図 8.49 主働状態, 受働状態のすべり線場

〔1〕 **ランキンの土圧理論**　ランキンの土圧理論は, 半無限水平地盤において**塑性平衡応力**（つりあい式と破壊規準式を同時に満足する応力）を求め, そこに壁面摩擦がない鉛直な壁面が存在するとして, 壁面に作用する土圧から主働土圧および受働土圧を求める土圧理論であり, 可容応力場を用いた下界値計算の破壊解析手法を用いていると理解される。

抗土圧構造物の典型例として, 壁面が滑らかな鉛直な擁壁に作用する主働状態での極限土圧を図 8.50 に示す可容応力場から $c'\phi'$ 法の場合について求めて

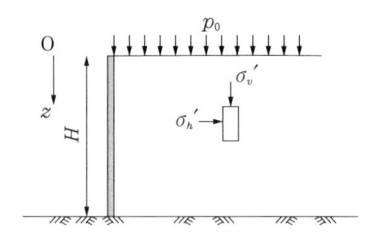

図 8.50　主働土圧を求める可容応力場

みよう．ここで鉛直土圧を $\sigma_v' = p_0 + \gamma'z$，水平土圧を $\sigma_h' = k_1(p_0 + \gamma'z)$ とそれぞれおくと，つりあい式を自動的に満たす．地盤材料はモール・クーロンの破壊規準式に従うとする．ここに再録する．

$$\sigma_1' - \sigma_3' = 2c' \cos \phi' + (\sigma_1' + \sigma_3') \sin \phi' \tag{8.71}$$

壁が滑らかであるので σ_v'，σ_h' は主応力となり，さらに地盤が主働状態であるので $\sigma_1' = \sigma_v'$，$\sigma_3' = \sigma_h'$ を式 (8.71) に代入すれば

$$(p_0 + \gamma'z) - k_1(p_0 + \gamma'z)$$
$$= 2c' \cos \phi' + \{p_0 + \gamma'z + k_1(p_0 + \gamma'z)\} \sin \phi'$$

k_1 について整理すれば

$$k_1 = \tan^2\left(45° - \frac{\phi'}{2}\right) - \left(\frac{2c'}{p_0 + \gamma'z}\right) \tan\left(45° - \frac{\phi'}{2}\right) \tag{8.72}$$

となる．

したがって，水平土圧 σ_h' の式

$$\sigma_h' = (p_0 + \gamma'z) \tan^2\left(45° - \frac{\phi'}{2}\right) - 2c' \tan\left(45° - \frac{\phi'}{2}\right)$$
$$= (p_0 + \gamma'z)K_A - 2c'\sqrt{K_A} \tag{8.73}$$

が得られる．ここで $K_A = \tan^2(45° - \phi'/2)$ とおき，K_A を主働土圧係数と呼ぶ．これが主働土圧を表す式であり，高さ H の壁に作用する**壁面主働全土圧**を求めるには式 (8.73) を z に関して $0 \sim H$ まで積分すればよく

$$P_A = \left(p_0 H + \frac{\gamma' H^2}{2}\right) K_A - 2c' H \sqrt{K_A} \tag{8.74}$$

となる。

同様に高さ H に作用する**壁面受働全土圧** P_P は

$$P_P = 2c'H\sqrt{K_P} + \left(p_0 H + \frac{\gamma' H^2}{2}\right)K_P \tag{8.75}$$

と記述され，K_P は受働土圧係数で $K_P = \tan^2(45° + \phi'/2)$ である。

一方，三角関数の公式から

$$\tan^2\left(45° + \frac{\phi'}{2}\right)\tan^2\left(45° - \frac{\phi'}{2}\right) = 1 \tag{8.76}$$

であるので

$$\tan^2\left(45° - \frac{\phi'}{2}\right) = \frac{1}{K_P} = K_A \tag{8.77}$$

なる関係式が成立する。

ここで整理のために主働土圧，受働土圧に関する式を記しておく。

土　　圧

受働土圧：$\sigma_P' = (p_0 + \gamma' z)K_P + 2c'\sqrt{K_P}$ (8.78)

主働土圧：$\sigma_A' = (p_0 + \gamma' z)K_A - 2c'\sqrt{K_A}$ (8.79)

壁面全土圧

受働全土圧：$P_P = \left(p_0 H + \dfrac{\gamma' H^2}{2}\right)K_P + 2c'H\sqrt{K_P}$ (8.80)

主働全土圧：$P_A = \left(p_0 H + \dfrac{\gamma' H^2}{2}\right)K_A - 2c'H\sqrt{K_A}$ (8.81)

$\phi_u = 0$ 法に対応する粘土地盤の非排水条件下の土圧は，上式で $c' \to c_u$, $\phi' \to \phi_u$, $\gamma' \to \gamma$ とおいて以下のように求められる。なお，K_A, K_P ともに 1 になることに注意する。

$$\sigma_P = (p_0 + \gamma z) + 2c_u \tag{8.82}$$

$$\sigma_h = (p_0 + \gamma z) - 2c_u \tag{8.83}$$

$$P_P = \left(p_0 H + \frac{\gamma H^2}{2}\right) + 2c_u H \tag{8.84}$$

$$P_A = \left(p_0 H + \frac{\gamma H^2}{2}\right) - 2c_u H \tag{8.85}$$

以上がランキン土圧の求め方である。

ランキン土圧理論に従って壁面の土圧分布を描いてみるといくつか注目すべきことがある。

1点目は，静止土圧および二つの極限土圧は深さに対して直線的に増加することである（図 8.51）。水圧は深さに対して γ_w の勾配を持つのに対して，主働土圧は地下水面より上なら $\gamma_t K_A$，地下水面以深では $\gamma' K_A$ の勾配を持つ。受働土圧の場合は，それぞれの勾配は地下水面より上なら $\gamma_t K_P$，地下水面以深では $\gamma' K_P$ となる。静止した地下水面が背面土塊にあれば，壁面には土圧と水圧の両者が作用している。もし壁面が剛体でなく各深さで壁面の変位性状が変化すれば，土圧分布の性状は二つの極限土圧の範囲内でいろいろな形をとり得る（図 8.52）。図中に例示した土圧分布では，壁面上部は壁が押されて受働土圧状態に近いが，深くなるにつれて壁面が膨れ出して，主働土圧状態に近い

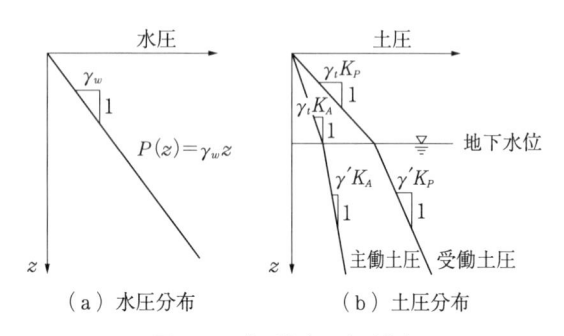

（a）水圧分布　　（b）土圧分布

図 8.51　水圧分布と土圧分布

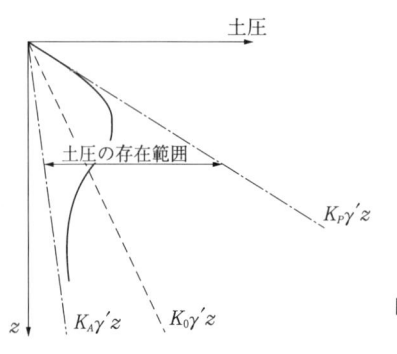

図 8.52　土圧分布の存在範囲

ことをうかがわせる。

2点目は，強度パラメータ $c>0$ が存在すると計算上地表面近傍では主働土圧の値が負をとり，ある深さで壁面主働全土圧が0になることである（**図8.53**）。したがって，原理的にはその深さまで鉛直掘削斜面は壁面がなくとも破壊しないで存在し得ることになる。その深さを**限界掘削高さ** H_{cr} と呼ぶことがある。その深さは壁面主働全土圧式（8.81）を0とおいて壁面高さについて整理すればつぎの表現式が得られる。$c'\phi'$ 法では

$$H_{cr} = \frac{4c'}{\gamma_t}\tan\left(45° - \frac{\phi'}{2}\right) \tag{8.86}$$

$\phi_u = 0$ 法では

$$H_{cr} = \frac{4c_u}{\gamma} \tag{8.87}$$

となる。一方で土は本来，引張力に対して抵抗する強度を持たないと考えれば，$0.5H_{cr}$ の深さで示される土圧が負の区間には引張クラックが発生する可能性が高いことになり，安全側の配慮としてこの区間の負の土圧を無視することもあり得る。

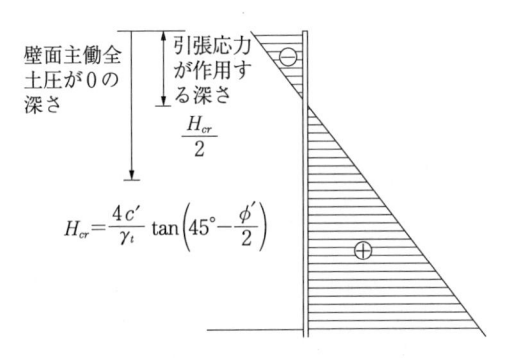

図8.53 c が存在するときのランキン主働土圧

先にランキン土圧式として，地表面に均一な表面荷重（サーチャージ）p が作用している場合も含む形で導いた。ランキン土圧理論は，水平多層地盤（**図8.54**）や無限斜面での土圧の算定（**図8.55**）にも拡張可能である。

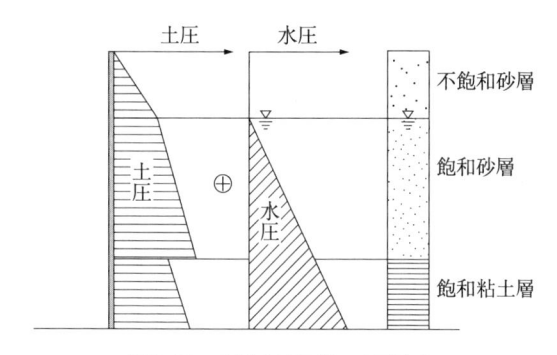

図 8.54　水平多層地盤の土圧分布

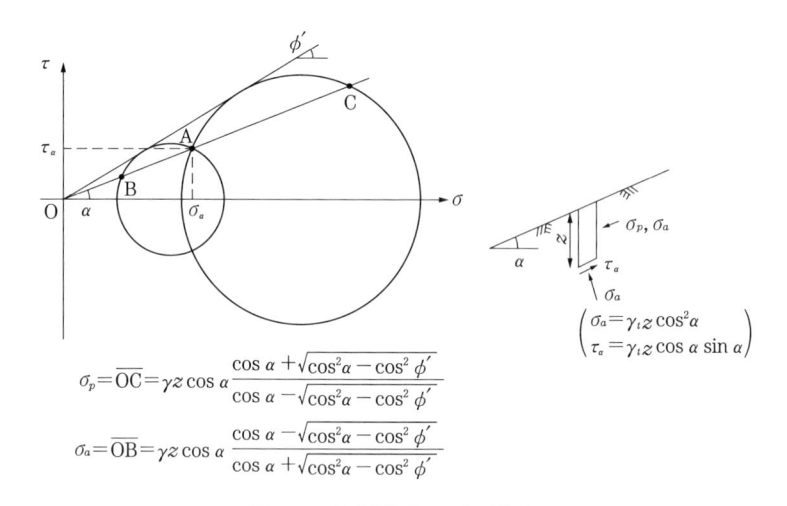

$$\sigma_p = \overline{OC} = \gamma z \cos\alpha \frac{\cos\alpha + \sqrt{\cos^2\alpha - \cos^2\phi'}}{\cos\alpha - \sqrt{\cos^2\alpha - \cos^2\phi'}}$$

$$\sigma_a = \overline{OB} = \gamma z \cos\alpha \frac{\cos\alpha - \sqrt{\cos^2\alpha - \cos^2\phi'}}{\cos\alpha + \sqrt{\cos^2\alpha - \cos^2\phi'}}$$

$$\begin{pmatrix} \sigma_a = \gamma_t z \cos^2\alpha \\ \tau_a = \gamma_t z \cos\alpha \sin\alpha \end{pmatrix}$$

図 8.55　無限斜面での土圧算定

〔2〕クーロンの土圧理論　クーロンの土圧理論は，土くさび論とも呼ばれるように図 8.56 に示す直線すべり面による破壊メカニズムを仮定して，くさび自重と壁面および直線すべり面に作用する力の極限つりあいから壁面土圧を求める理論であり，極限つりあい法による破壊解析手法の典型である．その破壊メカニズムが可容速度場の条件を満たせば上界値計算法を用いていると理解できる．したがって，クーロン土圧理論からは，受働土圧はつねに危険側に見積もられることに注意を要する．ここで最大化・最小化のプロセスでは，主働土圧を求める際には最大化，受働土圧を求めるには最小化を行う．

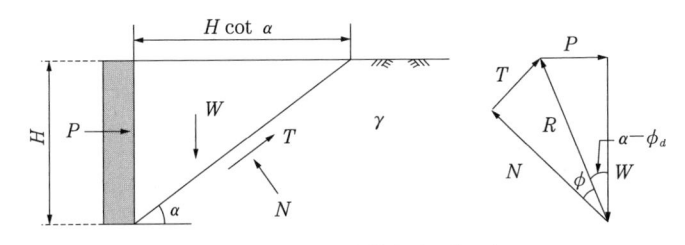

図 8.56 クーロン主働土圧の求め方

　高さ H の鉛直壁面に作用する乾燥砂の主働土圧を図 8.56 に示したような直線すべり場による破壊メカニズムを仮定してクーロン土圧を導こう。土の単位体積重量を γ_d，排水条件下での強度パラメータを $c = c_d = 0$，$\phi = \phi_d$ と記す。力の多角形から

$$P = W \tan(\alpha - \phi_d) = \frac{\gamma_d H^2}{2} \cot \alpha \tan(\alpha - \phi_d) \tag{8.88}$$

P の最大値を計算するために

$$\frac{dP}{d\alpha} = 0$$

として

$$\sin 2\alpha = \sin(2\alpha - 2\phi_d)$$

$$\therefore \quad \alpha = 45° + \frac{\phi_d}{2}$$

ここから

$$\therefore \quad P_A = \frac{\gamma_d H^2}{2} \tan^2\left(45° - \frac{\phi_d}{2}\right) \tag{8.89}$$

が求められる。これはランキンの主働全土圧の式 (8.81) において $c' = 0$，$p_0 = 0$，$\gamma' = \gamma_d$，$\phi' = \phi_d$ と置いたものに等しい。

　クーロンの土圧理論は，原理的に地表面の局所的な表面荷重が作用していても，壁面摩擦が存在する場合や，地表面形状，壁面形状が局所的に変化する場合にも適用可能で，汎用性は高い。図 8.57 に示す条件下でのクーロン土圧式を示しておく。なお壁面摩擦がある場合，直線すべり場を仮定した受働土圧計

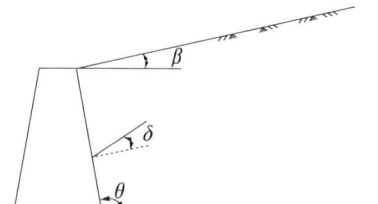

図 8.57 クーロン土圧の計算条件

算結果は過大になるので使用は避けたい.

$$K_A = \frac{\sin^2(\theta - \phi')}{\sin^2\theta \sin(\theta + \delta)} \left\{ 1 + \sqrt{\frac{\sin(\phi' + \delta)\sin(\phi' - \beta)}{\sin(\theta + \delta)\sin(\theta - \beta)}} \right\}^{-2}$$

$$K_P = \frac{\sin^2(\theta + \phi')}{\sin^2\theta \sin(\theta - \delta)} \left\{ 1 + \sqrt{\frac{\sin(\phi' + \delta)\sin(\phi' + \beta)}{\sin(\theta - \delta)\sin(\theta - \beta)}} \right\}^{-2} \quad (8.90)$$

8.8.3 基礎の破壊問題,二つの支持力公式

基礎の破壊問題は多様でつねに新しい.それは基礎形式が多様で,荷重条件や地盤条件あるいは利用可能な材料条件などによってつねに新しい基礎形式・形状が考案されていること,作用する荷重が鉛直圧縮力,引抜き力,水平力,モーメント荷重あるいはそれらの組合せと多様性に富んでいること,基礎建設の施工法が多様であること等に起因している.ここでは支持層に直接,基礎を設置する直接基礎に代表される**浅い基礎**,杭基礎に代表される**深い基礎**の基礎的な事項として,基礎底面での鉛直支持力問題を学ぶ.

浅い基礎と深い基礎を分けて学ぶ理由は,破壊問題の類型に用いた視点の一つである.対象とする基礎が浅いところにあるか深いところにあるかによる現象の違いの理解だけではなく,支持機構が異なること,施工に伴う地盤特性の変化の程度が異なることにもよっている.すなわち,浅い基礎では基礎底面での抵抗力が基礎の支持力の大部分を占めるのに対して,深い基礎では底面の抵抗力 Q_b と基礎周面と地盤との接触面に働く周面抵抗の総和 Q_s が基礎の支持力 Q となり,底面抵抗力と周面抵抗力の比率は,基礎の変位量や地盤の強度・変形特性によって変化する(図 8.58).浅い基礎では基礎建設に伴う地盤中の応力履歴が,深い基礎に比べて少ない.そのため,事前の地盤調査による

8.8 いくつかの境界値問題

$Q = Q_s + Q_b$
Q：基礎支持力
Q_s：周面抵抗力
Q_b：底面抵抗力

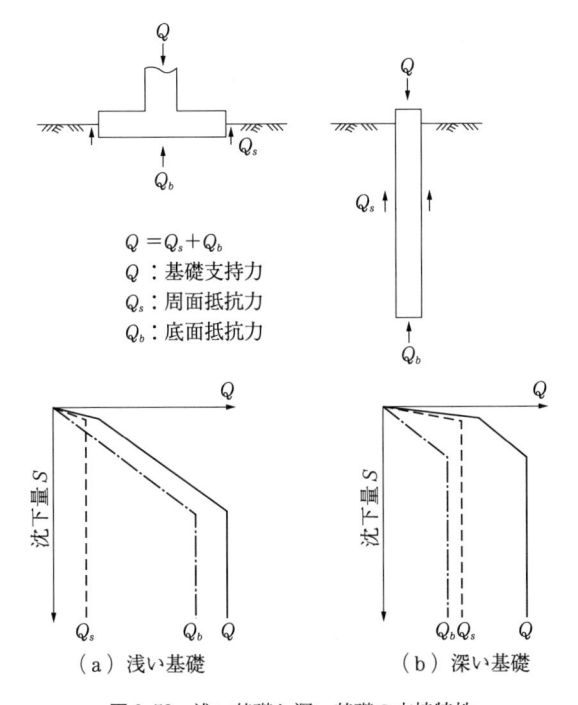

（a）浅い基礎　　　　　（b）深い基礎

図 8.58　浅い基礎と深い基礎の支持特性

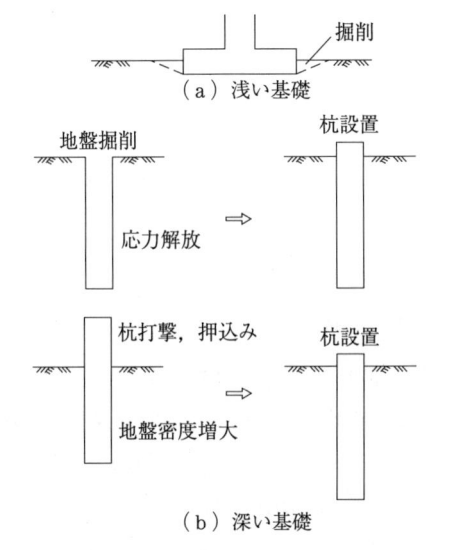

（a）浅い基礎

地盤掘削　　　　　　杭設置

応力解放　⇒

杭打撃，押込み　　　杭設置

地盤密度増大　⇒

（b）深い基礎

図 8.59　施工に伴う地盤性状の変化

情報が有効に利用される．それに比べて深い基礎では，基礎そのものを地盤中に構築するために，事前に地盤を掘削したり，あるいは基礎の一部を押し込んだりすることにより，基礎構築前と比べて地盤をゆるめたり，反対に地盤の密度を増大させたりする．すなわち基礎建設に伴う地盤性状の変化が激しい（図 8.59）．

〔1〕 **浅い基礎の支持力（テルツァーギの支持力公式）**　　土質力学の学問体系を構築したテルツァーギは，広義の受働土圧とは外力が地盤を変位させるのに対抗する土の抵抗力であると述べ，支持力問題も受働土圧問題の一つであるとしている．テルツァーギが仮定した破壊のメカニズムは**図 8.60** のようである．三角形主働くさび abd に作用する力は，基礎に作用する外力 Q，辺 ab, bd に作用する受働土圧 P_P と付着力 c_a，およびくさびの自重である．

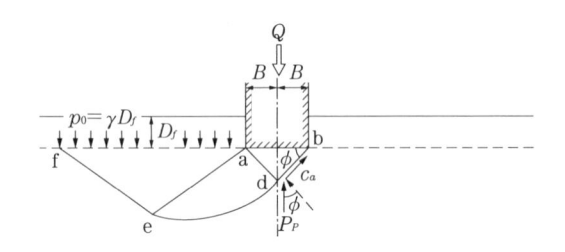

図 8.60　テルツァーギが仮定した帯基礎の破壊メカニズム

くさびの角度を ϕ と仮定したことから，P_P は鉛直上方に向くことになり，すべての力の鉛直方向のつりあい式は，基礎幅を $2B$，基礎底面下の土の単位体積重量を γ とすれば

$$Q + \gamma B^2 \tan\phi - 2P_P - 2Bc_a \tan\phi = 0$$

となり，これを Q について解けば

$$Q = 2P_P + 2Bc_a \tan\phi - \gamma B^2 \tan\phi \tag{8.91}$$

が得られる．この式は，地盤条件（c, ϕ, γ）と基礎幅 $2B$ が決まると P_P だけが Q を求める上での未知数となることを意味し，基礎の支持力を求めることはくさびに作用している受働土圧 P_P を求めることに帰着することになる．

図 8.49 に示したように水平地盤の塑性平衡応力場では，すべり線は水平面

と (45° − φ/2) のなす角度の共役な 2 組の直線群である．ここから深さ H について積分すれば，「摩擦のない」高さ H の垂直な壁に作用するランキン受働全土圧を与える式 (8.75) が求まる．

図 8.60 に見るように，支持力問題では主働くさびに沿って摩擦力が作用しているので，受働土圧に及ぼす摩擦の影響を知る必要がある．壁に摩擦があるとすべり線が直線とはならず曲線となる（**図 8.61**）．受働土圧は式 (8.78) の形式とはならずに，厳密には Kötter 式を解くことが要求される．しかし，近似的に作用面に垂直方向の土圧 p_n も式 (8.78) の形で表されると仮定すると，この場合も

$$p_n = cK_c + p_0 K_P + \gamma z K_\gamma \tag{8.92}$$

との重ね合わせによって壁に摩擦が存在する場合の受働土圧を計算することができる．ここで，K_c, K_P, K_γ は受働土圧係数と呼び，ϕ だけの関数で決まる無次元量であり，極限つりあい法を用いて求められる．

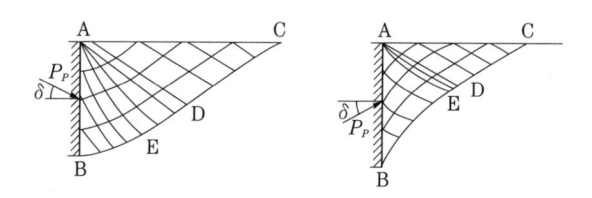

図 8.61 壁に摩擦がある場合のすべり線場

図 8.60 を再び見ると，摩擦の影響とともに傾いた面に作用している受働土圧が知りたい．いま**図 8.62** に示すような壁に摩擦があり，かつ，壁が傾斜している場合について，受働全土圧 P_P が求められれば，これを式 (8.91) に代

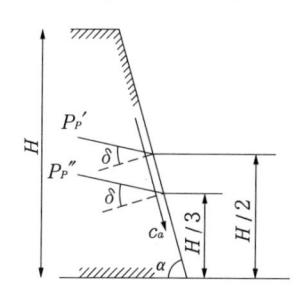

図 8.62 壁が傾斜している場合の受働土圧問題

入して支持力を求めることが可能となる。

式 (8.92) を深さ z に依存しない項 p' と z に依存する項 p'' とに分けると

$$p_n = p' + p''$$

$$p' = cK_c + p_0 K_P$$

$$p'' = \gamma z K_\gamma$$

となる。p' による受働土圧は深さによらず一定であるので，合力の作用位置は $H/2$ にあり，この成分の受働全土圧の値は

$$P' = \frac{H(cK_c + p_0 K_P)}{\sin \alpha}$$

p'' によるものは静水圧分布のように深さとともに増加しているので，合力は作用位置が $H/3$ で

$$P'' = \frac{\gamma H^2 K_\gamma}{2\sin \alpha}$$

なる全土圧式が求まる。

したがって，垂直な受働全土圧の成分は

$$P_{Pn} = P' + P''$$

$$= \frac{H(cK_c + p_0 K_P)}{\sin \alpha} + \frac{\gamma H^2 K_\gamma}{2\sin \alpha}$$

となる。ここで図 8.60 の主働くさび状態に対応させるために

$$H = B\tan\phi, \quad \alpha = 180 - \phi, \quad \delta = \phi, \quad c_a = c$$

とおく。さらに受働全圧 P_P は

$$P_P = \frac{P_{Pn}}{\cos \delta}$$

$$= \frac{P_{Pn}}{\cos \phi}$$

であるので，これらを考慮すれば

$$P_P = \frac{P_{Pn}}{\cos \phi}$$

$$= \frac{B(cK_c + p_0 K_P)}{\cos^2\phi} + \frac{\gamma B^2 \tan\phi \, K_\gamma}{2\cos^2\phi}$$

が求まる。

　ここで最終的に主働くさびに作用する P_P が求められたので，P_P を式 (8.91) に代入すれば支持力がつぎのように求められる。

$$Q = 2Bc\left(\frac{K_c}{\cos^2\phi} + \tan\phi\right) + 2Bp_0\frac{K_P}{\cos^2\phi} + \gamma B^2 \tan\phi\left(\frac{K_\gamma}{\cos^2\phi} - 1\right)$$

上式を基礎幅 $2B$ で割れば

$$\frac{Q}{2B} = cN_c + p_0N_q + \frac{\gamma B}{2}N_\gamma \tag{8.93}$$

と書き表される。これをテルツァーギの支持力公式という。
ここで

$$N_c = \frac{K_c}{\cos^2\phi} + \tan\phi$$

$$N_q = \frac{K_P}{\cos^2\phi}$$

$$N_\gamma = B\tan\phi\left(\frac{K_\gamma}{\cos^2\phi} - 1\right)$$

であり，すべて土圧係数で書き表されているので，ϕ だけの関数である。この無次元数 N_c，N_q，N_γ をテルツァーギは**支持力係数**と名付けた。

　したがって，式 (8.93) の重ね合わせの原理による支持力公式を用いて極限支持力を求めるには，地盤の強度パラメータ c，ϕ と自重 γ，基礎の幅 B と根入れ深さ $D(p_0 = \gamma D)$ が定まれば，支持力係数の値，すなわち受働土圧係数を求めればよいことになる。

　テルツァーギの支持力公式は根入れ深さが小さく表面載荷重として近似できる帯基礎の鉛直支持力に対して導かれたものである。これを基に，基礎形状，傾斜，偏心荷重，根入れ深さの影響等を考慮した拡張された浅い支持力公式として次式が広く実務で用いられている。

$$q_u = \frac{Q_u}{BL} = cN_cS_ci_cd_c + p_0N_qS_qi_qd_q + \frac{1}{2}\gamma BN_\gamma S_\gamma i_\gamma d_\gamma \tag{8.94}$$

ここで B は基礎の短辺長，L は基礎長，Q_u は極限荷重，N_c，N_q，N_γ は支持力係数，S_c，S_q，S_γ は**形状係数**，i_c，i_q，i_γ は**傾斜係数**，d_c，d_q，d_γ は**深さ**

係数であり，下式が用いられる．

支持力係数

$$N_c = (N_q - 1)\cot\phi$$

$$N_q = \exp(\pi\tan\phi)\tan^2\left(45° + \frac{\phi}{2}\right)$$

$$N_\gamma \fallingdotseq 2(N_q + 1)\tan\phi$$

ただし，$\phi_u = 0$ の場合は $N_c = \pi + 2$，$N_q = 1$，$N_\gamma = 0$ である．

形状係数

$$S_c = 1 + \frac{B}{L}\frac{N_q}{N_c}$$

$$S_q = 1 + \left(\frac{B}{L}\right)\tan\phi$$

$$S_\gamma = 1 - 0.4\frac{B}{L}$$

深さ係数

$$d_c = d_q - \left(\frac{1 - d_q}{N_c\tan\phi}\right)$$

$$d_q = 1 + 2\tan\phi(1 - \sin\phi)^2\tan^{-1}\frac{D}{B}$$

$$d_\gamma = 1$$

ただし，$\phi_u = 0$ の場合は $d_c = 1 + 0.33\tan^{-1}(D/B)$ である．

傾斜係数

$$i_c = i_q - \left(\frac{1 - i_q}{N_c\tan\phi}\right)$$

$$i_q = \left(1 - \frac{T}{N + B'L'c\cot\phi}\right)^n$$

$$i_\gamma = \left(1 - \frac{T}{N + B'L'c\cot\phi}\right)^{n+1}$$

ただし，$\phi_u = 0$ の場合は $i_c = 1 - nT/(cN_cB'L')$ である．

ここで B' と L' は，短軸に対する偏心量を e_b，長軸に対する偏心量を e_L とした場合

$$B' = B - 2e_b$$
$$L' = L - 2e_L$$

で与えられ，**有効基礎幅**と呼ぶ．

また，T と N は基礎に作用する水平および鉛直荷重であり，n は

B 方向への荷重傾斜の場合　　$n = \dfrac{2 + \dfrac{B}{L}}{1 + \dfrac{B}{L}}$

L 方向への荷重傾斜の場合　　$n = \dfrac{2 + \dfrac{L}{B}}{1 + \dfrac{L}{B}}$

とする．

〔2〕 **深い基礎の支持力**　　基礎の支持力は周面抵抗力 Q_s と底面抵抗力 Q_b の和で与えられる．

$$Q = Q_s + Q_b \tag{8.95}$$

浅い基礎の場合，$Q_s \fallingdotseq 0$ と近似し，鉛直極限荷重として

$$Q_u = q_u A = A\left(cN_c S_c + \gamma D N_q S_q + \frac{1}{2}\gamma B N_\gamma S_\gamma\right) \tag{8.96}$$

で計算される．ここで A は基礎底面積，D は基礎の根入れ深さである．しかし，深い基礎の支持力問題では，$Q_s \gg Q_b$ の場合もある．

Q_s の評価は，$\phi_u = 0$ 法では非排水強度 c_u と周面積 A_s を用いて

$$Q_s = \alpha A_s c_u \tag{8.97}$$

と表現され，α は $0 < \alpha \leq 1$ の値をとる．$c'\phi'$ 法では，ある深さ z での周面有効直応力 $\sigma_N{}'$ と基礎周面と地盤の外部摩擦角 δ によって

$$\begin{aligned}Q_s &= 2\pi r \int_0^L (c' + \sigma_N{}' \tan\delta)\,dz \\ &= 2\pi r \int_0^L (c' + k_p\,\sigma_v{}' \tan\delta)\,dz \\ &= 2\pi r \int_0^L (c' + \beta\sigma_v{}')\,dz \end{aligned} \tag{8.98}$$

と書ける。なお，基礎長さを L，半径を r，杭周面に作用する土圧係数を k_p とした。β は地盤の応力履歴や杭の種類・施工法によって，変化する。

Q_b は先端支持力とも呼ばれる。杭基礎の Q_b の評価は，8.2 節で述べたように深い三次元の載荷問題（類型 4）として近似でき，球空洞の押し拡げ問題として解析される。ここでは Vesic（ベーシック）の支持力式を導く。

図 8.63 に示すのは，初期に半径 R_i の球空洞が圧力 p_u で押し拡げられ，半径が R_u まで拡大した状態で，ちょうどテニスボールを砂の中に入れて膨らました状態である。そのとき，周辺の地盤では半径 R_p までモール・クーロンの破壊規準を満たす塑性領域となり，その外側はまだ弾性領域にとどまっている。この弾性領域と塑性領域の境を弾塑性境界と呼ぶ。弾性領域内は線形な等方弾性体（E, ν）であり，地盤は載荷前には等方的な応力 q が作用しており，土自重による物体力は無視する。

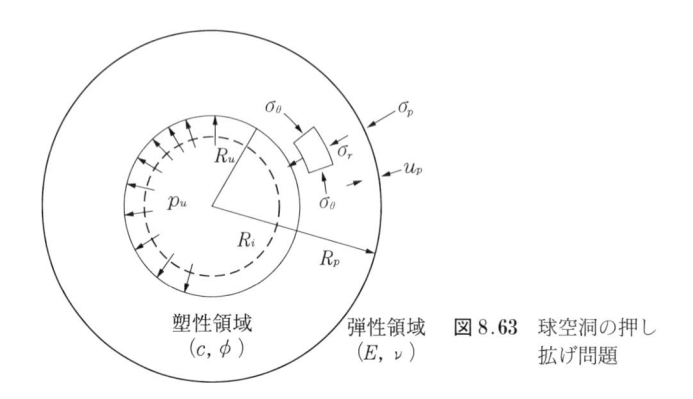

図 8.63 球空洞の押し拡げ問題

球座標での半径方向の応力のつりあい方程式は，つぎのように書くことができる。

$$\frac{d\sigma_r}{dr} + \frac{2(\sigma_r - \sigma_\theta)}{r} = 0 \tag{8.99}$$

球の中心点から見れば半径方向と周方向には対称性が成り立っているので，σ_r と σ_θ は主応力であり，つぎの破壊規準式で関連付けられている。

$$\sigma_r - \sigma_\theta = 2c\cos\phi + (\sigma_r + \sigma_\theta)\sin\phi \tag{8.100}$$

ここで未知数が σ_r と σ_θ の二つで，方程式が二つであるので解けることがわかる。式 (8.100) を σ_θ について書き直し，式 (8.99) に代入すれば σ_r についての一階の微分方程式が得られる。

$$\frac{d\sigma_r}{dr} + \frac{4\sin\phi}{1+\sin\phi}\frac{\sigma_r}{r} = -\frac{4c\cos\phi}{(1+\sin\phi)r} \tag{8.101}$$

この一般解は

$$\sigma_r = Br^{-\frac{4\sin\phi}{1+\sin\phi}} - c\cot\phi \tag{8.102}$$

ここに B は積分定数である。

ここで積分定数 B を決めるために，$r = R_u$ で $\sigma_r = p_u$ である応力の境界条件を用いると

$$B = (p_u + c\cot\phi)R_u^{\frac{4\sin\phi}{1+\sin\phi}} \tag{8.103}$$

が知れるので，式 (8.102) に代入して

$$\sigma_r = (p_u + c\cot\phi)\left(\frac{R_u}{r}\right)^{\frac{4\sin\phi}{1+\sin\phi}} - c\cot\phi \tag{8.104}$$

ここで p_u の値を決定するのに，Vesic は空洞拡大に伴う体積の収支をつぎのように仮定した。

空洞体積変化 = 弾性域の体積変化 + 塑性域の体積変化

すなわち図 8.63 で示した記号を用いれば

$$R_u{}^3 - R_i{}^3 = R_p{}^3 - (R_u - u_p)^3 + (R_p{}^3 - R_u{}^3)\varDelta \tag{8.105}$$

となる。ここで $\varDelta$ は塑性域の体積ひずみである。また，u_p は弾塑性境界（$r = R_p$）での半径方向の変化であり，Lame（ラメ）の弾性解として

$$u_p = \frac{1+\nu}{2E}R_p(\sigma_p - q) \tag{8.106}$$

のように知られている。

式 (8.105) で微小項を消去して式 (8.106) を用いれば

$$3\frac{R_p{}^3}{R_u{}^3}\frac{1+\nu}{2E}\left\{(p_u + c\cot\phi)\left(\frac{R_u}{R_p}\right)^{\frac{4\sin\phi}{1+\sin\phi}} - (q + c\cot\phi)\right\} + \frac{R_p{}^3}{R_u{}^3}\varDelta = 1 + \varDelta \tag{8.107}$$

が得られる．一方，$r = R_p$ で

$$\frac{\sigma_r + 2\sigma_\theta}{3} = q \tag{8.108}$$

であるので，式 (8.100) を用いて σ_r について解くと

$$\sigma_r = \frac{4c \cos\phi}{3 - \sin\phi} + 3q \frac{1 + \sin\phi}{3 - \sin\phi} \tag{8.109}$$

となる．式 (8.104) と式 (8.109) を等値すれば

$$(p_u + c \cot\phi)\left(\frac{R_u}{R_p}\right)^{\frac{4\sin\phi}{1+\sin\phi}} - (q + c \cot\phi) = \frac{4 \cos\phi\,(c + q \tan\phi)}{3 - \sin\phi} \tag{8.110}$$

なる式が求まる．これをさらに式 (8.107) に代入すれば

$$\frac{R_p{}^3}{R_u{}^3}\left\{\frac{2(1+\nu)(c + q\tan\phi)}{E}\frac{3\cos\phi}{3-\sin\phi} + \varDelta\right\} = 1 + \varDelta \tag{8.111}$$

となる．ここで，$\varDelta < 0.15$，$0 < \phi < 45°$ に対して

$$\sqrt[3]{1 + \varDelta} \fallingdotseq 1$$

$$\frac{3 - \sin\phi}{3\cos\phi} \fallingdotseq 1$$

$$\left(\frac{R_p}{R_u}\right) = \sqrt[3]{\frac{I_r}{1 + I_r \varDelta}} = \sqrt[3]{I_{rr}} \tag{8.112}$$

が得られる．

Vesic は I_r を剛性指数 (rigidity index)，I_{rr} を reduced rigidity index と呼び，それぞれ

$$I_r = \frac{E}{2(1+\nu)(c + q\tan\phi)} = \frac{G}{s}, \quad G = \frac{E}{2(1+\nu)}$$

$$I_{rr} = \frac{I_r}{1 + I_r\,\varDelta}, \quad s = c + q\tan\phi$$

で定義される．

式 (8.110) より

$$p_u = \left(\frac{R_p}{R_u}\right)^{\frac{4\sin\phi}{1+\sin\phi}} \frac{3(q + c\cot\phi)(1 + \sin\phi)}{3 - \sin\phi} - c\cot\phi \tag{8.113}$$

8.8 いくつかの境界値問題

が求まるので I_{rr} を用いて

$$p_u = cF_c + qF_q \tag{8.114}$$

$$F_q = \frac{3(1+\sin\phi)}{3-\sin\phi}(I_{rr})^{\frac{4\sin\phi}{3(1+\sin\phi)}}$$

$$F_c = (F_q - 1)\cot\phi$$

なる支持力公式が得られる。

同様な解析を行えば，$\phi_u = 0$ 法の場合は

$$p_u = cF_c + qF_q \tag{8.115}$$

$$F_q = 1$$

$$F_c = \frac{4}{3}(\ln I_r + 1)$$

となる。さらに，この場合は $\varDelta = 0$ であるので $I_{rr} = I_r = G/c_u$ である。

摩擦性材料に対して Vesic 理論に従って支持力の予測を行うには，弾性定数 G と ν，強度係数 c と ϕ を知る必要があるのに加えて，塑性域での平均体積ひずみの評価 $\varDelta$ を行う必要がある。

第9章 土の挙動とモデル化

9.1 はじめに

構造物の挙動を把握するとき，荷重と変位の関係を用いた（図9.1）。そして2段階設計では，終局限界状態，つまり構造物が破壊してしまう状態では塑性解析によって破壊に対する安全性を確保し，使用限界状態，つまり通常構造物が供用している状態で作用している荷重に対しては弾性解析によって許容する変形以内に収めることを目標とした。本章では，破壊に至る前までの非線形挙動を追跡するために土の要素の挙動を調べていく。ここでは土要素の応力とひずみの関係に着目する。典型的な土要素の応力とひずみの関係を示すと図9.2のようになる。ここでも2段階で簡便に理想化ができそうである。すなわち変形初期の勾配と破壊状態のみに着目した弾完全塑性体の適用が考えられる。さらに詳細な非線形な変形挙動を調べるには，弾塑性体としてのモデル化が必要となる。

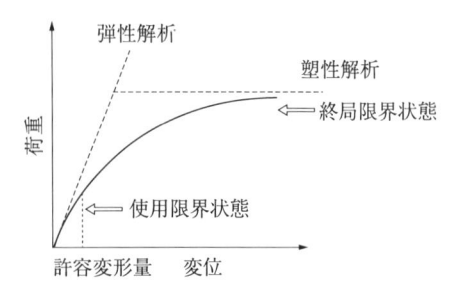

図9.1 構造物の荷重変位関係と2段階設計

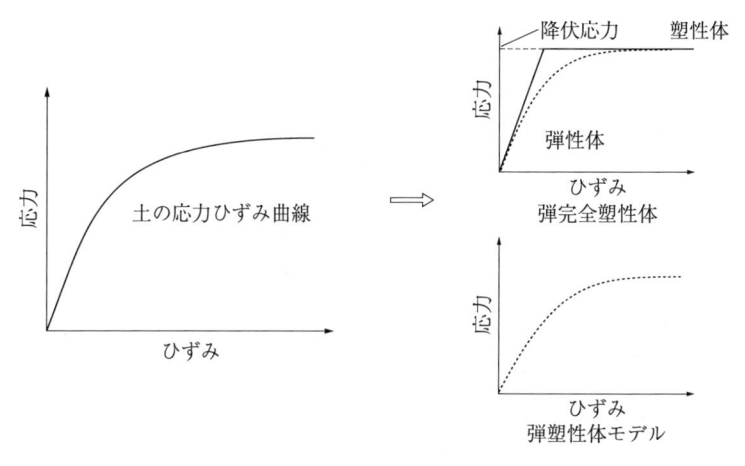

図 9.2 土要素の応力ひずみ関係とモデル

土の挙動の追跡にはつぎの 3 点に注意したい（**図 9.3**）。第 1 点は土の挙動を応力の変化と体積の変化を連携してとらえることである。応力空間で要素内の応力がどのように変化するか，その応力変化を間げき比（あるいは比体積）の変化として見るとどのようになるのか，をつねに頭に入れて眺めることが必要である。第 2 点は土要素内の間げき水の出入りが許容されているか否かという区別である。その一つの極端な場合が，まったく間げき水の出入りを許さない場合で**非排水状態**（undrained condition），あるいは非排水条件のように表現する。非排水条件で行う試験を非排水試験という。このとき，土要素の体積変化はないので，過剰間げき水圧の変化が挙動理解に重要となる。対峙する極端な場合が，過剰間げき水圧がまったく発生しないように間げき水の出入りを許す場合で，**排水状態**（drained condition），あるいは排水条件と表現する。排水条件で行う試験を排水試験という。排水状態では，過剰間げき水圧がつねに 0 に保たれているので全応力増分は有効応力増分に等しい。であるから，過剰間げき水圧ではなく，体積変化あるいは間げき比変化に着目した挙動理解を行う。第 3 点は土要素の応力が現在の**降伏応力**（yield stress）を超えているか否かである。降伏応力は図 9.2 の応力ひずみ曲線で示した弾完全塑性体の折れ曲がり点の応力に対応する。一次元圧縮試験を行うと種々の物理的原因で e

(a) 応力と体積の変化

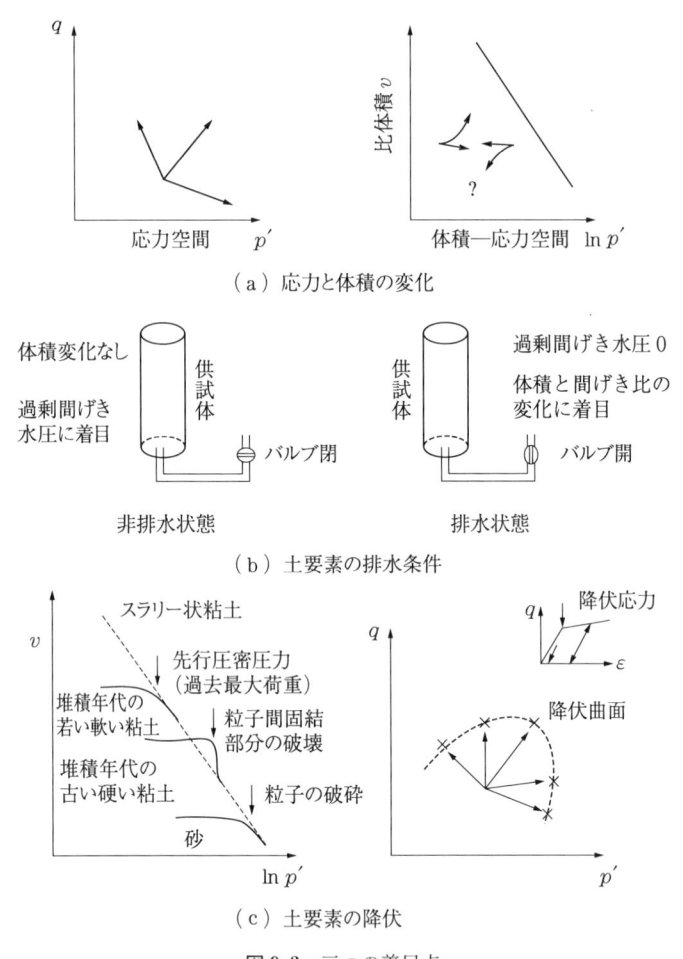

(b) 土要素の排水条件

(c) 土要素の降伏

図 9.3　三つの着目点

—$\log p$ 曲線に折れ曲がり点が観察される．さらに，いろいろな応力の組合せで降伏応力を探してみると，一つの曲面が形成される．これを**降伏曲面** (yield surface) という．土要素に降伏曲面以内の応力範囲で載荷しても変形は小さく除荷すれば変形は戻り，降伏曲面を超えた応力範囲での載荷によって変形が急速に進み，除荷しても変形が残留する．

　なお，本章で記述するのは土要素の挙動である．ある領域を含む地盤挙動全域の予測のような，いわゆる境界値問題では計算機の使用を前提に土要素挙動

のモデルを有限要素法に代表される数値解析法に組み込むことで地盤の挙動追跡を行う。本章では，まず土要素の破壊に着目して，土の強度の源はなにかを考える。つぎに変形の初期勾配に着目して弾性体との視点から土の特性を調べ，最後に土要素の非線形的挙動をモデルを用いて検討する。

9.2 土の強度の源

図 9.4 は密な砂とゆるい砂を，上下二つ割りの長方形の箱に入れて，上部に荷重 P を与えた状態で水平方向力 Q を与えて水平方向に変位させたときの挙動である。そのとき，上下方向（収縮方向を正），水平方向の変位 δ_y，δ_x を計測しておく。図 9.4 には Q/P の値と水平変位 δ_x の関係，δ_y と δ_x の関係を描いてある。密な砂では Q/P の値はある水平変位量でピーク値に達した後，Q/P は低下して一定値に落ち着く。上下方向の変位 δ_y は，初期に小さな収縮をするものもすぐに水平変位の増加に伴い膨張し，Q/P がピーク値 $(Q/P)_{max}$ になる付近の水平変位量で最大の勾配 $(\delta_y/\delta_x)_{max}$ を示す。その後，膨張の増

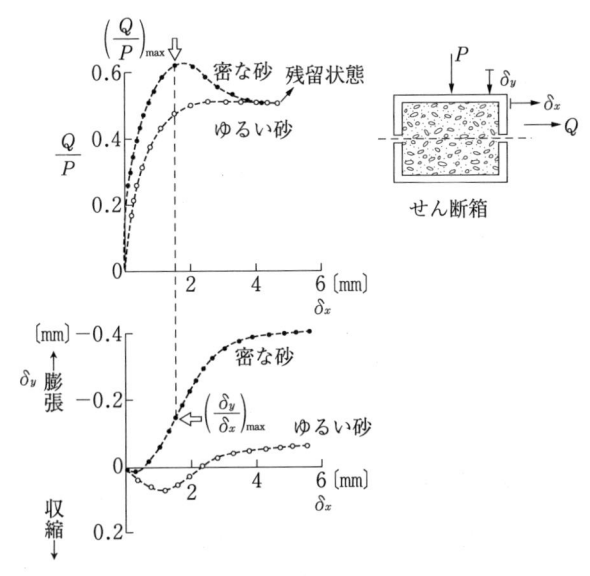

図 9.4 せん断箱による砂のせん断挙動
(Taylor, D.W, 1948 を参考に作図)

加傾向は減少して一定値に落ち着く。一方，ゆるい砂では Q/P は明確なピークは示さずに残留状態で一定の値に近付く。最終的に残留状態での Q/P の値は初期の密度には関係なく一定の値に収れんしていくことになる。上下方向変位の変化は，かなりの水平変位まで収縮した後に膨張に転ずるが，小さな膨張量で一定値に近付いている。

以上のような観察事項に基づき，土の強度の源を仕事の収支から考えてみる。

この供試体に外部からなされる仕事は次式で書ける。

$$\delta W = P\delta_y + Q\delta_x \tag{9.1}$$

右辺第1項は，体積変化に伴ってなされる仕事であり，第2項は供試体のせん断変形によってなされる仕事に対応する。この外部仕事がなんらかの形で土要素内でエネルギー消散していく。外部仕事が土の摩擦によってのみ消散されると仮定すると，鉛直力 P に砂の摩擦係数 μ を乗じたせん断面上の摩擦力に水平変位量 δ_x を掛け合わせて

$$\delta W = \mu P \delta_x \tag{9.2}$$

と書ける。

式(9.2)を用いると式(9.1)は

$$\frac{Q}{P} + \frac{\delta_y}{\delta_x} = \mu \tag{9.3a}$$

となり，左辺第1項は，せん断される水平面で発揮される摩擦角

$$\frac{Q}{P} = \tan \phi_m \tag{9.4}$$

第2項は，ダイレイタンシー角

$$\frac{\delta_y}{\delta_x} = -\tan \nu \tag{9.5}$$

を示す。式(9.3a)を書き直すと

$$\tan \phi_m = \mu + \tan \nu \tag{9.3b}$$

となり，土のせん断強度 Q/P は，**摩擦**と**ダイレイタンシー**の和で示されることがわかる。すなわち，土の強度の源は土のもつ摩擦抵抗とせん断変形に伴う

体積変化（ダイレイタンシー）であることが理解される。このダイレイタンシーは，土のつまり方に依存しているので，土を締固めればダイレイタンシーの成分を増大させ，それだけ土は強くなると理解される。水平変位が大きい残留状態に達すると図9.4に見るようにダイレイタンシーはほぼ0となり，土の強度は摩擦角のみに支配される。

9.3 限 界 状 態

同様な試験を1mmの鉄球を用いて単純せん断試験をすると，密な供試体番号①は膨張し，ゆるい供試体⑤は収縮する〔図9.5(a)〕。これを間げき比の変化（図中では比体積 $v = 1 + e$）で整理しなおしてみると図(b)のように，初期の間げきによらずいずれも大きな変形後は一定の間げき比（比体積）に収れんしていることがわかる。粒状の材料の集合体は大きなせん断変形を与えると，初期の密度やつまり方には依存せず，せん断強度も間げき比も一定値に収れんしそうであることが予想される。このような予想のもとに，円柱供試体を用いて周方向に一定の拘束応力（側圧と呼ぶ）を加えたまま軸方向応力を増加させる三軸圧縮試験を正規圧密粘土および過圧密粘土について排水試験，非排水試験を行った結果を整理しなおしてみると，**図9.6**のように，すべての試験結果が，応力空間表示と応力－体積空間表示ともに土の残留強度およびそのときの間げき比は一本の線に収れんすることが発見された。これは**限界状態線**（C.S.L.：critical state line）と名付けられている。応力空間表示と応力－体積空間表示の直線をそれぞれ次式で表現する。

$$q = Mp'_{cr} \tag{9.6}$$

$$v = \varGamma - \lambda \ln p'_{cr} \tag{9.7}$$

ここで

$$q = \sigma_1 - \sigma_3 \tag{9.8}$$

$$p' = \frac{1}{3}(\sigma_1' + 2\sigma_3') \tag{9.9}$$

であり，q を軸差応力，p' を平均有効応力という。M は μ の大文字で土の摩

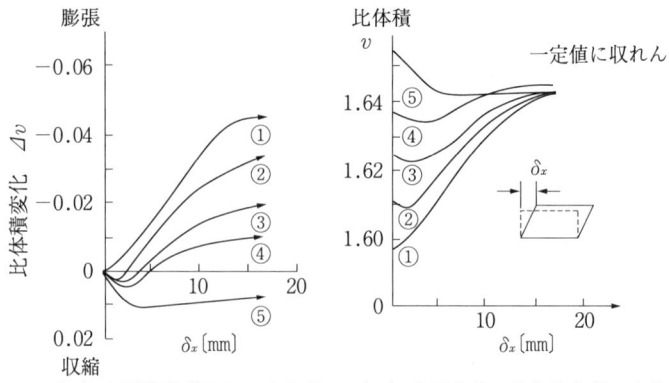

(a) 初期比体積からの変化量　　(b) 水平変位に伴う比体積の変化

図 9.5　鉄球を用いた単純せん断試験（Muir Wood, 1990 を参考に作図）

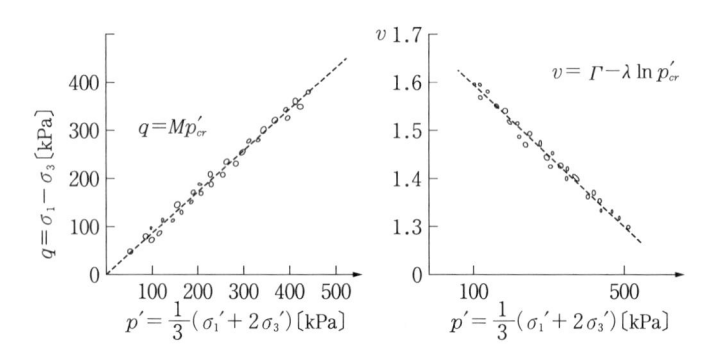

図 9.6　限界状態の発見（Rosco, Schofield and Wroth, 1958 を参考に作図）

擦係数を示し，v は比体積で $(1+e)$，$\varGamma$ は $p'=1$ [kPa] のときの v の値，λ は $v-\ln p'$ 関係の勾配である．すなわち，土の限界状態は，M，$\varGamma$，λ なる三つの土のパラメータと，土の初期の比体積と応力状態で表示されることになる．なお実験的事実として一次元圧縮試験から得られる $e-\ln p'$ の勾配 λ と式(9.7) の λ とは等しい．

　限界状態線の p'_{cr} と破壊時 p'_f の比を用いて，さらに，多くの粘土の排水試験，非排水試験の結果を調べてみると，どの試験結果も破壊時ではある一定の傾向をもつことが確認される．限界状態に向かって，排水試験では体積ひずみ

増分 $\Delta\varepsilon_p$ のせん断ひずみ増分 $\Delta\varepsilon_q$ の比が 0 となる傾向が読みとれ，非排水試験では，無次元表示された過剰間げき水圧の変化率（$\Delta u/p'\Delta\varepsilon_q$）が 0 に向かっているのが確認される（図 9.7）。これを応力―体積空間で模式的に示したのが図 9.8 である。排水試験では，限界状態線より左側（乾燥側と呼ばれる）の試料 A はせん断変形に伴って膨張し，反対に右側（湿潤側と呼ぶ）の試料 B は収縮する。非排水試験では，乾燥側の試料 C はせん断変形すると負の過剰間げき水圧が発生し，湿潤側の試料 D ではせん断変形によって正の過剰間げき水圧が発生する。せん断変形の後に間げき水の移動を許すと負の過剰間げき水圧を発生させる乾燥側の試料 C は，周辺から吸水して膨張し，正の過剰間げき水圧を発生させる湿潤側の試料 D では，間げき水は排出して体積が収縮

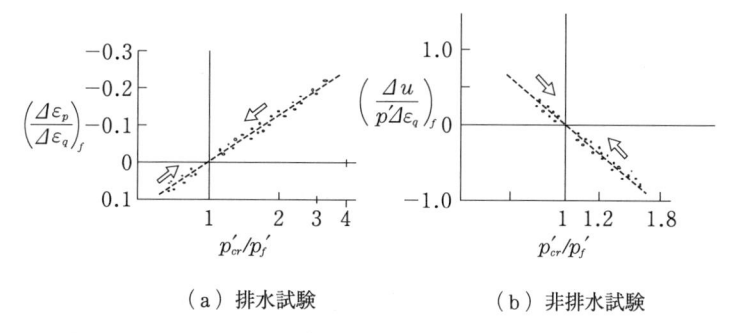

(a) 排水試験　　　　(b) 非排水試験

図 9.7　限界状態収れんの方向性（Schofield and Wroth, 1968 を参考に作図）

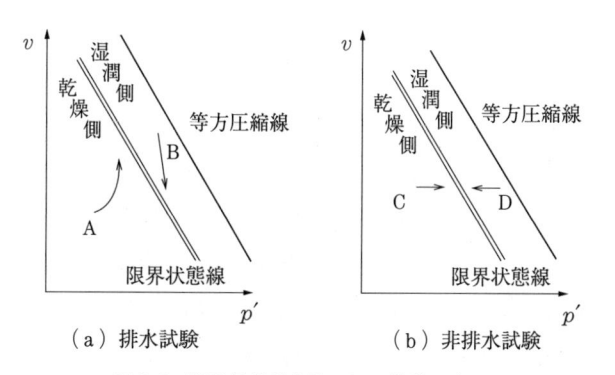

(a) 排水試験　　　　(b) 非排水試験

図 9.8　限界状態線を境にした挙動の違い

する。このように，せん断変形を受ける前の土の初期状態が乾燥側にあるか湿潤側にあるかによって土の挙動はその性格を異にする。

9.4 土の強度の予測

式(9.6)，(9.7)を用いれば土の強度が予測できることになるが，ここでも非排水条件と排水条件に分けて検討する。

9.4.1 土の非排水強度

関係式はつぎの2式である。

$$q = M p'_{cr} \tag{9.6}$$

$$v = \Gamma - \lambda \ln p'_{cr} \tag{9.7}$$

非排水強度（undrained shear strength）は

$$c_u = \frac{q}{2} = \frac{\sigma_1 - \sigma_3}{2} \tag{9.10}$$

で定義される。すなわち，限界状態のモール円の半径を意味する。

上の3式からただちに

$$c_u = M \frac{p'_{cr}}{2} = \frac{M}{2} \exp\left(\frac{\Gamma - v}{\lambda}\right) \tag{9.11}$$

が得られる。すなわち，土の非排水強度を求めるには，土の M，Γ，λ の三つの材料係数と，せん断前の比体積 v が与えられればよい。せん断前の比体積を求めるには，二つの方法がある。第1の方法は，$v = 1 + e = 1 + G_s w$ の関係があるので，土の土粒子比重 G_s とせん断前の含水比 w を求めればよい。第2の方法は，試料の応力履歴を追跡して間げき比を計算する。正規圧密状態での**等方圧縮試験**から $e - \ln p'$ 関係（**図 9.9**）

$$v = N - \lambda \ln p' \tag{9.12}$$

が知られていれば（ここで N は $p' = 1\,[\text{kPa}]$ のときの v の値），これを用いてある p' の値に対する正規圧密時の比体積 v が得られ，式(9.11)に代入することで非排水強度が計算される。例えば，図9.9に示すように，$p' = p'_a$ まで等方圧密した後，非排水条件下でせん断したときの c_u を求める場合に相当す

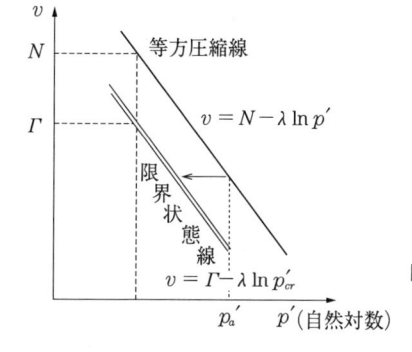

図 9.9 正規圧密状態粘土の比体積の計算

る。より複雑な応力の履歴を経た供試体では，正規圧密時の関係式 (9.12) に加えて膨張時の関係を知る必要がある (**図 9.10**)。

$$v = v_\kappa - \kappa \ln p' \tag{9.13}$$

ここで v_κ は $p' = 1$ [kPa] のときの v の値を示し，κ は膨張時の v―$\ln p'$ の勾配である。

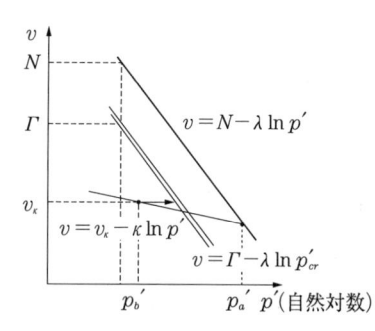

図 9.10 過圧密状態粘土の比体積の計算

式 (9.12)，(9.13) によって，任意の圧密履歴後の比体積を計算することができる。例えば，等方的に p_a' まで圧密し，その後 p_b' まで膨張を許した場合

$$v = (N - \lambda \ln p_a') - \left(\kappa \ln \frac{p_a'}{p_b'}\right) \tag{9.14}$$

として計算可能である。この v の値を式 (9.11) に代入することで過圧密粘土のような応力履歴を受けた土の非排水強度を計算することができる。

9.4.2 土の排水強度

排水条件下では，過剰間げき水圧は発生しないので，土の排水強度は，与え

られた全応力パスを追跡し，式(9.6)と連立して解けばよい．例えば，側圧を一定に保ち，軸圧力を増加させる三軸圧縮試験の場合，全応力パスの勾配は $\delta q/\delta p = 3$ となる．いま，p_0' まで等方圧密された後に，排水圧縮試験を実施した場合，全応力パスを示す直線

$$q = p_0' + 3p$$

と式(9.6)

$$q = Mp'_{cr}$$

の交点が破壊時の応力状態を示す（**図9.11**）．なお，破壊時の比体積は，破壊時の平均有効応力 p'_{cr} を用いて式(9.7)から求められる．

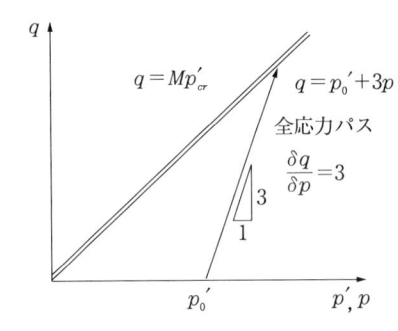

図9.11 三軸圧縮試験の全応力パスと排水強度

9.4.3 モール・クーロンの破壊規準

限界状態の存在が発見される以前は，**図9.12**に示すように異なる上載応力 σ を与えて一面せん断試験を実施し，それぞれの試験でのピーク時のせん断強度 τ_{max} に対して，τ と σ の関係を描き，それを直線で表示した式

$$\tau = c + \sigma \tan \phi \tag{9.15}$$

をクーロン則と呼んで土の破壊規準式とし，c を粘着力，ϕ を内部摩擦角と呼んでいた．

一方，破壊時のモール円の包絡線をもって破壊規準とする考えが，モールの破壊規準である．モールの破壊規準を直線とすると，式(9.15)を主応力表示した次式が得られる．これを有効応力に関するモール・クーロンの破壊規準と呼び，すでに第8章で用いた．

9.4 土の強度の予測

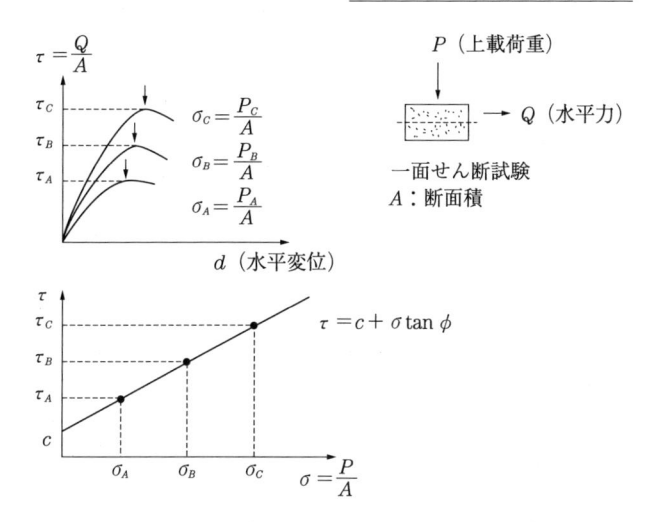

図 9.12 一面せん断試験から求められるクーロンの破壊規準

$$\sigma_1' - \sigma_3' = 2c' \cos \phi' + (\sigma_1' + \sigma_3') \sin \phi' \tag{9.16}$$

ここで，$\overline{\sigma_i}' \longrightarrow \sigma_i' + c' \cot \phi'$ なる座標変換を施せば，式(9.16)は

$$\overline{\sigma_1}' - \overline{\sigma_3}' = (\overline{\sigma_1}' + \overline{\sigma_3}') \sin \phi' \tag{9.17}$$

となり，$c' = 0$ の場合として取扱いが可能となるので，計算が複雑にならない。

式(9.17)で $c' = 0$ として示されるモール・クーロンの破壊規準式における ϕ' と限界状態線における M との関係を三軸圧縮試験状態を対象に求めてみよう。

$$M = \frac{q}{p'} = \frac{\sigma_1' - \sigma_3'}{\dfrac{1}{3}(\sigma_1' + 2\sigma_3')}$$

$$= \frac{\dfrac{\sigma_1'}{\sigma_3'} - 1}{\dfrac{1}{3}\left(\dfrac{\sigma_1'}{\sigma_3'} + 2\right)} = \frac{\dfrac{1 + \sin \phi'}{1 - \sin \phi'}}{\dfrac{1}{3}\left(\dfrac{1 + \sin \phi'}{1 - \sin \phi'} + 2\right)}$$

$$= \frac{6 \sin \phi'}{3 - \sin \phi'} \tag{9.18}$$

このようにして限界状態の摩擦係数 M とモール・クーロンの破壊規準式の

ϕ' とが関係付けられる。

9.5 土の弾性特性

弾性とは載荷過程と除荷過程とで同一の応力ひずみ関係をたどることを意味している。特に応力ひずみ関係が直線で表示される場合は線形弾性 (linear elastic) という言葉が用いられる。

土が真に弾性挙動を示すのはきわめて小さなひずみの範囲 (10^{-6} 以下) であるが，工学的な意味で地盤の変形解析に弾性解析を利用する場合は，10^{-3} 程度までと考えてもよいであろう。

土の弾性特性を把握するために，ひずみ成分を弾性ひずみと塑性ひずみに明確に分離することから始める。図 9.13(a) は円柱金属棒を軸方向に載荷・除荷した状況を示している。除荷したときに残留しているひずみを**塑性ひずみ** ε^p，回復したひずみを**弾性ひずみ** ε^e と呼ぶ。当然，全ひずみ ε は両者の和である。

7.3 節で弾性体の応力ひずみ関係を示したが，式(7.43)を再録すると次式となる。

(a) 金属の引張り試験
$\sigma_a = \dfrac{P}{A}$
A：断面積
d：直径
$\varepsilon = \varepsilon^p + \varepsilon^e$
全ひずみ＝塑性ひずみ＋弾性ひずみ

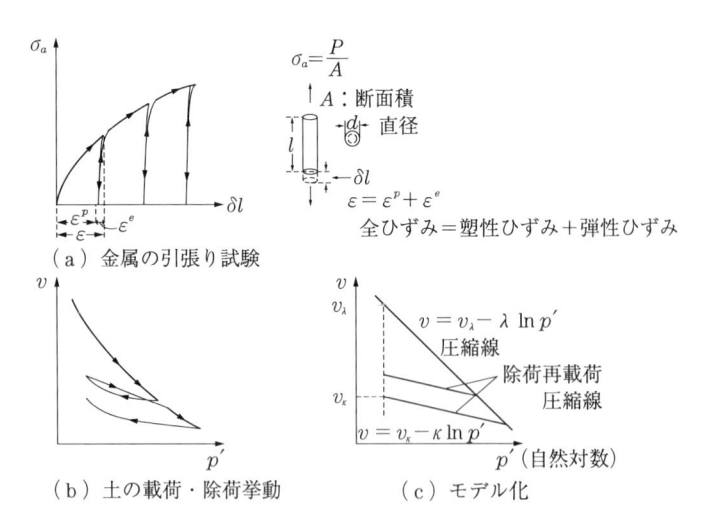

(b) 土の載荷・除荷挙動

(c) モデル化
$v = v_\lambda - \lambda \ln p'$ 圧縮線
除荷再載荷圧縮線
$v = v_\kappa - \kappa \ln p'$
p'（自然対数）

図 9.13　金属と土の挙動

9.5 土の弾性特性

$$\begin{bmatrix} \delta\varepsilon_x \\ \delta\varepsilon_y \\ \delta\varepsilon_z \end{bmatrix} = \begin{bmatrix} \dfrac{1}{E} & -\dfrac{\nu}{E} & -\dfrac{\nu}{E} \\ -\dfrac{\nu}{E} & \dfrac{1}{E} & -\dfrac{\nu}{E} \\ -\dfrac{\nu}{E} & -\dfrac{\nu}{E} & \dfrac{1}{E} \end{bmatrix} \begin{bmatrix} \delta\sigma_x \\ \delta\sigma_y \\ \delta\sigma_z \end{bmatrix} \tag{9.19}$$

軸対称応力状態では

$$\begin{bmatrix} \delta\varepsilon_a \\ \delta\varepsilon_r \end{bmatrix} = \begin{bmatrix} \dfrac{1}{E} & -2\dfrac{\nu}{E} \\ -\dfrac{\nu}{E} & \dfrac{1-\nu}{E} \end{bmatrix} \begin{bmatrix} \delta\sigma_a \\ \delta\sigma_r \end{bmatrix} \tag{9.20}$$

と書き直される。ここで式(9.8)，(9.9)と同様に軸差応力，平均有効応力として

$$q = \sigma_a - \sigma_r$$

$$p' = \frac{1}{3}(\sigma_a' + 2\sigma_r')$$

を用い，それぞれ対応するせん断ひずみを ε_q，体積ひずみを ε_p として

$$\varepsilon_q = \frac{2(\varepsilon_a - \varepsilon_r)}{3}$$

$$\varepsilon_p = \varepsilon_a + 2\varepsilon_r$$

を採用すれば，式(9.20)はつぎのように書き直せる。

$$\begin{bmatrix} \delta\varepsilon_p \\ \delta\varepsilon_q \end{bmatrix} = \begin{bmatrix} \dfrac{3(1-2\nu)}{E} & 0 \\ 0 & \dfrac{2(1+\nu)}{3E} \end{bmatrix} \begin{bmatrix} \delta p' \\ \delta q \end{bmatrix} \tag{9.21}$$

ここで

$$K = \frac{E}{3(1-2\nu)} \tag{9.22}$$

$$G = \frac{E}{2(1+\nu)} \tag{9.23}$$

と書き直して

$$\begin{bmatrix} \delta\varepsilon_p \\ \delta\varepsilon_q \end{bmatrix} = \begin{bmatrix} \dfrac{1}{K} & 0 \\ 0 & \dfrac{1}{3G} \end{bmatrix} \begin{bmatrix} \delta p' \\ \delta q \end{bmatrix} \tag{9.24}$$

が得られる。ここで K を**体積弾性係数** (bulk modulus), G を**せん断弾性係数** (shear modulus) と呼ぶ。

再び排水条件と非排水条件における弾性係数を区別しておく。排水状態の弾性係数を G', K' などとダッシュをつけて表示し、非排水状態の弾性係数は G_u, K_u などと非排水 (undrained) を意味する u を下添え字として表示する。

非排水条件では、体積変化はないので体積ひずみ ε_p は 0 であり、式(9.24)から、$\delta\varepsilon_p = 0$, すなわち $\delta p'/K_u = 0$ が成立する。したがって、K_u が無限大となるために

$$K_u = \frac{E_u}{3(1-2\nu_u)}$$

に注意すれば

$$\nu_u = \frac{1}{2} \tag{9.25}$$

が得られる。一方、$\delta\varepsilon_q = \delta q/(3G)$ は排水条件に影響をうけないので

$$G' = G_u \tag{9.26}$$

すなわち

$$\frac{E'}{2(1+\nu')} = \frac{E_u}{2(1+\nu_u)}$$

が成立し、これに $\nu_u = 1/2$ を代入すれば

$$E_u = \frac{3E'}{2(1+\nu')} = 3G' \tag{9.27}$$

なる関係式が得られる。

K', G' を求める方法はいろいろ考えられるが、例えば等方圧縮試験を実施して体積ひずみ増分、平均有効応力増分を求め、$\delta\varepsilon_p = 1/K' \cdot \delta p'$ 式から K' を求め、別に実施する排水三軸圧縮試験から得られる $q - \varepsilon_p$ 曲線の初期勾配を求めて、$\delta\varepsilon_p = \delta q/3G'$ 式から G' を求めることができる。K', G' が求まれば

ν_u, E_u は式(9.25), (9.27)より計算される。

9.6 土の弾塑性モデルと土の挙動予測
9.6.1 カムクレイモデル

ここでは弾塑性モデルとして**カムクレイモデル**(Cam-clay model)を説明し,そこから予測される土の挙動を説明する。図9.13(a)では金属棒の載荷・除荷過程から弾性ひずみと塑性ひずみの区別を行った。土要素に同様な載荷・除荷過程を行うと比体積と平均有効応力との間に図(b),図(c)のような曲線が描ける。平均有効応力の軸を自然対数にとると,比体積と平均有効応力の間には近似的に直線関係が得られ,載荷過程では

$$v = v_\lambda - \lambda \ln p' \tag{9.28}$$

除荷—再載荷過程は弾性挙動として

$$v = v_\kappa - \kappa \ln p' \tag{9.29}$$

と書ける。

式(9.28), (9.29)を増分形で書き直せば

$$\delta v = -\lambda \frac{\delta p'}{p'} \tag{9.30}$$

$$\delta v = -\kappa \frac{\delta p'}{p'} \tag{9.31}$$

となる。体積ひずみ増分は

$$\delta \varepsilon_p = -\frac{\delta v}{v} \tag{9.32}$$

であるので,弾性状態での体積ひずみ増分は

$$\delta \varepsilon_p{}^e = -\frac{\delta v}{v} = \kappa \frac{\delta p'}{vp'} \tag{9.33}$$

と書ける。式(9.24)と(9.33)を対比させることによって

$$K' = \frac{vp'}{\kappa} \tag{9.34}$$

が得られ,土の体積弾性係数は平均有効応力に比例して増大すると予測される。

つぎに塑性体積ひずみ増分を求める。図 **9.14** を参照して，それぞれ p'_{01} と p'_{02} まで載荷して除荷した除荷・再載荷線の鉛直距離が塑性比体積増分であるので

$$\Delta v^p = (N - \lambda \ln p'_{01}) - (N - \lambda \ln p'_{02}) + \kappa \ln \frac{p'_{02}}{p'_{01}} = -(\lambda - \kappa) \ln \frac{p'_{02}}{p'_{01}} \tag{9.35}$$

なる関係が成立する。この極限を考えれば

$$\delta v^p = -(\lambda - \kappa) \frac{\delta p'_0}{p'_0} \tag{9.36}$$

となり，これをひずみ増分に直すと塑性体積ひずみ増分を示す式として

$$\delta \varepsilon_p{}^p = (\lambda - \kappa) \frac{\delta p'_0}{v p'_0} \tag{9.37}$$

が得られる。

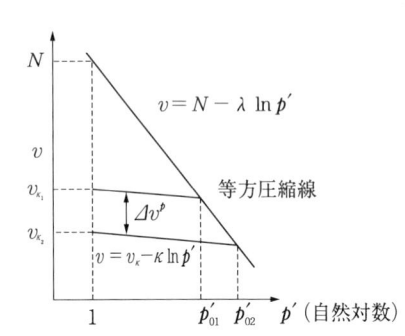

図 **9.14** 塑性体積ひずみ増分の求め方

全体積ひずみ増分は，弾性体積ひずみ増分と塑性体積ひずみ増分の和であるので

$$\delta \varepsilon_p = \delta \varepsilon_p{}^e + \delta \varepsilon_p{}^p = \kappa \frac{\delta p'}{v p'} + (\lambda - \kappa) \frac{\delta p'_0}{v p'_0} \tag{9.38}$$

となる。

弾性せん断ひずみ増分は式 (9.24) よりただちに

$$\delta \varepsilon_q{}^e = \frac{\delta q}{3G} \tag{9.39}$$

として求められる。

9.6 土の弾塑性モデルと土の挙動予測

つぎに塑性ひずみ増分を求める。そのためには多少塑性力学の基礎理論が要求される。まず，土が降伏する応力状態を表したものを降伏曲面と呼んだことを思い出しておく。その降伏曲面は $f(q, p', p'_0) = 0$ で表現されるとする。ここで，p'_0 は降伏曲面の大きさを示す有効応力の代表値である。それから**塑性ポテンシャル** (plastic potential) の概念を導入する。それは応力空間で塑性ポテンシャルを表す関数 $g(q, p', p'_0) = 0$ が存在するならば，塑性ひずみ増分は対応する応力成分で g を偏微分したものに比例するという概念である（図 9.15）。すなわち

$$\delta\varepsilon_p{}^p = \chi \frac{\partial g}{\partial p'} \tag{9.40}$$

$$\delta\varepsilon_q{}^p = \chi \frac{\partial g}{\partial q} \tag{9.41}$$

が成立する。定義から明らかなように塑性ひずみ増分ベクトルは塑性ポテンシャルに直交する。すなわち

$$\frac{\delta\varepsilon_q{}^p}{\delta\varepsilon_p{}^p} \times \frac{dq}{dp'} = -1 \tag{9.42}$$

が成立する。以後，理論構成の簡便さから降伏曲面と塑性ポテンシャルは一致すると仮定して議論を進める。

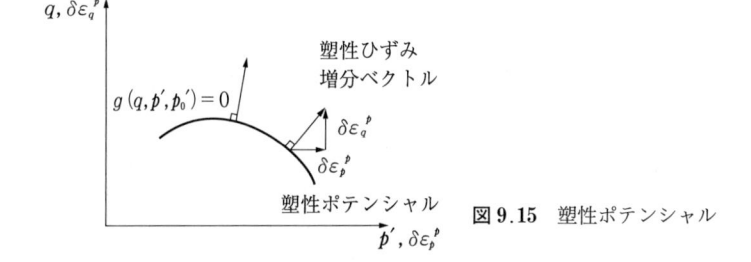

図 9.15 塑性ポテンシャル

塑性ひずみ増分を計算するには，降伏曲面が，すなわち塑性ポテンシャルの関数型が定まっている必要がある。その関数型を導く一つの方法は仕事式を仮定することである。式 (9.1), (9.2) で用いた

$$\delta W = P\delta_y + Q\delta_x = \mu P\delta_x \tag{9.43}$$

において

$$P \longrightarrow p', \ Q \longrightarrow q, \ \delta_y \longrightarrow \delta\varepsilon_p{}^p, \ \delta_x \longrightarrow \delta\varepsilon_q{}^p, \ \mu \longrightarrow M$$

なる類推をすれば

$$p'\delta\varepsilon_p{}^p + q\delta\varepsilon_q{}^p = Mp'\delta\varepsilon_q{}^p \tag{9.44}$$

なる仕事式が仮定される。式(9.44)を両辺 $p'\delta\varepsilon_q{}^p$ で除せば

$$\frac{\delta\varepsilon_p{}^p}{\delta\varepsilon_q{}^p} + \frac{q}{p'} = M \tag{9.45}$$

が得られる。式(9.45)のように塑性ひずみ増分比と応力比の関係式を**流れ則**と呼ぶ。さらに式(9.42)を用いて式(9.45)を変形すると

$$\frac{q}{p'} - \frac{dq}{dp'} = M \tag{9.46}$$

が得られる。

つぎに応力比

$$\eta = \frac{q}{p'} \tag{9.47}$$

を導入する。式(9.47)を両辺微分して整理すると

$$d\eta = \frac{p'dq - qdp'}{(p')^2}$$

変形すれば

$$\frac{dq}{dp'} = p'\frac{d\eta}{dp'} + \eta$$

となり，これを式(9.46)に代入すれば

$$-\frac{d\eta}{M} = \frac{dp'}{p'} \tag{9.48}$$

となる。これを積分すれば，降伏曲面の関数型として

$$\frac{\eta}{M} = \ln \frac{p_0{}'}{p'} \tag{9.49}$$

が得られる。ここで p_0' は，降伏曲面の大きさを表示する応力である。このようなモデルはケンブリッジ大学で開発され，研究室の裏を流れるカム川の名前をとってカムクレイモデルという。

9.6 土の弾塑性モデルと土の挙動予測

つぎに式(9.44)の仕事式の右辺を

$$p'\delta\varepsilon_p^p + q\delta\varepsilon_q^p = p'\sqrt{(\delta\varepsilon_p^p)^2 + (M\delta\varepsilon_q^p)^2} \tag{9.50}$$

と若干修正する。式(9.50)を順次変形すると

$$p'\frac{\delta\varepsilon_p^p}{\delta\varepsilon_q^p} + q = p'\sqrt{\left(\frac{\delta\varepsilon_p^p}{\delta\varepsilon_q^p}\right)^2 + M^2}$$

$$\left(\frac{\delta\varepsilon_p^p}{\delta\varepsilon_q^p} + \eta\right)^2 = \left(\frac{\delta\varepsilon_p^p}{\delta\varepsilon_q^p}\right)^2 + M^2$$

から

$$\frac{\delta\varepsilon_p^p}{\delta\varepsilon_q^p} = \frac{M^2 - \eta^2}{2\eta} \tag{9.51}$$

なる流れ則が得られる。これは式(9.45)に対応する。式(9.46)からの計算と同様な計算を行うことにより，降伏曲面の関数型は

$$\frac{p'}{p_0'} = \frac{M^2}{M^2 + \eta^2} \tag{9.52}$$

となる。これを変形すると

$$\frac{\left(p' - \frac{p_0'}{2}\right)^2}{\left(\frac{p_0'}{2}\right)^2} + \frac{q^2}{\left(\frac{Mp_0'}{2}\right)^2} = 1 \tag{9.53}$$

なる楕円を表していることが理解される（図9.16）。このようなモデルを**修正カムクレイ**と呼ぶ。以降の説明はこの修正カムクレイを用いて行う。

降伏曲面の関数型が定まると以下の手順によって塑性ひずみ増分が計算され

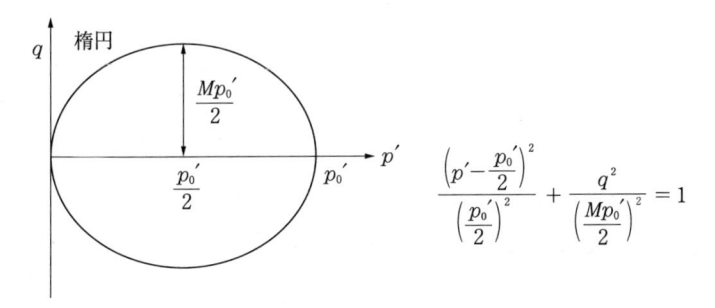

図9.16 修正カムクレイの降伏曲面形状

る。まず式(9.52)の両辺の対数をとってから微分すると

$$\ln \frac{p'}{p_0'} = \ln \left(\frac{M^2}{M^2 + \eta^2} \right)$$

$$\ln p' - \ln p_0' = \ln M^2 - \ln (M^2 + \eta^2)$$

$$\frac{\delta p'}{p'} + \frac{2\eta \delta \eta}{M^2 + \eta^2} - \frac{\delta p_0'}{p_0'} = 0 \tag{9.54}$$

が得られる。さらに式(9.47)の微分形

$$\delta q = \eta \delta p' + p' \delta \eta \tag{9.55}$$

を用いて式(9.54)をさらに変形すれば

$$\left(\frac{M^2 - \eta^2}{M^2 + \eta^2} \right) \frac{\delta p'}{p'} + \left(\frac{2\eta}{M^2 + \eta^2} \right) \frac{\delta q}{p'} - \frac{\delta p_0'}{p_0'} = 0 \tag{9.56}$$

が得られる。これは q, p' の変化に伴う p_0' の変化, すなわち降伏曲面の大きさの変化を示す式となっている。

式(9.56)と塑性体積ひずみ増分を与える式(9.37)から, $\delta p_0'/p_0'$ を消去して塑性体積ひずみ増分を表す式として

$$\delta \varepsilon_p{}^p = \frac{\lambda - \kappa}{v p'(M^2 + \eta^2)} \{(M^2 - \eta^2) \delta p' + 2\eta \delta q\} \tag{9.57}$$

が最終的に求まる。

塑性せん断ひずみ増分は流れ則の式(9.51)を書き直した

$$\delta \varepsilon_q{}^p = \frac{2\eta}{M^2 - \eta^2} \delta \varepsilon_p{}^p \tag{9.58}$$

を用いれば求まる。

式(9.57), (9.58)をまとめて示せば

$$\begin{bmatrix} \delta \varepsilon_p{}^p \\ \delta \varepsilon_q{}^p \end{bmatrix} = \frac{\lambda - \kappa}{v p'(M^2 + \eta^2)} \begin{bmatrix} M^2 - \eta^2 & 2\eta \\ 2\eta & \dfrac{4\eta^2}{M^2 - \eta^2} \end{bmatrix} \begin{bmatrix} \delta p' \\ \delta q \end{bmatrix} \tag{9.59}$$

となり, 塑性ひずみ増分式が求められたことになる。

9.6.2 粘土の応力ひずみ曲線の予測

土要素の挙動を予測できる準備が整ったので, 以下, 粘土の排水挙動および非排水挙動に分けて, 修正カムクレイを用いて予測してみよう。土要素に与え

9.6 土の弾塑性モデルと土の挙動予測

る応力条件は，ともに通常の三軸圧縮試験（側圧一定，軸圧単調増加，第10章参照）とする。

〔1〕 **等方圧密された正規圧密**（normally consolidated）**粘土の排水挙動**

準備として三つのことを確認しておく。

（1） 9.4.2項で述べたように側圧一定で単調に軸圧を増加させる三軸圧縮試験では全応力パスは

$$\delta q = 3\delta p = 3\delta p' \tag{9.60}$$

を満たす（図 9.17）。

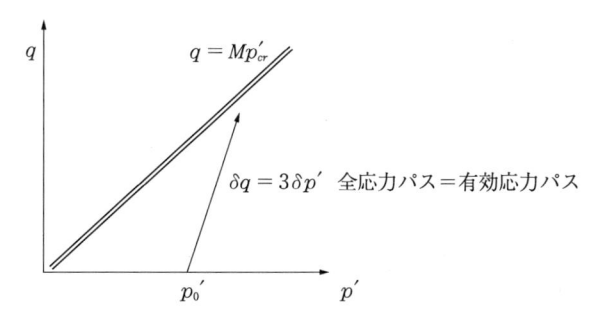

図 9.17 三軸圧縮試験の排水試験時の全応力パス

（2） 限界状態時の応力関係は式(9.6)，(9.7)で表される。

$$q = Mp'_{cr} \tag{9.6}$$

$$v = \Gamma - \lambda \ln p'_{cr} \tag{9.7}$$

（3） 限界状態ではつぎの条件が成立する。

$$\frac{\partial q}{\partial \varepsilon_q} = 0, \quad \frac{\partial v}{\partial \varepsilon_q} = 0 \tag{9.61}$$

塑性せん断ひずみ増分は，式(9.59)と式(9.60)より

$$\begin{aligned}
\delta \varepsilon_q{}^p &= \frac{\lambda - \kappa}{vp'(M^2 + \eta^2)} \left(2\eta \delta p' + \frac{4\eta^2}{M^2 - \eta^2} \delta q \right) \\
&= \frac{\lambda - \kappa}{vp'(M^2 + \eta^2)} \left(2\eta \times \frac{\delta q}{3} + \frac{4\eta^2}{M^2 - \eta^2} \delta q \right) \\
&= \frac{\lambda - \kappa}{vp'(M^2 + \eta^2)} \frac{\{2\eta(M^2 - \eta^2) + 12\eta^2\}}{3(M^2 - \eta^2)} \delta q \tag{9.62}
\end{aligned}$$

が求められる。

弾性せん断ひずみ増分は，式(9.39)で与えたように

$$\delta\varepsilon_q{}^e = \frac{\delta q}{3G'} \tag{9.63}$$

であるので全せん断ひずみ増分と δq との関係は

$$\delta\varepsilon_q = \delta\varepsilon_q{}^p + \delta\varepsilon_q{}^e \tag{9.64}$$

を用いて得られる。

塑性体積ひずみ増分は，式(9.62)で計算される塑性せん断ひずみ増分を用いて，式(9.58)の流れ則

$$\delta\varepsilon_p{}^p = \frac{M^2 - \eta^2}{2\eta} \delta\varepsilon_q{}^p \tag{9.65}$$

から定まり，弾性体積ひずみ増分も式(9.33)から

$$\delta\varepsilon_p{}^e = \kappa \frac{\delta p'}{vp'} = \frac{\kappa}{3vp'} \delta q \tag{9.66}$$

と求められる。

以上，δq を与えて，式(9.62)，(9.63)，(9.64)からせん断ひずみ増分の計

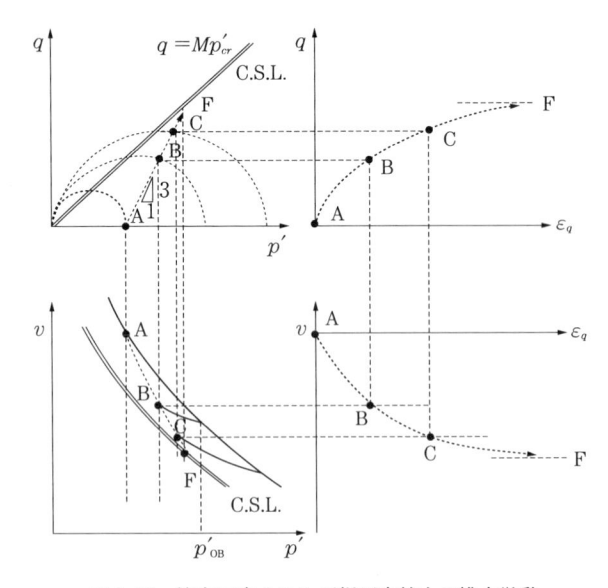

図 9.18 等方圧密された正規圧密粘土の排水挙動

算を逐次行えば，q とせん断ひずみ関係の図が得られ，同時に式(9.65)，(9.66)を用いて q と体積ひずみの関係，さらに式(9.32)から q と比体積の関係が予測される。

図 9.18 はそれを図で示したものである。土要素のせん断前の初期状態は，等方圧密状態でかつ正規圧密状態であるので，ある降伏曲面上の点 A で表される。軸圧の載荷によって有効応力パスは 1：3 の勾配で降伏曲面上を点 B，点 C と上がっていく。そして，限界状態線上では式(9.61)が成立するので，q － ε_q 曲線は点 F に向かって収れんしていく硬化特性を示す。初期に等方圧縮線上 A にあった比体積は，平均有効応力 p' の増加に連動して減少する。例えば点 B の比体積は，対応する降伏曲面の大きさを示す p'_{0B} の比体積を式(9.12)から計算し，つぎに除荷・再載荷線上の点 B の平均有効応力を式(9.14)に代入して求めることができる。さらに式(9.61)の条件を考えれば，比体積とせん断ひずみの関係も点 F に収れんする。

〔2〕 **やや過圧密された粘土の応力ひずみ予測**　p_a' まで等方圧密した後，p_b' まで等方除荷・膨張させたやや過圧密粘土の挙動を考える。p_a'/p_b' の値を

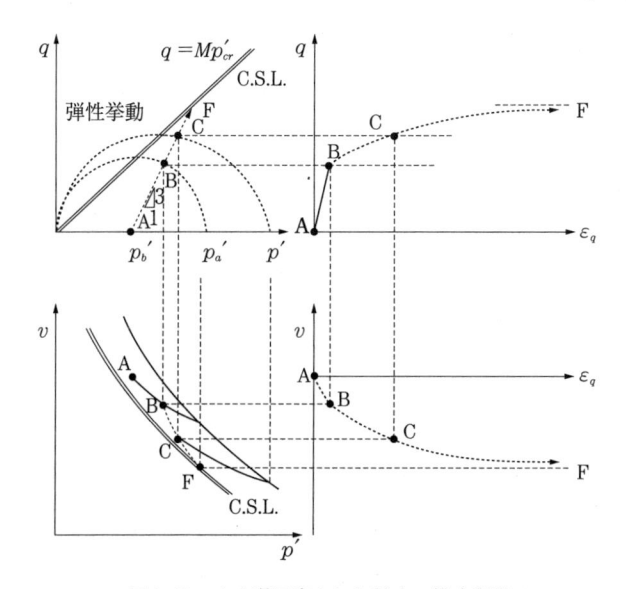

図 9.19　やや過圧密された粘土の排水挙動

過圧密比（overconsolidation ratio, OCR）という。せん断前の初期状態は p' 軸上の点 A で表され，p_a' まで等方圧密されたときに形成された降伏曲面の内部に存在する。モデルでは降伏曲面に到達するまでは，土要素は弾性体として挙動する。排水試験なので式(9.60)より 1：3 の勾配で上っていく。点 A から降伏曲面上の点 B までは弾性ひずみ増分のみであるので，弾性せん断ひずみ増分は式(9.63)，弾性体積ひずみ増分は式(9.66)で計算される。いったん降伏曲面に達した後は，正規圧密土と同じ手順でせん断ひずみの増大に伴い硬化していく挙動予測が計算される。図 9.19 はそれを図示してある。

〔3〕 **過圧密**（overconsolidated）**された粘土の応力ひずみ予測**　同じく p_a' まで等方圧密した後，p_b' まで大きく等方除荷・膨張させた過圧密粘土の挙動を考える。点 A から出発して最初に降伏曲面にぶつかる点 B では，図 9.20 から理解されるように $\eta > M$ であるので，塑性体積ひずみ増分は図の左側の方向を向いている。すなわち塑性体積ひずみは膨張を示すことを意味している。これは式(9.37)から $\delta p_0' < 0$ を意味しているので，降伏曲面は縮小することになる。さらに，流れ則を示す次式は，η が $\eta < M$ から $\eta > M$ に変化すると式の符号が変わる。

$$\frac{\delta \varepsilon_p{}^p}{\delta \varepsilon_q{}^p} = -\frac{M^2 - \eta^2}{2\eta} \tquad (9.67)$$

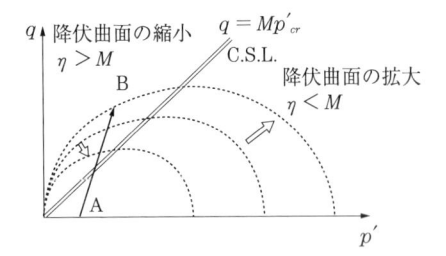

図 9.20　降伏曲面の拡大・縮小

したがって，q—せん断ひずみ，比体積—せん断ひずみの関係は図 9.21 のように点 B からせん断ひずみ増大に伴い軟化し，また体積が膨張する挙動が予測される。

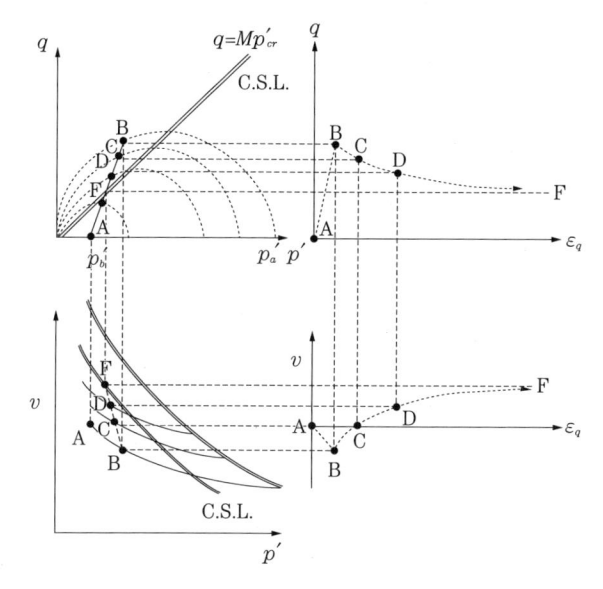

9.6 土の弾塑性モデルと土の挙動予測

図 9.21 過圧密された粘土の排水挙動

〔4〕 **粘土の非排水圧縮挙動**　前述したように排水試験では比体積の変化を追跡したが，非排水試験では試験中比体積は一定であるので，比体積の変化の代わりに過剰間げき水圧の変化に着目する。非排水試験中の土要素の挙動には，体積一定という強い拘束条件が付与されている。弾性体積ひずみ増分，塑性体積ひずみ増分はそれぞれ式(9.33)，(9.37)で与えられた。

非排水試験では，全体積ひずみ増分は0であるので，次式が成立する。

$$\delta \varepsilon_p = \delta \varepsilon_p^e + \delta \varepsilon_p^p = 0 \tag{9.68}$$

もし，考えている応力状態が降伏曲面内部の弾性挙動であれば，塑性体積ひずみは発生しないので，式(9.68)の第1項も0でなければならない。すなわち式(9.33)から

$$\delta p' = 0 \tag{9.69}$$

となるので，非排水条件下で弾性挙動をする場合は，平均有効応力 p' は一定となり，降伏曲面に達するまでは $q-p'$ 面の有効応力パスは垂直に移動する（**図 9.22**）。したがって，その間は平均全応力の増分が過剰間げき水圧増分に

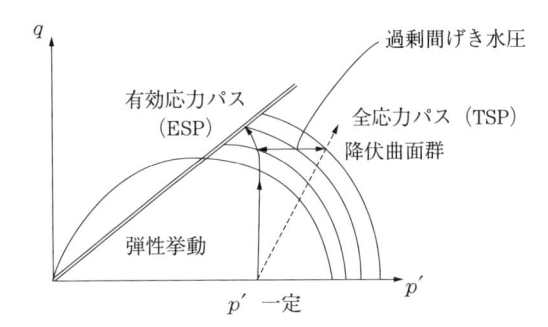

図9.22 降伏曲面内部の有効応力パス

等しくなる。降伏曲面に達すると，平均全応力増分による過剰間げき水圧の増加分に加えて，非排水条件下で有効応力パスがつぎの降伏曲面に移動することによって発生する過剰間げき水圧増分が発生する。

式(9.68)に式(9.33)，(9.37)を代入すれば非排水条件では

$$\kappa \frac{\delta p'}{p'} = -(\lambda - \kappa) \frac{\delta p_0'}{p_0'} \tag{9.70}$$

なる拘束条件が付与されることになる。式(9.70)の意味するところは，平均有効応力が変化すると降伏曲面のサイズの変化を伴うことである。なお，p'とp_0'とは異符号であることに注意する。

式(9.54)を再録すれば

$$\frac{\delta p'}{p'} + \frac{2\eta \delta \eta}{M^2 + \eta^2} - \frac{\delta p_0'}{p_0'} = 0 \tag{9.54}$$

であるので，式(9.54)と式(9.70)から$\delta p_0'/p_0'$の項を消去すると

$$\kappa \frac{\delta p'}{p'} = -(\lambda - \kappa)\left(\frac{\delta p'}{p'} + \frac{2\eta \delta \eta}{M^2 + \eta^2}\right)$$

$$-\frac{\delta p'}{p'} = \frac{\lambda - \kappa}{\lambda} \frac{2\eta}{M^2 + \eta^2} \delta \eta \tag{9.71}$$

が導かれる。式(9.71)を積分すると

$$\ln p' = \frac{\lambda - \kappa}{\lambda} \ln(M^2 + \eta^2)$$

$$\frac{p_i'}{p'} = \left(\frac{M^2 + \eta^2}{M^2 + \eta_i^2}\right)^\Lambda \tag{9.72}$$

となる。ここで

$$\varLambda = \frac{\lambda - \kappa}{\lambda} \tag{9.73}$$

とおいた。$p_i{}'$, η_i は初期有効応力状態を規定する。式(9.72)は，非排水試験中の有効応力パスの描く軌跡を示している。$\delta p'$ と式(9.72)，(9.70)からつぎの降伏曲面上の応力状態(p', η)，および $p_0{}'$ が知られるので，式(9.37)から塑性体積ひずみ増分が

$$\delta \varepsilon_p{}^p = -\frac{\delta v^p}{v}$$

$$\delta \varepsilon_p{}^p = (\lambda - \kappa)\frac{\delta p_0{}'}{v p_0{}'} \tag{9.74}$$

式(9.65)の流れ則から塑性せん断ひずみ増分が

$$\delta \varepsilon_q{}^p = \frac{M^2 - \eta^2}{2\eta} \delta \varepsilon_p{}^p \tag{9.75}$$

とそれぞれ計算される。これに弾性ひずみ成分を加えれば，応力ひずみ曲線を描くことができる。

〔5〕 **正規圧密粘土の非排水挙動**　　土要素に与える応力条件は，排水試験時と同様に側圧一定，軸圧単調増加の三軸圧縮試験とする。したがって，全応力パスは

$$\delta q = 3 \delta p \tag{9.76}$$

を満たす。非排水せん断によって過剰間げき水圧が変化する。その成分には二つあって，一つは全応力増分に伴うもの($u_1 = \varDelta q/3$)，もう一つは，降伏曲面上に沿って限界状態線に向かう有効応力パスに応じて増大するもの($u_2 = -\varDelta p'$)である（**図 9.23**）。

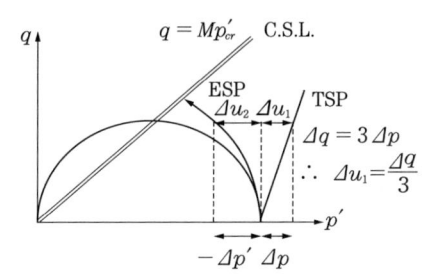

図 9.23　過剰間げき水圧の成分

土要素は等方圧密された点Aから出発する。載荷によって有効応力パスは，順次降伏曲面が増大する方向に昇っていき，限界状態線上の点Fに達する〔**図9.24**(a)〕。$q-\varepsilon_q$関係は〔4〕で記述した方法で順次計算される〔図(c)〕。過剰間げき水圧増分は，平均全応力増分に対応するもの($u_1 = \delta q/3$)と降伏曲面を移動していることに伴うp'の減少に伴うもので過剰間げき水圧増分u_2の和であるので，前者は$q-\varepsilon_q$関係からただちに得られ〔図(d)〕，後者は比体積－平均有効応力関係から求められる。

例えば，異なる降伏曲面上にある点Aから点Bに至る変化によって発生する過剰間げき水圧はその水平距離で表されるので図(e)が描ける。図(d)と図(e)の縦軸の値を加えれば過剰間げき水圧とせん断ひずみとの関係が得られる〔図(f)〕。

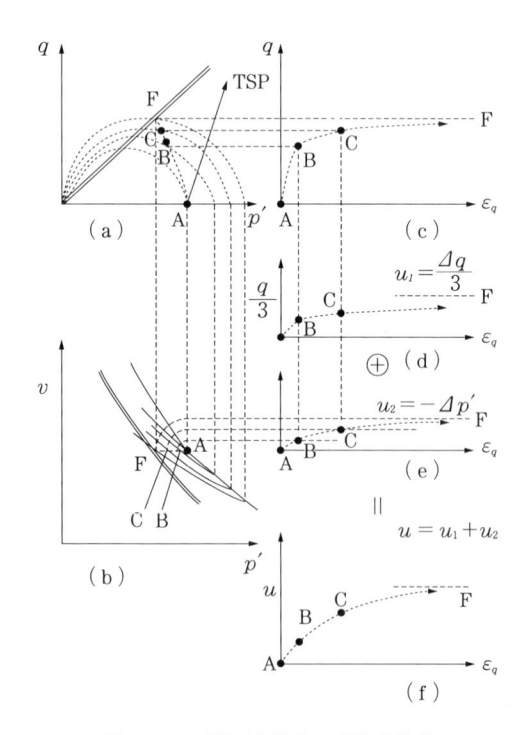

図9.24 正規圧密粘土の非排水挙動

〔6〕 過圧密粘土の非排水挙動

つぎに p_a' まで等方圧密した後に p_b' まで大きく等方除荷・膨張させた過圧密粘土の挙動を考える〔図 9.25(a)〕。すでに述べたように降伏曲面内の過圧密状態では，理論上塑性ひずみ増分は 0 で

$$\kappa \frac{\delta p'}{p'} = -(\lambda - \kappa) \frac{\delta p_0'}{p_0'} \tag{9.77}$$

から，$\delta p' = 0$ であるので，有効応力パスは点 A から出発して p' 一定の状態で真上に上昇し，降伏曲面に到達する（点 B）。これを図(b)に示す $v - p'$ 面で描くと，p' は一定なので点 A と点 B は重なっている。そこから $v - p'$ 面では限界状態線に向かって順次降伏曲面が小さくなる方向で右側に移行していくし，$q - p'$ 面では限界状態線に向かって右下方向に下がる。すなわち，点 B から q および過剰間げき水圧は減少して点 F の値に収れんしていく。それらを計算するには，〔5〕で説明した方法に準じて行えばよい。

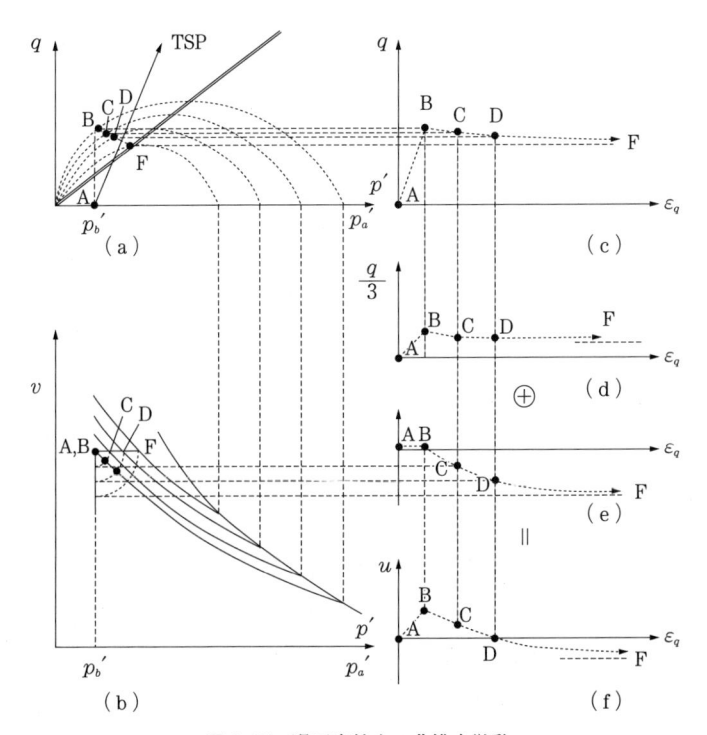

図 9.25 過圧密粘土の非排水挙動

9.7 土の動的載荷に対する挙動

9.7.1 動 的 載 荷

これまで静的かつ単調に載荷あるいは除荷される場合を扱ってきたが，土要素が動的な繰返し荷重を受けることも多い．図 9.26 にいくつかの例を示したが，交通荷重，波浪あるいは地震などによって土要素は動的繰返しのせん断応力履歴を受ける．カムクレイや修正カムクレイの弾性領域では，排水条件でも載荷・除荷の履歴では体積ひずみは蓄積しないし，非排水条件下の載荷・除荷サイクルでも過剰間げき水圧は蓄積しないモデルとなっている．しかし，実際の現象では，交通荷重による繰返し載荷によって盛土が継続的に沈下したり，地震時にゆるい飽和砂が液状化したりする．すなわち実際の土の挙動はこれまで述べてきた弾塑性モデルよりもっと複雑である．ここでは動的繰返し載荷・除荷による土挙動の事実を紹介し，実務上重要なゆるい飽和砂の液状化判定について説明する．

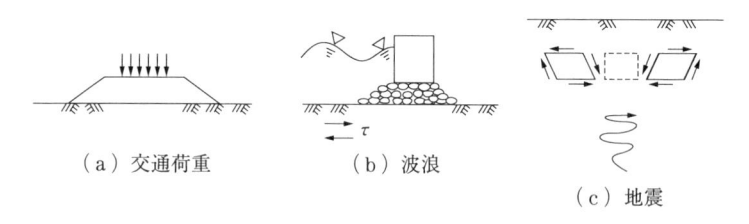

(a) 交通荷重　　(b) 波浪　　(c) 地震

図 9.26 動的繰返し荷重の例

9.7.2 実 験 事 実

土要素に動的な載荷・除荷の繰返し荷重履歴を与えてせん断応力とせん断ひずみの履歴を描いてみると図 9.27 のような非線形な曲線が得られる．図中，初めての載荷で描ける応力ひずみ関係（曲線 oa）を**骨格曲線**，除荷・再載荷履歴部分の応力ひずみ関係（曲線 abcda）を**履歴ループ**と呼ぶ．このような非線形性は載荷速度の影響によるものと考えられる．骨格曲線の勾配はせん断弾性係数 G を示している．履歴ループで囲まれる面積は，この応力履歴によっ

9.7 土の動的載荷に対する挙動

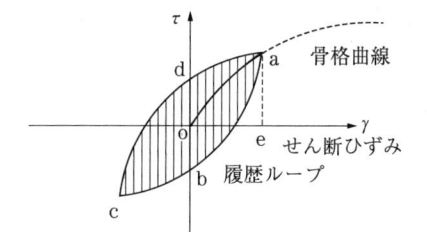

図 9.27 繰返し載荷による履歴ループ

て消散される非回復エネルギーを示し，これを ΔW と書くことにする．骨格曲線 oa の間のひずみエネルギー（三角形 oae の面積）を W として

$$h = \frac{\Delta W}{2\pi W} \tag{9.78}$$

なる無次元量を**履歴減衰係数**と呼ぶ．実験事実によれば G, h はせん断ひずみのレベルによって変化し，G はひずみレベルの増大によって急速に減少し，h は反対にゆっくり増大する（**図 9.28**）．このような G と h を用いて土要素の挙動を**粘弾性体**としてモデル化を行うことができる．

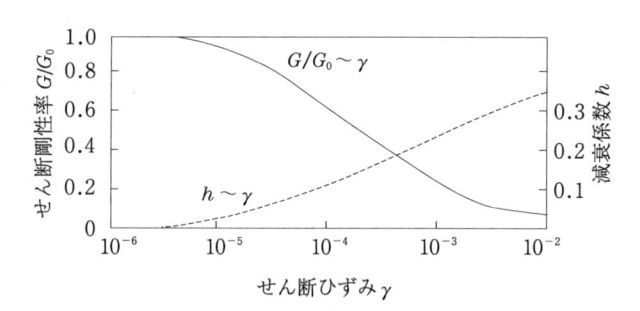

図 9.28 せん断剛性率，減衰係数のせん断ひずみ依存性

図 9.29 は三軸試験機を用いて軸対称応力状態の排水条件下で飽和したゆるい砂供試体に対して繰返し載荷・除荷をしたときの $q(= \sigma_1 - \sigma_3)$，軸ひずみ ε，過剰間げき水圧 u_e の時刻歴変化を模式的に描いたものである．一定の応力振幅のもとで繰返し載荷を行うと徐々にせん断ひずみ，過剰間げき水圧が蓄積し，ある繰返し回数を超えると急激に過剰間げき水圧が上昇して，ついには過剰間げき水圧が有効拘束応力の値に等しくなり，同時に軸ひずみが急速に増

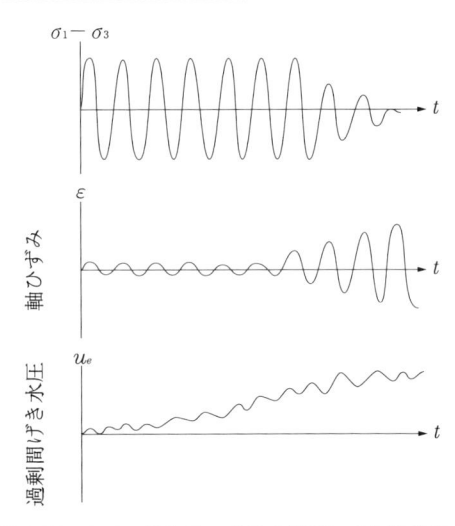

図 9.29　ゆるい飽和砂の非排水繰返しせん断挙動

大する．この状態が液状化（liquefaction）といわれる状態で，有効応力が 0 になって，土要素はあたかも液体のように挙動する．$q - p'$ 面で有効応力パスは q の正負を変えながら（主応力方向の反転）限界状態線に近付き，$v - p'$ 面では v 一定の状態で限界状態線に向かって左側に移行する．

なぜ非排水条件下のせん断応力履歴によって過剰間げき水圧が増大するかは以下のように理解される．排水条件下でゆるい砂に繰返しせん断履歴を加えると，順次体積ひずみが蓄積する（図 9.30）．同様な条件下を非排水条件下で実施すると，体積一定の制約条件から上記の体積ひずみが膨張体積ひずみで相殺

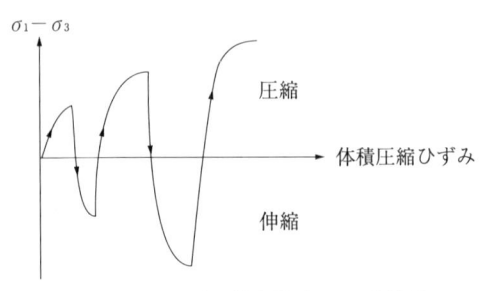

図 9.30　ゆるい砂の排水繰返しせん断挙動

されると解釈される。すなわち膨張体積ひずみを発生させる有効応力の減少分に相当する過剰間げき水圧が発生することで非排水条件(体積一定条件)が成立していることになる。

9.7.3 液状化強度

粘弾性体として土要素をモデル化し，成層地盤の時刻歴波動解析(動的応答解析と呼ばれる)を行うと地盤内のせん断応力分布が計算される。ある深さ z での有効鉛直応力を σ_v'，時刻歴中最大のせん断応力を $\tau_{\max}$ として

$$L = \frac{\tau_{\max}}{\sigma_v'} \tag{9.79}$$

なる無次元量は液状化の潜在的可能性を示す指標として用いられる。これに対して液状化の抵抗力を表す指標としては

$$R = \frac{\tau_{l\max}}{\sigma_v'} \tag{9.80}$$

が考えられ**液状化抵抗**と呼ぶ。ここで $\tau_{l\max}/\sigma_v'$ は，ある繰返し回数時(通常，繰返し回数 20 が用いられる)で液状化を起こすための**繰返しせん断応力比**と呼ばれ，通常，動的せん断試験によって得られる。式(9.79)，(9.80)から

$$FL = \frac{R}{L} \tag{9.81}$$

の比が 1 より大きい場合は液状化せず，1 か 1 より小さい場合は液状化するとの判定を行う。

式(9.79)を求めるのに，動的応答解析を行うかわりに地表面最大加速度

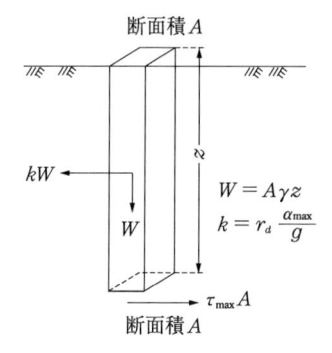

図 9.31 $\tau_{\max}$ の近似表示の考え方

$a_{\max}$ を用いて，深さ z での $\tau_{\max}$ は近似的に次式で求められる．

$$\tau_{\max} = r_d \sigma_v \frac{a_{\max}}{g} \tag{9.82}$$

$$r_d = 1 - 0.015\,z \qquad (z：m\,表示)$$

ここで g は重力加速度，σ_v は深さ鉛直全応力，r_d は $\tau_{\max}$ の深さによる低減係数である．図 9.31 にこの近似表示の背景を示した．すなわち，単位体積重量 γ で，高さ z の単位面積 A の土柱を考えると全重量は $W = A\gamma z$ となり，剛体的に水平加速度 $a_{\max}$ が作用すれば，水平方向の慣性力は $W a_{\max}/g$ となり，土柱底面でつりあうせん断力は τA である．これに深さ方向の低減係数を考慮すれば式(9.82)が理解される．

第10章 地盤係数を求める試験

10.1 土質試験の目的

地盤調査とそれに引き続く土質試験の目的はつぎの二つに要約される。すなわち
（1） 試料の確保と試料の力学挙動の把握
（2） 境界値問題の条件設定（初期条件・境界条件）
である。

10.1.1 試料の確保と試料の力学挙動の把握

地盤調査では，原位置での貫入抵抗値の変化を調べたり，実際に穴を掘って試料を採取したり，地下水位を測定したり，また目視による土性の判別を行う。これらは地盤構成の幾何学情報を与える。地層構成の把握と土性の判別だけが目的の調査では，土がどのような状態でもとにかく原位置を代表する試料が地上に得られればよい。ところが，橋梁を構築したり大規模な掘削工事を行う場合，橋梁基礎や掘削された地盤の破壊や変形予測には，原位置での土の力学情報を得る必要がある。そのためには，土質試験に用いられる試料の力学挙動が原位置のそれに限りなく近いことが期待されるので，原位置状態を保持したままの試料採取に努力が傾けられる。このようにして得られた試料を用いて室内土質試験を行えば，各地層ごとの土の過去の応力履歴や将来の応力変化による応答を知ることができるであろう。これが地盤調査・土質試験の第1の目的である。

10.1.2 境界値問題の条件設定

地盤調査の目的は，地盤の現状把握のみにはとどまらない。地盤工学における地盤調査の目的は，橋梁を構築したり地盤を掘削したりしたときの地盤内の力学的変化の予測である。地盤工学での予測の種類は，地盤の変形や破壊問題であり，これらはすべて力学的にはある境界値問題を解くことに帰着する。そのために境界条件と初期条件の設定が必要である。これらの条件を与えるには，地盤の単位体積重量 γ，間げき比 e，飽和度 S_r，土粒子比重 G_s，透水係数 k，そしてある点での鉛直有効応力に対する水平有効応力の比（K_0 値）の情報が最小限必要である。

10.1.3 原位置から室内までの試料の変化

原位置での状態量の把握，地盤工学の境界値問題を解くのに必要とする情報を得るには，原位置試験のみでは十分ではない。地盤に将来予想される任意の応力レベル，応力経路を付与したとき土の応答は，実験室内でコントロールされた状態でないと得られないこともある。それゆえ試料を地盤中から採取し，室内にまで運搬してくる必要がある。原位置と室内とで試料は外見上は同一のもののように思われるが，じつは試料の状態量変化が生じている。

この理解のためには，原位置から試料採取，室内までの運搬における土の状態量の変化の理解が必要である。試料はおよそ図 10.1 のような有効応力変化のプロセスを経る。その間に試料の状態量はかなり変化してしまう。土質力学では，原位置からの状態量の乖離(かいり)を生じさせる行為を総称してかく乱・あるい

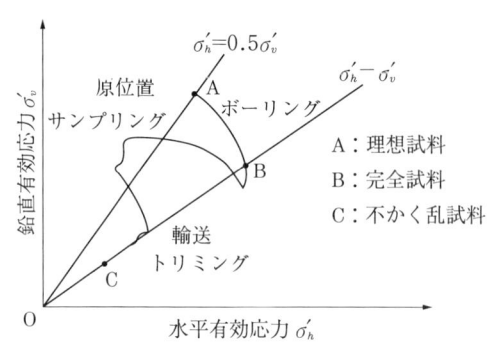

図 10.1 原位置から試験開始までの変化

は乱れと呼ぶ。かく乱の要因は，ボーリング・サンプリング・輸送・抜き出し・トリミングなどの各プロセスの中に存在する。

かく乱の原因は応力解放と機械的乱れとに分けて考えられている。応力解放による乱れとは，地盤内応力から地表にもってくるときに生じる不可避な応力の変化による乱れである。すなわち，鉛直方向と水平方向とで有効応力が異なる異方応力状態にある原位置の応力状態が，試料採取により大気圧下の等方応力状態に変化する過程で生じる乱れである。機械的乱れは，応力解放による乱れ以外のすべてを指している。

すでに第4章で述べたようにかく乱の要因と対応して試料の状態を明示的に記述するために，土質力学では3段階の試料の状態を考える。それらは理想試料，完全試料および不かく乱試料の3種類である。この3番目の段階の不かく乱試料がわれわれが手元にする試料であり，原位置の状態とはずいぶん違っている。

10.1.4 不かく乱試料とかく乱試料の挙動の差——乱れの影響と評価

一軸圧縮試験での応力―軸ひずみの例を**図10.2**に示す。乱れていない品質の良い粘性土試料では2～4％程度以下の軸ひずみでピーク強度を示し，その後，強度は急激な低下をするのが典型的である。これに比べ試料が乱されるとピーク強度が不明確になるか，あるいはまったく現れない。一般に乱れは強度より変形量あるいはひずみ量のほうに敏感に現れる。粘性土の一軸圧縮試験のデータを用いる乱れの指標としてはE_{50}/c_uの値があり，これで乱れを判定する提案がある。ここでc_uは$q_u/2$で求め，$q_u/2$に対応する軸ひずみでの**割線係数**をE_{50}とする。その一例が$E_{50}/c_u > 200～250$なら品質の良い試料とするものである。なお，不かく乱試料のq_uを十分に練返しした試料のq_uで除した値を**鋭敏比**（sensitivity ratio）と呼ぶ。

乱れは圧密試験にも敏感に現れる。その例を$e-\log p'$（**図10.3**），圧密係数c_v（**図10.4**），および**二次圧密係数**C_α（**図10.5**）について乱れの少ない試料と十分乱れを受けた練返し試料の比較を示す。これらの乱れの影響をとりまとめてみると，以下のようになる。

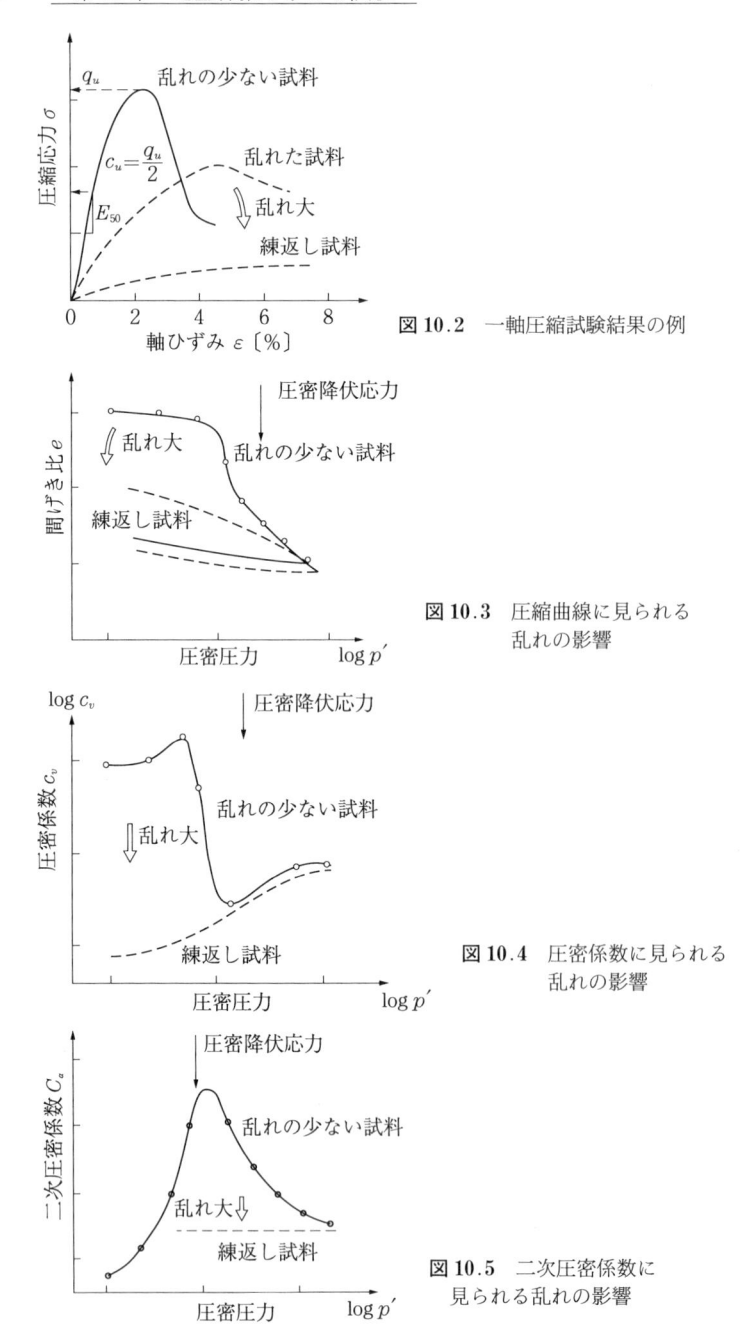

図 10.2 一軸圧縮試験結果の例

図 10.3 圧縮曲線に見られる乱れの影響

図 10.4 圧密係数に見られる乱れの影響

図 10.5 二次圧密係数に見られる乱れの影響

i) 強度―変形特性　　乱れがあると強度を低く見積もり，変形係数を小さめに見積る．

ii) 圧密特性　　乱れがあると，圧密降伏応力を小さめ，圧縮係数を小さめに判定する．この結果，圧縮量を少なめに予測する．圧密係数は過圧密領域で小さめに判定し圧密時間を長めに予測し，二次圧密係数を小さめに判定する．この場合も圧縮量を小さく予測する．

10.2　室内試験
10.2.1　はじめに
　土の過去の応力履歴や将来の応力変化による力学応答を調べるには，土のひずみと応力，温度，時間の関係を調べる，いわゆる土の材料力学的試験が必要である．おもに求めたい地盤係数は，土の透水性，変形特性および強度特性に関する諸量である．わが国の場合，JISで定められた試験法あるいは地盤工学会が定めた土質試験法によるのが通常である．

10.2.2　物理特性
　物理特性としては，土粒子比重あるいは土粒子密度，粒度特性，コンシステンシー特性がある．土粒子比重あるいは土粒子密度は，土の重量，間げき比，飽和度などが算定に必要で，締固め試験，圧密試験，せん断試験などすべてのデータ整理に必要となる．粒度特性は，土の分類，粒度の判定，透水係数の概略値の推定，計測された強度・変形特性の補正などに利用される．コンシステンシー限界は，土の分類，第4章で述べた諸量との相関式の利用や，計測された強度・変形特性の補正などにも用いられる．

〔1〕　**土粒子比重あるいは土粒子密度**　　試験方法は以下のとおりである．ピクノメーターに試料を投入し（**図10.6**），さらに蒸留水を加え，加熱して土粒子間の気泡を抜く．その後，内容物を取り出し，100 ± 5°Cで一定質量になるまで炉乾燥をし，炉乾燥試料質量を計測する．土粒子密度 ρ_s は

$$\rho_s = \frac{m_s}{V_s} \tag{10.1}$$

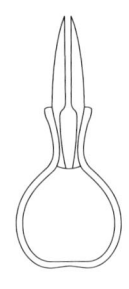

図 10.6　ピクノメーター

で定義されると同時に土粒子比重 G_s とつぎの関係をもつ。

$$G_s = \frac{\rho_s}{\rho_w} = \frac{m_s}{\rho_w V_s} \tag{10.2}$$

ここで，m_s：炉乾燥試料の質量，V_s：炉乾燥試料の体積，ρ_w：水の密度である。

土粒子密度 ρ_s は，次式で計算される。

$$\rho_s = \frac{m_s}{V_s} = \frac{m_s \rho_w(T)}{m_s + (m_a - m_b)} \tag{10.3}$$

ここで

　　m_s：炉乾燥試料の質量

　　m_a：温度 T〔℃〕における蒸留水を満たしたピクノメーターの質量

　　m_b：温度 T〔℃〕の蒸留水と試料を満たしたピクノメーターの質量

　　T：m_b を量ったときのピクノメーターの内容物の温度

　　$\rho_w(T)$：温度 T〔℃〕における蒸留水の密度

〔2〕**粒度**　土粒子の粒径の判定は，シルトより粗い粒子，すなわち 75 μm ふるいに残留した土粒子に対してはふるい分析試験，シルト・粘土の細粒分は土を懸濁液にした沈降分析試験で行う。

ふるい分析試験で使用されるふるい目は 75 mm，53 mm，37.5 mm，26.5 mm，19 mm，9.5 mm，4.75 mm，2 mm，850 μm，425 μm，250 μm，106 μm，75 μm である（図 10.7）。試験法では 2 mm ふるい残留分と通過分に分けて方法が規定されているが，ここでは 2 mm ふるい通過分が 100 % の試料を対象とする。2 mm ふるい通過分に対するふるい分析試験方法は，75 μm ふるい上で試料を水洗いして細粒分を洗い流したあとの残留分の全量を炉乾燥

10.2 室内試験

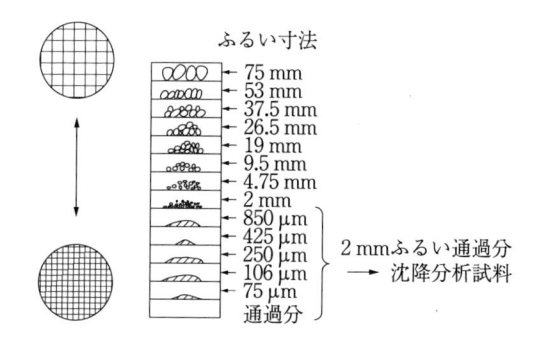

図10.7 ふるい分析試験

し，各ふるい目，850 μm，425 μm，250 μm，106 μm，75 μm でふるい，1分間のふるい分けで，通過分が残留分の約1％以下になるまで行う。結果は

$$P(d) = \left\{1 - \sum \frac{m(d)}{m_s}\right\} \times 100 \tag{10.4}$$

で整理される。

ここで

d：ふるいの呼び寸法

$P(d)$：呼び寸法が d のふるいに対する通過重量百分率

m_s：全試料の炉乾燥質量で $m_s = m/(1 + w/100)$ で計算

m：全試料の質量

w：全試料の含水比

$m(d)$：呼び寸法の各ふるいに残留した試料の炉乾燥質量

$\sum m(d)$：呼び寸法 d 以上のすべてのふるいについての $m(d)$ の総和

である。

沈降分析試験方法は，ビーカーに試料を入れ，蒸留水を加えて一様な状態にした後に分散剤を入れ，分散させた試料をメスシリンダーに移し，メスシリンダーの内容物が一様な懸濁液になるようにしたのち，メスシリンダーを静置し，所定の経過時間ごとに浮標を浮かべ，目盛りを読むことから粒径が計測される（**図10.8**）。この原理は以下のようである。**ストークスの法則**（Stokes' law）

図 10.8 浮 標

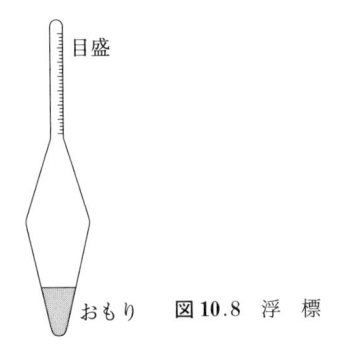

により，一つの球体が静水中を沈降するときに受ける抵抗力 R は次式で与えられる．

$$R = 3\pi d\eta v \tag{10.5}$$

ここで

d：粒子の直径

η：水の粘性係数

v：球体の沈降速度

である．この抵抗力は，球体が等速沈降したときに，球体の自重から浮力を引いた F

$$F = \frac{\pi d^3}{6} g (\rho_s - \rho_w) \tag{10.6}$$

とつりあっている．式(10.5)と式(10.6)の両式を等値して沈降速度 v は

$$v = \frac{1}{18} \frac{g(\rho_s - \rho_w)}{\eta} d^2 \tag{10.7}$$

と求まる．粒子が沈降を始めてから t 時間経過したときの沈降深さを L とすると沈降速度 v は $v = L/t$ で与えられるので，時間 t とそのときの浮標の液面から浮標の重心までの長さ L を計れば粒径 d は

$$d = \sqrt{\frac{18\eta}{g(\rho_s - \rho_w)} \frac{L}{t}} \tag{10.8}$$

で与えられる．なお MKS 単位系から SI 単位系にすると係数 18 が 30 に変化する．

〔3〕 **自然含水比** 原位置における含水比を自然含水比と呼ぶ。含水比は容器に試料を入れて炉乾燥前後の質量を量ることによって，以下のように求められる。

$$w = \frac{m_a - m_b}{m_b - m_c} \times 100 \,[\%] \tag{10.9}$$

ここで

m_a：試料と容器の質量

m_b：乾燥試料と容器の質量

m_c：容器の質量

である。

10.2.3 透水特性

透水係数は，試料の透水性の良否によって**定水位透水試験，変水位透水試験**，圧密試験の三つの室内試験法が用いられる。定水位透水試験は比較的透水係数の大きい礫質土，砂質土など粗粒土試料に対して利用され，変水位透水試験はシルト質土，粘性土などの透水係数の小さな試料に対して採用される。圧密試験は，粘性土試料の圧密特性から理論的に透水係数を算定するものである。ここで各試験は，水の流れが一次元的でかつ層流状態にあり，土試料は均質で飽和状態にあることを前提としている。

〔1〕 **定水位透水試験** 定水位透水試験装置は，一定の断面積と長さをもつ供試体（断面積が A，試料長さが L）を，一定の水位差の下で一定時間に浸透する水量を測定するもので，**図 10.9** のような試験器が一般的に利用される。ダルシーの法則によれば浸透水の流速 v は

$$v = ki \tag{10.10}$$

で示され，単位時間当りの流量 q は

$$q = vA = kiA$$

となり，時間に断面積 A なる供試体中を流れる水量 Q は

$$Q = qt = kiAt \tag{10.11}$$

となる。ここで動水勾配 i は，試験中の水位差 h を一定と設定しているので

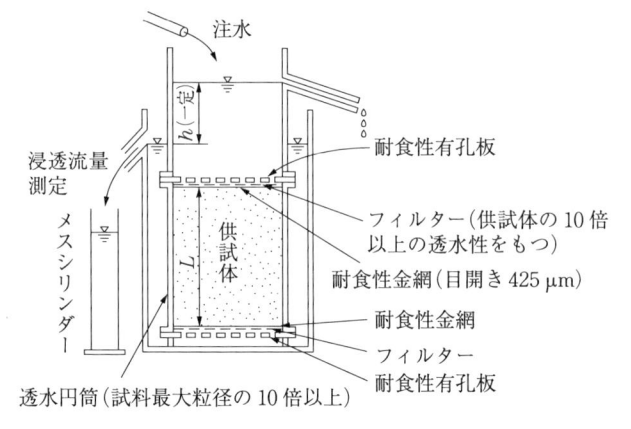

図 10.9 定水位透水試験装置

$$i = \frac{h}{L} \tag{10.12}$$

となる．したがって，式(10.11)，(10.12)から透水係数は

$$k = \frac{QL}{Ath} \tag{10.13}$$

より与えられる．定水位透水試験は，10^{-3} から 10^{-1} cm/s 程度の透水係数を持つ試料に対して用いられる．

〔2〕 **変水位透水試験**　変水位透水試験は，一定の断面積 A と長さ L をもつ供試体の中をある水位差を初期状態として浸透するときの水位の降下量とその経過時間を測定する試験で，一般的には**図 10.10** のような装置が用いられる．

断面積 a のスタンドパイプ中の水位が dt 時間に dh だけ低下したとすると連続式は次式で表せる．

$$dQ = -adh$$

ここで式(10.11)を用いれば

$$-\frac{dh}{h} = k\frac{A}{L}adt \tag{10.14}$$

なる微分方程式が導かれる．

いま試験中の時刻 t_1 から t_2 の間に，スタンドパイプの水位が h_1 から h_2 ま

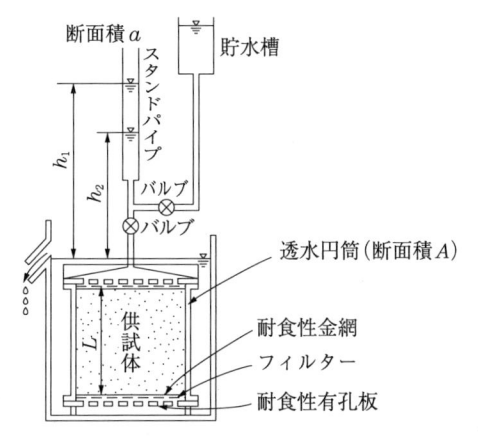

図 10.10 変水位透水試験装置

で低下したとして式(10.14)を積分して整理すると

$$k = \frac{La}{A(t_1 - t_2)} \ln \frac{h_1}{h_2} \tag{10.15 a}$$

$$h = \frac{2.303La}{A(t_1 - t_2)} \log \frac{h_1}{h_2} \tag{10.15 b}$$

として透水係数が計算される。この試験は，透水係数で 10^{-3} から 10^{-7} cm/s 程度の試料に対して用いられる。

さらに，小さな透水係数をもつ粘土は，つぎに述べる圧密試験から c_v, m_v の計測を経由して，透水係数は

$$k = c_v m_v \gamma_w$$

として計算される。

10.2.4 圧縮・圧密特性

圧密試験は土試料の圧縮性と圧密速度に関する係数を求める試験で，一般に粘性土を対象としている。しかし，ある有効応力状態における土の圧縮性を計測する目的のためには粗粒材料に対しても利用され得る。

一般的に用いられる圧密試験機を図 10.11 に描いてある。用いられる供試体は内径 60 mm，高さ 20 mm の薄い円盤形状で，排水・変形方向は一次元状態

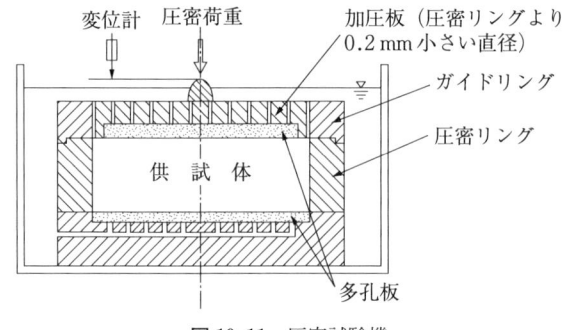

図 10.11　圧密試験機

に制限されている。供試体の上下端を排水性が良好でかつ試料中の土粒子の流出を防ぐ薄い材料を用いて，両面排水条件で試験が行われる。供試体に付与される圧密圧力は荷重増分比が1，すなわち，荷重を増加させる場合は，現在の圧密荷重と同じ荷重をさらに加える。載荷段階数は8段階で，圧密圧力に範囲は10〜1 600 kN/m^{2}を標準とする。各荷重段階では，圧密圧力一定の条件下で圧密量―時間関係がなめらかに描けるように計測し，24時間後につぎの載荷段階に移行する。試験からは，各圧密圧力段階ごとに圧縮量―時間関係，圧密圧力―24時間後の最終圧縮量の2種類の情報が計測される。圧縮量―時間関係から圧密係数 c_v を求め，最終圧縮量から体積圧縮係数 m_v を求め，$k = c_v m_v \gamma_w$ の関係式から透水係数 k を計算し，各荷重段階時の間げき比と圧密圧力の関係から圧縮指数 c_c を求める（図 10.12）。

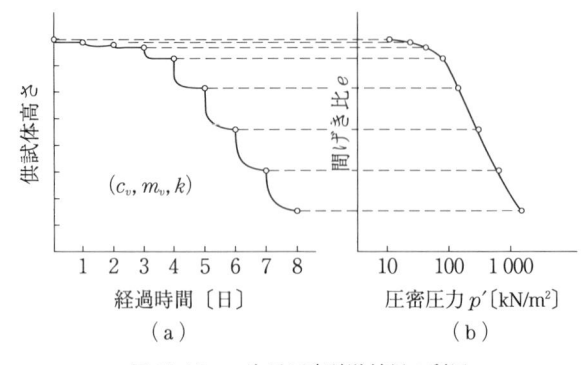

図 10.12　一次元圧密試験結果の利用

圧縮量―時間関係から c_v を求める方法は，$\sqrt{t}$ 法と**曲線定規法**の 2 方法が規定されている。

〔1〕 $\sqrt{t}$ 法　　圧縮量 d と経過時間 t〔min〕の $\sqrt{\ }$ との関係，$d - \sqrt{t}$ 曲線を描く（**図 10.13**）。ここで計測初期に表れる部分に対して直線を描き，$t = 0$ での縦軸との交点をその載荷段階開始時の変位計の読み d_0 とする。これを初期補正と呼ぶ。補正点を通過して直線の 1.15 倍（$= 2/\sqrt{3}$）の傾きをもつ直線を描き，$d - \sqrt{t}$ 線との交点を，理論平均圧密度 $U = 90\ \%$ とし，この点の d_{90}，t_{90} を求めて次式から c_v を計算する。

$$c_v = 0.848 \left(\frac{\bar{H}}{2}\right)^2 \frac{1\,440}{t_{90}} \quad 〔\mathrm{cm^2/day}〕 \tag{10.16}$$

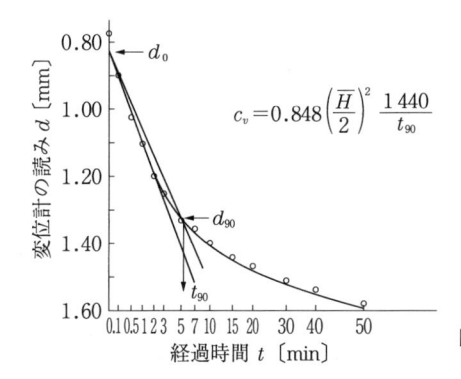

図 10.13 $\sqrt{t}$ 法による c_v の算定

なお式中，$\bar{H}$ は各載荷段階の平均供試体高さ，係数 0.848 は，初期過剰間げき水圧分布が供試体の深さ方向に対して直線分布である場合の理論平均圧密度 90 % に対する時間係数 T_v の値であり，$1\,440 (= 60 \times 24)$ は計算される c_v の単位を日〔day〕に換算するためである。

〔2〕 **曲線定規法**　　変位の読み d と経過時間 t の関係を $d - \log t$ 曲線として描く（**図 10.14**）。あらかじめ準備された曲線定規群を $d - \log t$ 曲線に当てて，$d - \log t$ 曲線の初期部分を含み最も長い範囲で一致する曲線を探す。理論平均圧密度 $U = 0\ \%$ にあたる圧縮量の読みを d_0 とし，図 10.14 に示した方法で選んだ曲線定規から t_{50}，d_{100} を求め，c_v を次式から計算する。

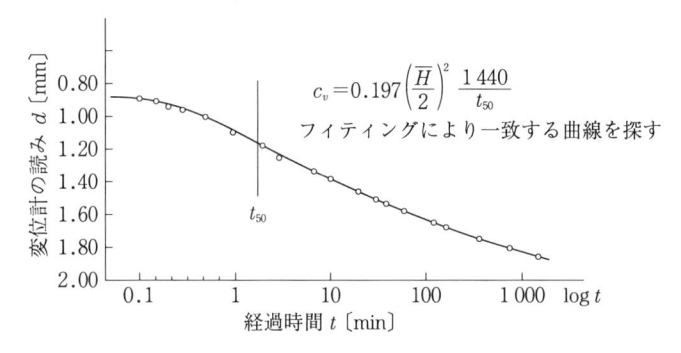

図10.14 曲線定規法による c_v の算定

グラフ内: $c_v = 0.197 \left(\dfrac{\overline{H}}{2}\right)^2 \dfrac{1\,440}{t_{50}}$　フィティングにより一致する曲線を探す

$$c_v = 0.197 \left(\dfrac{\overline{H}}{2}\right)^2 \dfrac{1\,440}{t_{50}} \quad [\text{cm}^2/\text{day}] \tag{10.17}$$

なお式中，$\overline{H}$ は各載荷段階の平均供試体高さ〔cm〕，係数 0.197 は，初期過剰間げき水圧分布が供試体の深さ方向に対して直線分布である場合の理論平均圧密度 50 % に対する時間係数 T_v の値である。

各載荷段階での圧縮量を $\mathit{\Delta}H$ として圧縮ひずみの増分を $\mathit{\Delta}\varepsilon = \mathit{\Delta}H/H$ と定義すれば体積圧縮係数 m_v は次式で計算される。

$$m_v = \mathit{\Delta}\varepsilon / \mathit{\Delta}p \tag{10.18}$$

ここで

　　$\mathit{\Delta}\varepsilon$：各載荷段階で生じる圧縮ひずみの増分

　　$\mathit{\Delta}p$：各載荷段階の圧密応力の増分（各載荷段階の圧密圧力から直前の載荷段階の圧密圧力を引いた値）

である。ここで注意したいのは t_{100} の圧縮量ではなく 24 時間の圧縮量を用いて計算していることである。

つぎに各載荷段階ごとの圧密終了時の間げき比を求めて，圧密圧力を常用対数目盛にとって圧縮曲線を図10.15 のように描き圧縮指数 C_c，**膨張指数** C_s と，過圧密領域から正規圧密領域に変化する圧密圧力を圧密降伏応力 p_c として求める。試料が採取された深さにおける現在の鉛直有効圧力を $\sigma_v{'}$ とすると $p_c/\sigma_v{'}$ が過圧密比となる。

10.2 室内試験

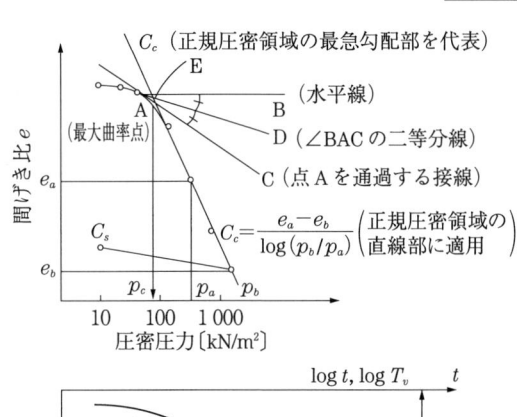

図 10.15 圧密降伏応力の求め方（キャサグランデの方法）

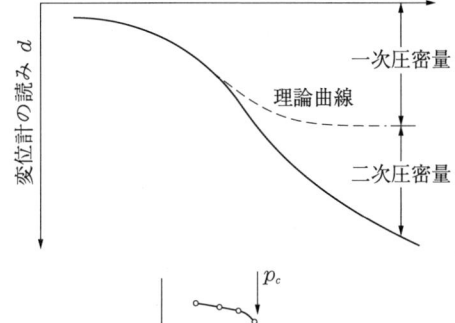

図中ラベル：
- C_c（正規圧密領域の最急勾配部を代表）
- A（最大曲率点）
- B（水平線）
- D（∠BAC の二等分線）
- C（点 A を通過する接線）
- $C_c = \dfrac{e_a - e_b}{\log(p_b/p_a)}$ （正規圧密領域の直線部に適用）
- 縦軸：間げき比 e
- 横軸：圧密圧力 [kN/m²]

図 10.16 一次圧密量と二次圧密量

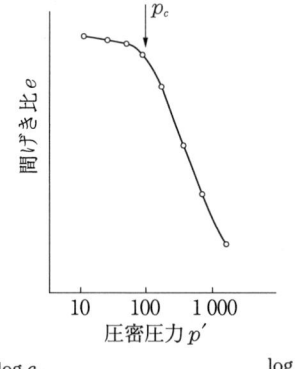

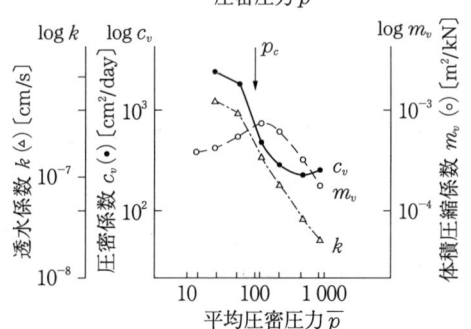

図中ラベル：
- 縦軸：変位計の読み d
- 横軸：$\log t, \log T_v$, t
- 一次圧密量、二次圧密量、理論曲線

図 10.17 c_v, m_v, k の圧力レベルによる変化

図中ラベル：
- 縦軸：間げき比 e、圧密圧力 p'
- 透水係数 k (△) [cm/s]
- 圧密係数 c_v (●) [cm²/day]
- 体積圧縮係数 m_v (○) [m²/kN]
- 横軸：平均圧密圧力 $\overline{p}$

図 10.16 に示すように実際の試験曲線は理論圧密曲線との乖離が観察される。理論平均圧密度 $U = 100\%$ までを**一次圧密**，それ以降を**二次圧密**と呼んで区別している。なお，c_v は一次圧密部分の圧縮量―時間関係から，m_v は二次圧密量も含んだ 24 時間圧縮量で求められていることに注意しておきたい。

c_v, m_v, k の値は，それぞれ圧密圧力レベルによって異なり，設計条件の荷重レベルに応じて適切な値を選択する（**図 10.17**）。

10.2.5 変形特性および強度パラメータ

第 7 章で述べたように地盤変形の解析では，連続体としての弾性解析を用いるか，あるいは梁―バネ系として変形計算を行う方法が採用される。弾性解析に用いられる弾性係数の値は，等方性を仮定すれば G, K, ν, E の中から二つが定まればよいが，それらの値は土要素に作用している初期有効応力状態，拘束応力，土要素が受ける応力経路，変形の拘束条件，変形速度および排水条件によって変化する。したがって，変形特性を求める室内試験では，設計条件に応じた適切な試験条件の設定が重要である。

第 8 章の地盤の破壊解析では，土要素の破壊の記述として，破壊時応力の組合せに関する破壊規準式について触れた。すなわちモール・クーロン式を基本とし，排水条件によってそれぞれ異なる強度パラメータの組合せが想定され，設計では設計条件に応じて適切な強度パラメータが選択される。

変形特性と強度パラメータを求めるのに広く用いられている室内試験として**一軸圧縮試験**と**三軸試験**について説明する。

〔1〕 **一軸圧縮試験** 装置は**図 10.18** に示すように円柱供試体を自立させて，供試体に側方からなんらの拘束も加えない状態で一定の圧縮速さで軸方向に圧縮変形させて，そのときの軸荷重と軸変位を計測するものである。自立可能な試料としてはサンプリングされた粘性土あるいは締固めた粘性土，改良された土などに限定される。標準的な圧縮速度（軸ひずみ速度）は $1\%/\text{min}$ と急速圧縮であるので非排水試験状態に近いと考えられ，強度パラメータとしては $\phi_u = 0$ 法として c_u を求める。非排水状態で圧縮されると供試体断面積は軸圧縮変形に応じて変化するので，軸応力は以下のように計算される。

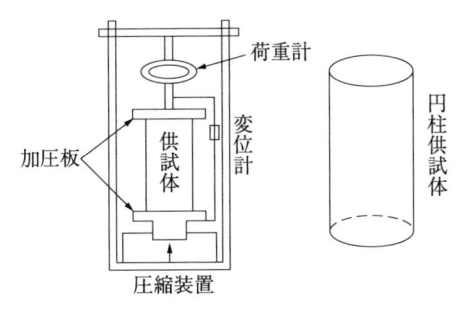

図 10.18 一軸圧縮試験機

軸ひずみは

$$\varepsilon = \frac{\Delta H}{H_0} \times 100$$

で求める。ここで

ΔH：圧縮量

H_0：圧縮する前の供試体の高さ

である。

　非排水条件は，言い換えれば供試体の体積が一定であるとの条件であるので，A_0 を圧縮する前の供試体の断面積，H_0 を圧縮する前の供試体の高さとすれば $A_0 H_0 = AH$ が成立するので，圧縮ひずみが ε のときに供試体に加えられた圧縮力を P とすると，軸圧縮応力 σ は次式で算定される。

$$\sigma = \frac{P}{A} = \frac{P}{A_0 \left(1 - \dfrac{\varepsilon}{100}\right)} \tag{10.19}$$

　試験は，圧縮力が最大となってから引き続きひずみが 2％ 以上継続するか，圧縮力が最大値の 2/3 程度に減少するか，あるいは圧縮ひずみが 15％ に達した場合に終了する。試験結果の例を図 10.19 に示す。軸圧縮応力の最大値を一軸圧縮強さ q_u とし，図中に示す破壊時のモール円から明らかなように非排水強度 c_u は

$$c_u = \frac{q_u}{2} \tag{10.20}$$

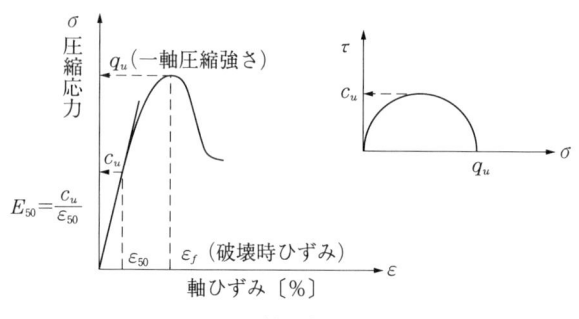

図 10.19　一軸圧縮試験結果の例

として計算される．また非排水変形解析に用いる割線変形係数 E_u として

$$E_u = \frac{\sigma}{\varepsilon}$$

が求められるが，E_u の値は対象とするひずみレベルに応じた値を選択する．しばしば圧縮応力が $q_u/2$ のときの圧縮ひずみ ε_{50} を用いて

$$E_{50} = \frac{q_u}{2\varepsilon_{50}} \tag{10.21}$$

が用いられる．E_{50} を変形係数と呼ぶ．もちろん，そのときは非排水条件から $\nu_u = 0.5$ である．E_u，ν_u から K_u，G_u への変換は式(9.22)，(9.23)を用いればよい．

〔2〕**三軸試験**　三軸試験装置の概要を図 10.20 に示す．軸対称状態を想定した円柱供試体を用いることは一軸圧縮試験と同様であるが，供試体を薄くたわみ性の非透水性膜材（ゴムスリーブ）で包み，液体による側方拘束圧力セル圧を付与できるようにしてある．この工夫は，供試体中の間げき水の出入り，すなわち排水条件と非排水条件の制御を可能としている．さらに軸圧力と拘束圧力とを独立に変化させることにより異なる応力履歴，異なる応力経路を供試体に付与することも可能である．三軸試験装置を用いて，排水制御と応力経路制御の組合せにより可能となる試験の種類を整理してみる．

まず，拘束応力下での間げき水の排水・吸水を許すことにより，せん断試験を行う前の供試体の初期状態として，正規圧密状態および任意の過圧密比を有

10.2 室内試験

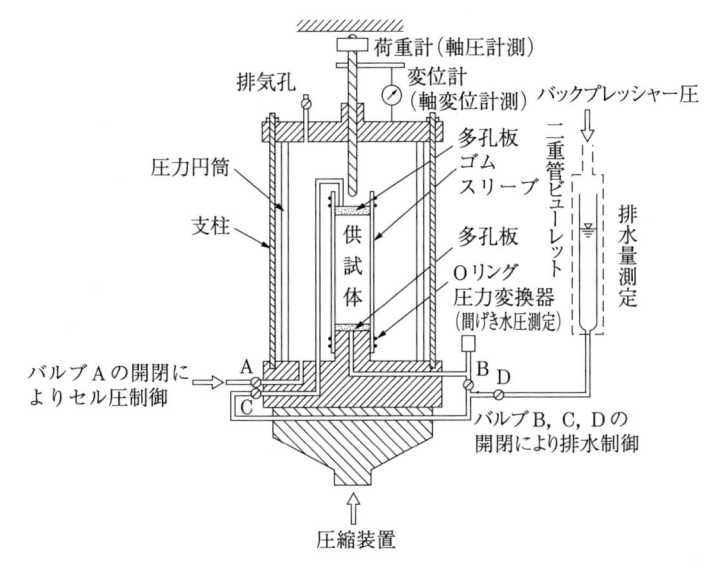

図 10.20 三軸試験装置

する過圧密状態をつくり出すことができる（**図 10.21**）。上記の操作を軸圧力と拘束応力とを制御した状態で行えば，K_0 状態を含め，任意の応力比下での正規圧密状態および任意の過圧密比を有する過圧密状態をつくり出すことができる。

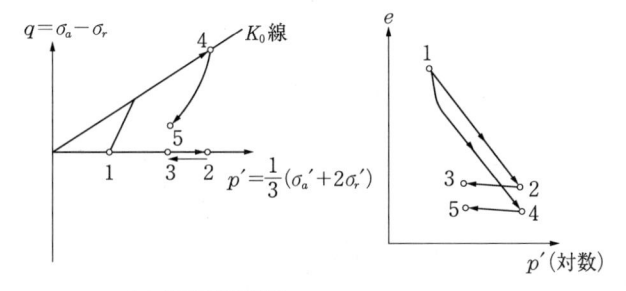

1：予備圧密状態
1-2：等方圧密過程（$\sigma_a' = \sigma_r'$）⟶ 正規圧密試料
2-3：等方膨張過程（$\sigma_a' = \sigma_r'$）⟶ 過圧密試料
1-4：K_0 圧密過程（$\sigma_a' \neq \sigma_r'$）⟶ 正規圧密試料
4-5：K_0 膨張過程（$\sigma_a' \neq \sigma_r'$）⟶ 過圧密試料

図 10.21 応力履歴と初期応力状態の制御

初期応力状態を供試体中につくり出したのちにせん断試験を行う場合，軸圧力，拘束圧力の制御により全応力経路の異なるせん断試験が可能となる。標準的組合せとして，①拘束圧力一定下で軸圧力を増加させる**圧縮試験**，②軸圧力一定下で拘束圧力を減少させる圧縮試験，③拘束圧力一定下で軸圧力を減少させる**伸張試験**，④軸圧力一定下で拘束圧力を増加させる伸張試験が考えられる（図 10.22）。また，間げき水の排水制御により**排水試験**，**非排水試験**の区別が可能である。

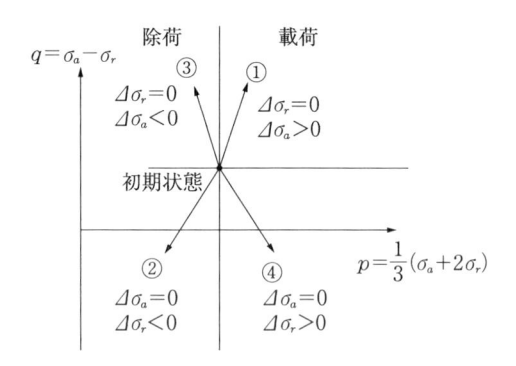

図 10.22 標準的なせん断時の全応力経路

以上のように圧密過程とせん断過程の排水条件を制御することで表 10.1 に示す標準的な試験として3種類が考えられ，それぞれ得られる強度パラメータが異なる。**非圧密非排水（UU）試験**は，粘土地盤の短期破壊解析で採用され，**圧密非排水（CU）試験**は，原地盤を圧密させた後に急速に盛土構築や掘削される粘土地盤の将来の短期破壊解析に用いられる。特に試験中，過剰間げき水圧測定を行う試験を $\overline{\mathrm{CU}}$ 試験と記述する。**圧密排水（CD）試験**は，砂地

表 10.1 標準的な試験の種類

試験条件の名称	排水条件		得られる強度パラメータ
	圧密過程	せん断過程	
非圧密非排水(UU)試験	非排水	非排水	$c_u,\ \phi_u$
圧密非排水(CU)試験 圧密非排水($\overline{\mathrm{CU}}$)試験	排水	非排水	c_u/p $c',\ \phi'$
圧密排水(CD)試験	排水	排水	$c_d,\ \phi_d$

盤などの透水性のよい地盤の施工や地盤の長期破壊解析問題などの検討に利用される。

飽和した試料の排水試験では過剰間げき水圧の発生が十分小さいゆっくりとしたせん断変形速度で試験が行われるため，間げき水圧計測は行われず，供試体の排水量変化が計測されて供試体の間げき比変化が追跡される。非排水試験では，体積変化がないので過剰間げき水圧の計測が行われる。図 10.23 に各試験から情報を非排水試験と排水試験に分けて示した。原位置での静水圧分として，拘束流体圧と供試体内間げき水の両者に等しく付与される圧力を**バックプレッシャー**と呼ぶ。バックプレッシャーを付与するのには，試料の飽和度を高めたり，負の過剰間げき水圧によるキャビテーションの発生を防ぐという現実的意味がある。

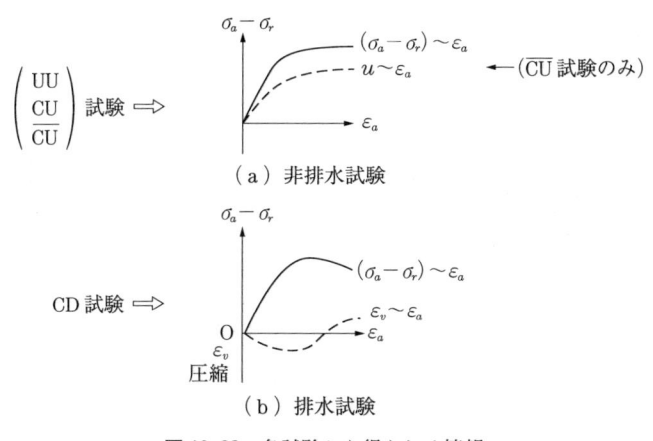

図 10.23 各試験から得られる情報

間げき水圧測定に大きく影響を及ぼすのが試料の飽和度である。三軸試験では，圧密過程終了後に非排水状態で等方応力を増加させて間げき圧係数 B 値を次式で求める。

$$B = \frac{\Delta u}{\Delta \sigma} \tag{10.22}$$

ここで，$\Delta \sigma$ は等方応力の増加量，Δu は $\Delta \sigma$ に伴う間げき水圧の増加量であ

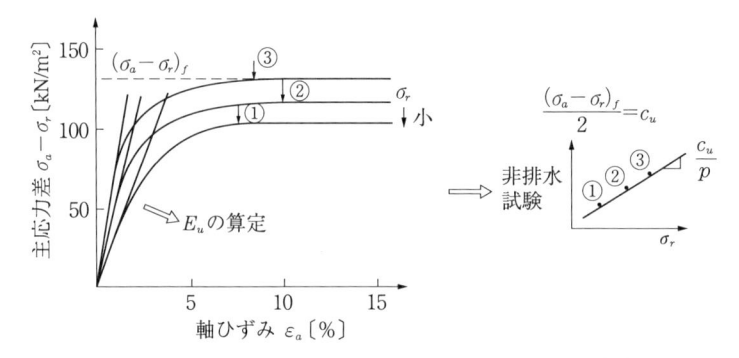

図 10.24 CU 試験の $(\sigma_a - \sigma_r) \sim \varepsilon_a$ 曲線から得られる地盤係数

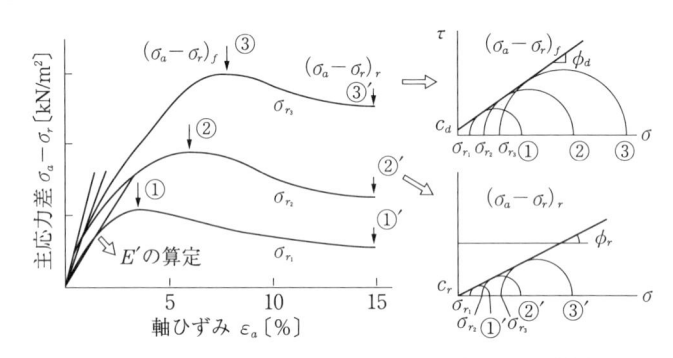

図 10.25 CD 試験の $(\sigma_a - \sigma_r) \sim \varepsilon_a$ 曲線から得られる地盤係数

る。$B \geq 0.9 \sim 0.95$ であれば試料を飽和土としてよいとされる。

図 10.24 には粘土試料の CU 試験で $\Delta\sigma_r = 0$, $\Delta\sigma_a > 0$ での応力経路を付与したときの主応力差（$= \sigma_a - \sigma_r$）と軸ひずみ ε_a の曲線が三つの拘束圧力について描いてある。ここから弾性係数としての E_u を求める方法は，一軸圧縮試験と同様である。また各 σ_r ごとの主応力差 $(\sigma_a - \sigma_r)$ の最大値 $(\sigma_a - \sigma_r)_f$ から図示された方法で，非排水強度 c_u, さらに強度増加率 c_u/p が決定される。また，図 10.25 に示すように砂試料の CD 試験からは最大値 $(\sigma_a - \sigma_r)_f$ 時の値から c_d, ϕ_d の強度パラメータがモール円の作図から決定される。大変形後，**残留強度** $(\sigma_a - \sigma_r)_r$ の値から c_r（$\fallingdotseq 0$），ϕ_r（$< \phi_d$）の強度パラメータも定まる。E' の値の求め方は前述と変わるところはない。

参 考 文 献

〔1〕 地盤工学会編：地盤工学入門，地盤工学会，2000
〔2〕 木村　孟・日下部　治編：新土木実験指導書（土質編），技報堂出版，1993
〔3〕 山口柏樹：土質力学（全改訂），技報堂出版，1984
〔4〕 L.N.Reddi and H.I.Inyang：Geoenvironmental Engineering, Marcel Dekker, 2000
〔5〕 A. Schofield and P. Wroth：Critical State Soil Mechanics, McGraw-Hill, 1968
〔6〕 J.H.Atkinson：The Mechanics of Soils and Foundations, McGraw-Hill, 1993
〔7〕 J.H.Atkinson and P.L.Bransby：The Mechanics of Soil, McGraw-Hill, 1978
〔8〕 G.W.E Milligan and G.T.Houlsby：Basic Soil Mechanics, Butterworths, 1984
〔9〕 三木五三朗，中瀬明男，福住隆二，持永龍一郎：演習土質工学，オーム社，1969
〔10〕 山口柏樹：土の力学，共立出版，1976
〔11〕 J.H.Atkinson：Foundations and Slopes, McGraw-Hill, 1981
〔12〕 土質工学会編：わかりやすい土質力学原論，土質工学会，1984
〔13〕 土質工学会編：土の強さと地盤の破壊入門，土質工学会，1987
〔14〕 土質工学会編：支持力入門，土質工学会，1990
〔15〕 土質工学会編：わかりやすい土質力学原論（第1回改訂版），土質工学会，1992
〔16〕 地盤工学会編：土圧入門，地盤工学会，1997
〔17〕 P.George and D.Wood編：Offshore Soil Mechanics, Cambridge University, 1976
〔18〕 D.Muir Wood：Soil Behaviour and Critical State Soil Mechanics, Cambridge University Press, 1990
〔19〕 地盤工学会編：土質試験の方法と解説（改訂版），地盤工学会，2000

索　引

〔あ〕

アイソクローン	109
浅い基礎	194
圧縮強度	25
圧縮指数	61
圧密係数	101
圧密作用	6
圧密沈下	45
圧密変形	139
圧力球根	134
圧力ポテンシャル	89
安全性	15
安全率	174
安息角 ϕ_r	67

〔い〕

異方応力状態	33
いわゆる乱さない試料	55

〔う〕

浮き基礎	48

〔え〕

エアエントリーバリュー	63
影響係数	136
A 線	68
液状化	5
液状化抵抗	239
液性限界	57
液性限界試験	57
液性指数	62
液体相	17
N 値	19
円荷重	133
円弧すべり法	183
鉛直全応力	31
鉛直有効応力	32

〔お〕

応力経路	124
応力の不連続線	154
応力パス	124
帯荷重	133

〔か〕

過圧密状態	61
過圧密比	230
化学的風化	7
荷重強度－沈下量曲線	118
過剰間げき水圧	106
カムクレイモデル	221
可容応力場	154
可容速度場	147
間げき	8
間げき圧	9
間げき水圧	32
間げき比	11, 22
間げき率	23
間げき流体	8
完新世	3
含水比	23
完全試料	55
乾燥密度	29

〔き〕

機械的乱れ	55
基準放物線	104
基礎構造物	43
基礎の支持力	50
気体相	17
機　能	14
キャサグランデ法	57
極	121
極限解析法	159
極限つりあい法	172
局所せん断破壊型	142
曲率係数	37
均等係数	36

〔く〕

空気間げき率	29
クーロン土圧理論	183
クーロンの破壊規準式	145
クリープ変形	139
繰返しせん断応力比	239

〔け〕

傾斜係数	199
形状係数	199
下界定理	159
Kötter 式	164
原位置試験	13
限界掘削高さ	191
限界状態	211
限界状態線	211
限界動水勾配	103

〔こ〕

工学ひずみ	126
剛完全塑性体	164
こう結作用	6
更新世	3
更新統	3
剛性指数	204
洪積層	3
抗土圧構造物	43
降伏応力	207
降伏曲線	208
コーン貫入試験	19
古生代	3
固体相	17
骨格曲線	236
コンシステンシー	56

〔さ〕

最小間げき比	64
最小乾燥密度	66
最小主応力	122
最小ひずみ	127
最大間げき比	64
最大乾燥密度	66, 74
最大主応力	122
最大ひずみ	127
最適含水比	74
サクション	62

索　引

三角座標による分類	68	
三軸圧縮試験	216	
残積地盤	7	
残積土	7	
サンドコンパクションパイル工法	45	
サンドドレーン工法	45	
サンプリング	13	
残留含水比	63	
残留サクション	63	

〔し〕

$c'\phi'$法	146
時間係数	112
軸差応力	128
支持層	48
支持力	183
支持力係数	199
湿潤密度	29
質量保存則	94
地盤改良工法	45
地盤図	3
締固め	14,73
締固め曲線	74
締固め仕事	79
締固め度	85
斜面安定	183
jump	151
終局限界状態	206
終局限界状態設計	118
収縮限界	57
収縮限界試験	57
修正カムクレイ	225
集中荷重	133
重力ポテンシャル	89
主応力	122
主応力面	122
主働状態	184
受働状態	184
主働土圧	184
受働土圧	184
主働土圧係数	184
受働土圧係数	184
上界定理	159
使用限界状態	206
使用限界状態設計	118

シルト	8
新生代	3
浸透圧ポテンシャル	89

〔す〕

水中密度	29
水　頭	92
水平有効応力	33
ストレスパス	124
砂	8
すべり	50
すべり線	148
すべり面	148

〔せ〕

正規圧密状態	61
正規圧密粘土	61
静止土圧	184
静止土圧係数	33,184
正四面体	38
正八面体	38
正八面体応力	127
ゼロ空げき率曲線	76
全応力	9
全水頭	92
せん断応力	120
せん断弾性係数	220
せん断ひずみ	120
全般せん断破壊型	142

〔そ〕

相対密度	64
即時変形	139
続成作用	6
速度の不連続線	148
塑性限界	57
塑性限界試験	57
塑性指数	61
塑性図	68
塑性ひずみ	218
塑性ヒンジ	148
塑性ポテンシャル	223

〔た〕

第三紀	3
帯水層	87

体積―質量関係式	28
体積圧縮係数	101
体積含水比	29
堆積作用	6
堆積地盤	6
体積弾性係数	220
第四紀	3
ダイレイタンシー	210
ダルシーの法則	9,92
単位体積重量	31
弾完全塑性体	207
短期安定問題	141
弾性ひずみ	218

〔ち〕

地下構造物	43
中間主応力	123
柱状図	70
中生代	3
沖積層	3
長期安定問題	141
長方形荷重	133
直応力	120
直ひずみ	120
沈降分析試験	35

〔つ〕

通過百分率	36
土くさび論	192
土構造物	43
土の構造	40
土の密度	29

〔て〕

テフラ	8
Dupuitの仮定	103
テルツァーギの圧密方程式	101
テルツァーギの支持力公式	183
転　倒	50

〔と〕

土　圧	48,183
等時曲線	109
透水係数	10,92
動水勾配	92
透水性	14

透水層	87
等方圧縮試験	214
等方圧密	216
等方応力状態	33
等ポテンシャル線	97
土粒子	1
土粒子の比重	22, 27
土粒子密度	27

〔な〕

内部消散	151
流れ則	224
軟弱地盤	44

〔に〕

2段階設計	118

〔ね〕

粘弾性体	237
粘土	8

〔は〕

排水距離	115
排水状態	207
排水層	45
パイピング	52

〔ひ〕

被圧帯水層	86
B線	68
ひずみ	127
比体積	26
比貯留係数	94
非排水強度	60
非排水状態	207
標準貫入試験	19

〔ふ〕

$\phi_u=0$ 法	146
ファブリック	40
フィルダム	14, 44
風化作用	6
フォールコーン法	57
深い基礎	194
深井戸	106
深さ係数	199
ブシネスクの解	131
フックの法則	130
物理的風化	7
不透水層	86
不飽和土	10
ふるい分析試験	35
プレロード工法	45
フローネット	98
プロクターの原理	74
分割法	177

〔へ〕

平均圧密度	112
平均有効主応力	128
平均粒径	36
壁面主働全土圧	188
ベーン試験	61

〔ほ〕

ポアズイユの流れ	90
ポアソン比	130
ボイリング	103
放射年代測定法	8
崩積土	7
飽和土	10
飽和度	26
飽和密度	29
掘抜き井戸	105
ボーリング	13

〔ま〕

摩擦	210

〔み〕

水締め	88
水の密度	22
乱した土	55
密度指数	64
ミンドリンの解	131

〔め〕

メニスカス	62

〔も〕

モール・クーロンの破壊規準式	145
モールの応力円	121
盛土	44

〔や〕

ヤング率	130

〔ゆ〕

有効応力	9
有効応力の原理	9
有効径	36

〔よ〕

擁壁	50

〔ら〕

ラプラス式	96
ランキン土圧理論	183

〔り〕

理想試料	55
流管	98
粒径加積曲線	36
粒径分布	35
粒子骨格	8
粒状材料	8
流線	97
履歴減衰係数	237
履歴ループ	236

〔れ〕

礫	8

---- 著 者 略 歴 ----

日下部　治
くさかべ　おさむ

1973年　東京農工大学農学部林学科卒業
1975年　東京工業大学大学院理工学研究科修士課程修了（土木工学専攻）
1975年　東京工業大学助手
1980年　ケンブリッジ大学大学院 M.Phil. 課程修了（土質力学専攻）
1982年　ケンブリッジ大学大学院 Ph.D. 課程修了（土質力学専攻）
1984年　宇都宮大学助教授
1991年　広島大学教授
1996年　東京工業大学教授
　　　　現在に至る

土 質 力 学
Introduction to Soil Mechanics　© Osamu Kusakabe　2004

2004年4月30日　初版第1刷発行

検印省略	著　者	日　下　部　　　　治
	発行者	株式会社　コロナ社
	代表者	牛来辰巳
	印刷所	壮光舎印刷株式会社

112-0011　東京都文京区千石 4-46-10
発行所　株式会社　コロナ社
CORONA PUBLISHING CO., LTD.
Tokyo　Japan
振替 00140-8-14844・電話(03)3941-3131(代)
ホームページ http://www.coronasha.co.jp

ISBN 4-339-05046-6　　（柳生）　（染野製本所）
Printed in Japan

無断複写・転載を禁ずる
落丁・乱丁本はお取替えいたします

環境・都市システム系教科書シリーズ

(各巻A5判)

- ■編集委員長　澤　孝平
- ■幹　　　事　角田　忍
- ■編集委員　荻野　弘・奥村充司・川合　茂
　　　　　　　嵯峨　晃・西澤辰男

配本順			著者	頁	定価
2.（1回）	コンクリート構造		角田　忍・竹村和夫 共著	186	2310円
3.（2回）	土質工学		赤木知之・吉村優治・上　俊二・小堀慈久・伊東　孝 共著	238	2940円
4.（3回）	構造力学 I		嵯峨　晃・武田八郎・原　隆・勇　秀憲 共著	244	3150円
5.（7回）	構造力学 II		嵯峨　晃・武田八郎・原　隆・勇　秀憲 共著	192	2415円
6.（4回）	河川工学		川合　茂・和田　清・神田佳一・鈴木正人 共著	208	2625円
7.（5回）	水理学		日下部重幸・檀　和秀・湯城豊勝 共著	200	2730円
8.（6回）	建設材料		中嶋清実・角田　忍・菅原　隆 共著	190	2415円
9.（8回）	海岸工学		平山秀夫・辻本剛三・島田富美男・本田尚正 共著	204	2625円
10.（9回）	施工管理学		友久誠司・竹下治之 共著	240	3045円

以下続刊

1. シビルエンジニアリングの第一歩	澤・荻野・奥村・角田・川合・嵯峨・西澤 共著	防災工学	淵田・塩野・檀・疋田・吉村 共著
都市計画	亀野・武井・平田・宮腰 共著	環境衛生工学	奥村・大久保 共著
環境保全工学	和田・奥村 共著	情報処理入門	西澤・豊田・長岡・廣瀬 共著
建設システム計画	荻野・大橋・野田・西澤・鈴木 共著	交通システム工学	折田・大橋・柳澤・高岸・佐々木・宮腰・西澤 共著
景観工学	市坪・小川・砂本・溝上・谷口 共著	測量学 I, II	堤・岡林 共著
鋼構造学	原・和多田・北原・山口 共著	環境都市製図	
建設マネジメント			

定価は本体価格+税5％です。
定価は変更されることがありますのでご了承下さい。

図書目録進呈◆

地球環境のための技術としくみシリーズ

(各巻A5判)

コロナ社創立75周年記念出版

■編集委員長　松井三郎
■編集委員　小林正美・松岡　譲・盛岡　通・森澤眞輔

配本順				頁	定価
1. (1回)	今なぜ地球環境なのか	松井三郎編著		230	3360円
	松下和夫・中村正久・髙橋一生・青山俊介・嘉指良平 共著				
2.	生活水資源の循環技術	森澤眞輔編著			
	松井三郎・細井由彦・山本和夫・花木啓祐				
	荒巻俊也・国包章一・山村尊房 共著				
3. (3回)	地球水資源の管理技術	森澤眞輔編著		292	4200円
	松岡譲・髙橋潔・津野洋・古城方和				
	楠田哲也・三村信男・池淵周一 共著				
4. (2回)	土壌圏の管理技術	森澤眞輔編著		240	3570円
	米田稔・平田健正・村上雅博 共著				
5.	資源循環型社会の技術システム	盛岡通編著			
	河村清史・吉田登・藤田壯・花嶋正孝				
	宮脇健太郎・後藤敏彦・東海明宏 共著				
6.	エネルギーと環境の技術開発	松岡譲編著			
	森俊介・槌屋治紀・藤井康正 共著				
7.	大気環境の技術とその展開	松岡譲編著			
	森口祐一・島田幸司・牧野尚夫・白井裕三・甲斐沼美紀子 共著				
8. (4回)	木造都市の設計技術			282	4200円
	小林正美・竹内典之・髙橋康夫・山岸常人				
	外山義・井上由起子・菅野正広・鋒井修一 共著				
	吉田治典・鈴木祥之・渡邉史夫・高松伸				
9.	環境調和型交通の技術システム	盛岡通編著			
	新田保次・鹿島茂・岩井信夫・中川大				
	細川恭史・林良嗣・青山吉隆 共著				
10.	都市の環境計画の技術としくみ	盛岡通編著			
	神吉紀世子・室崎益輝・藤田壯・島谷幸宏				
	福井弘道・野村康彦・世古一穂 共著				
11.	地球環境保全の法としくみ	松井三郎編著			
	岩間徹・浅野直人・植田和弘・川勝健志				
	倉阪秀史・岡島成行・平野喬 共著				

定価は本体価格+税5％です。
定価は変更されることがありますのでご了承下さい。

図書目録進呈◆

シリーズ 21世紀のエネルギー

(各巻A5判)

■(社)日本エネルギー学会編

			頁	定価
1.	21世紀が危ない ― 環境問題とエネルギー ―	小島 紀徳 著	144	1785円
2.	エネルギーと国の役割 ― 地球温暖化時代の税制を考える ―	十市 勉 小川 芳樹 共著 佐川 直人	154	1785円
3.	風と太陽と海 ― さわやかな自然エネルギー ―	牛山 泉他著	158	1995円
4.	物質文明を超えて ― 資源・環境革命の21世紀 ―	佐伯 康治 著	168	2100円
5.	Cの科学と技術 ― 炭素材料の不思議 ―	白石・大谷 京谷・山田 共著	148	1785円

以 下 続 刊

深海の巨大なエネルギー源　奥田 義久著
― メタンハイドレート ―

ごみゼロ社会は実現できるか　堀尾 正靭著

太陽の恵みバイオマス　松村 幸彦編著

定価は本体価格+税5%です。
定価は変更されることがありますのでご了承下さい。

図書目録進呈◆

標準土木工学講座

(各巻A5判，欠番は品切です)

配本順		著者	頁	定価
2.（1回）	道 路 工 学（上）	星 埜 和 著	322	3150円
4.（2回）	新版 港 湾 工 学	渡 部 彌 作 著	330	3150円
7.（15回）	衛 生 工 学（上） —環境制御—	庄 司 光 著	296	945円
8.（8回）	新版 測 量 学（上）（増補）	丸 安 隆 和 著	312	3255円
9.（6回）	新版 測 量 学（下）（増補）	丸 安 隆 和 著	296	3360円
10.（7回）	新版 河 川 工 学	本 間 仁 著	248	2625円
12-1.（4回）	改訂 構 造 力 学（1）	村 上 正 蔵 吉 村 虎 熈 共著	202	2310円
12-2.（4回）	改訂 構 造 力 学（2）	村 上 正 蔵 吉 村 虎 熈 共著	228	2415円
14.（18回）	土 木 施 工 法	米 倉 亮 三 著	272	3150円

標準土木工学例題演習シリーズ

(各巻A5判)

		著者	頁	定価
1.	水 理 学 例 題 演 習	米 元 卓 介 岩 崎 敏 夫 共著	246	2940円
2.	応 用 力 学 例 題 演 習（1）	春日屋 伸 昌 著	314	3255円
3.	構 造 力 学 例 題 演 習（1）	村 上 正 蔵 吉 村 虎 共著	172	1995円
4.	構 造 力 学 例 題 演 習（2）	村 上 正 蔵 吉 村 虎 共著	184	1733円
5.	応 用 水 理 学 例 題 演 習	岩 崎 敏 夫 編著	258	3045円

定価は本体価格＋税5％です。
定価は変更されることがありますのでご了承下さい。

図書目録進呈◆

新編土木工学講座

(各巻A5判，欠番は品切です)

■全国高専土木工学会編
■編集委員長　近藤泰夫

配本順		書名	著者	頁	定価
1.	(3回)	土木応用数学	近藤・江崎共著	322	3675円
2.	(21回)	土木情報処理	杉山・錦雄譲共著栗木	282	2940円
3.	(1回)	図学概論	改発・島村共著	176	1911円
4.	(22回)	土木工学概論	長谷川博他著	220	2310円
6.	(29回)	測量（1）（新訂版）	長谷川・植田共著大木	270	2730円
7.	(30回)	測量（2）（新訂版）	小川・植田共著大木	304	3150円
8.	(27回)	新版 土木材料学	近藤・岸本共著角田	312	3465円
9.	(2回)	構造力学（1）──静定編──	宮原・高端共著	310	3150円
10.	(6回)	構造力学（2）──不静定編──	宮原・高端共著	296	3150円
11.	(11回)	新版 土質工学	中野・小山共著杉山	240	2835円
12.	(9回)	水理学	細井・杉山共著	360	3150円
13.	(25回)	新版 鉄筋コンクリート工学	近藤・岸本共著角田	310	3570円
14.	(26回)	新版 橋工学	高端・向山共著久保田	276	3570円
15.	(19回)	土木施工法	伊丹・片原島共著後藤	300	3045円
16.	(10回)	港湾および海岸工学	菅野・寺西藤共著堀口・佐	276	3150円
17.	(17回)	改訂 道路工学	安孫子・澤共著	336	3150円
18.	(13回)	鉄道工学	宮原・雨宮共著	216	2625円
19.	(28回)	新 地域および都市計画（改訂版）	岡崎・高岸共著大橋・竹内	218	2835円
20.	(20回)	衛生工学	脇山・阿部共著	232	2625円
21.	(16回)	河川および水資源工学	渋谷・大同共著	338	3570円
22.	(15回)	建築学概論	橋本・渋谷共著大沢・谷本	278	3045円
23.	(23回)	土木耐震工学	狩俣・音田共著荒川	202	2625円

定価は本体価格+税5％です。
定価は変更されることがありますのでご了承下さい。

図書目録進呈◆

基礎土木工学講座

(各巻A5判，16.のみB5判，欠番は品切です)

配本順		著者	頁	定価
1.(6回)	測　　　量（上）	佐島秀夫・新井春人 共著	260	2415円
2.(7回)	測　　　量（下）	佐島秀夫・新井春人 共著	242	2310円
3.(10回)	土木設計 1（応用力学編）	岡本・小西・高岡・山田 共著	288	2625円
4.(16回)	土 木 設 計 2（設計編）	岡本・小西・高岡・山田 共著	372	3045円
6.(17回)	水　　　　　理	米橋元本・高橋・氷田 共著	208	2415円
8.(11回)	土質工学入門（改訂版）	浅川美利他著	256	2415円
11.(5回)	改訂 都市計画入門	松井達夫・橋本経吉 共著	184	2520円
12.(1回)	建　設　機　械	高間　勉著	266	2835円
14.(3回)	新版 土木施工法	高間　勉著	354	3885円
16.(12回)	改訂新版 土木製図	友永和夫他著	196	2625円（折込図15）

定価は本体価格+税5％です。
定価は変更されることがありますのでご了承下さい。

図書目録進呈◆

新コロナシリーズ

(各巻B6判)

				頁	定価
1.	ハイパフォーマンスガラス	山根 正之著		176	1223円
2.	ギャンブルの数学	木下 栄蔵著		174	1223円
3.	音 戯 話	山下 充康著		122	1050円
4.	ケーブルの中の雷	速水 敏幸著		180	1223円
5.	自然の中の電気と磁気	高木 相著		172	1223円
6.	おもしろセンサ	國岡 昭夫著		116	1050円
7.	コ ロ ナ 現 象	室岡 義廣著		180	1223円
8.	コンピュータ犯罪のからくり	菅野 文友著		144	1223円
9.	雷 の 科 学	饗庭 貢著		168	1260円
10.	切手で見るテレコミュニケーション史	山田 康二著		166	1223円
11.	エントロピーの科学	細野 敏夫著		188	1260円
12.	計測の進歩とハイテク	高田 誠二著		162	1223円
13.	電波で巡る国ぐに	久保田 博南著		134	1050円
14.	膜 と は 何 か ―いろいろな膜のはたらき―	大矢 晴彦著		140	1050円
15.	安 全 の 目 盛	平野 敏右編		140	1223円
16.	やわらかな機械	木下 源一郎著		186	1223円
17.	切手で見る輸血と献血	河瀬 正晴著		170	1223円
18.	もの作り不思議百科 ―注射針からアルミ箔まで―	J S T P編		176	1260円
19.	温 度 と は 何 か ―測定の基準と問題点―	櫻井 弘久著		128	1050円
20.	世 界 を 聴 こ う ―短波放送の楽しみ方―	赤林 隆仁著		128	1050円
21.	宇宙からの交響楽 ―超高層プラズマ波動―	早川 正士著		174	1223円
22.	やさしく語る放射線	菅野・関 共著		140	1223円
23.	お も し ろ 力 学 ―ビー玉遊びから地球脱出まで―	橋本 英文著		164	1260円
24.	絵に秘める暗号の科学	松井 甲子雄著		138	1223円
25.	脳 波 と 夢	石山 陽事著		148	1223円
26.	情 報 化 社 会 と 映 像	樋渡 涓二著		152	1223円

27.	ヒューマンインタフェースと画像処理	鳥脇 純一郎 著	180	1223円
28.	叩いて超音波で見る―非線形効果を利用した計測―	佐藤 拓宋 著	110	1050円
29.	香りをたずねて	廣瀬 清一 著	158	1260円
30.	新しい植物をつくる―植物バイオテクノロジーの世界―	山川 祥秀 著	152	1223円
31.	磁石の世界	加藤 哲男 著	164	1260円
32.	体を測る	木村 雄治 著	134	1223円
33.	洗剤と洗浄の科学	中西 茂子 著	208	1470円
34.	電気の不思議―エレクトロニクスへの招待―	仙石 正和 編著	178	1260円
35.	試作への挑戦	石田 正明 著	142	1223円
36.	地球環境科学―滅びゆくわれらの母体―	今木 清康 著	186	1223円
37.	ニューエイジサイエンス入門―テレパシー，透視，予知などの超自然現象へのアプローチ―	窪田 啓次郎 著	152	1223円
38.	科学技術の発展と人のこころ	中村 孔治 著	172	1223円
39.	体を治す	木村 雄治 著	158	1260円
40.	夢を追う技術者・技術士	CEネットワーク 編	170	1260円
41.	冬季雷の科学	道本 光一郎 著	130	1050円
42.	ほんとに動くおもちゃの工作	加藤 孜 著	156	1260円
43.	磁石と生き物―からだを磁石で診断・治療する―	保坂 栄弘 著	160	1260円
44.	音の生態学―音と人間のかかわり―	岩宮 眞一郎 著	156	1260円
45.	リサイクル社会とシンプルライフ	阿部 絢子 著	160	1260円
46.	廃棄物とのつきあい方	鹿園 直建 著	156	1260円
47.	電波の宇宙	前田 耕一郎 著	160	1260円
48.	住まいと環境の照明デザイン	饗庭 貢 著	174	1260円
49.	ネコと遺伝学	仁川 純一 著	140	1260円

定価は本体価格+税5％です。
定価は変更されることがありますのでご了承下さい。

図書目録進呈◆

土木系 大学講義シリーズ

(各巻A5判)

■編集委員長　伊藤　學
■編集委員　青木徹彦・今井五郎・内山久雄・西谷隆亘
　　　　　　榛沢芳雄・茂庭竹生・山﨑　淳

配本順			頁	定価
1. (10回)	土木工学序論	伊藤・佐藤編著	220	2625円
2. (4回)	土木応用数学	北田俊行著	236	2835円
4. (21回)	地盤地質学	今井・福江・足立共著	186	2625円
5. (3回)	構造力学	青木徹彦著	340	3465円
6. (6回)	水理学	鮏川　登著	256	3045円
7. (23回)	土質力学	日下部　治著	280	3465円
8. (19回)	土木材料学(改訂版)	三浦　尚著	224	2940円
9. (13回)	土木計画学	川北・榛沢編著	256	3150円
11. (17回)	改訂鋼構造学	伊藤　學著	260	3360円
13. (7回)	海岸工学	服部昌太郎著	244	2625円
14. (2回)	上下水道工学	茂庭竹生著	214	2310円
15. (11回)	地盤工学	海野・垂水編著	250	2940円
16. (12回)	交通工学	大蔵　泉著	254	3150円
17. (20回)	都市計画(改訂版)	新谷・髙橋・岸井共著	188	2625円
18. (18回)	新版橋梁工学	泉・近藤共著	318	3990円
20. (9回)	エネルギー施設工学	狩野・石井共著	164	1890円
21. (15回)	建設マネジメント	馬場敬三著	230	2940円
22. (22回)	応用振動学	山田・米田共著	202	2835円

以下続刊

3. 測量学	内山久雄著	10. コンクリート構造学	山﨑　淳著
12. 河川工学	西谷隆亘著	19. 水環境システム	大垣真一郎他著

定価は本体価格+税5％です。
定価は変更されることがありますのでご了承下さい。

図書目録進呈◆